iLike就业3ds Max 2009 中文版实用教程

刘小伟 等编著

电子工业出版社

Publishing House of Electronics Industry

北京·BEIJING

内 容 简 介

本书以就业为导向,针对3ds Max三维设计与制作的就业技能需求,通过3ds Max 2009应用基础、行业应用范例和就业技能实训指导3大环节,全面介绍了3ds Max 2009中文版的主要功能和实际应用技巧,并循序渐进地安排了一系列行之有效的实训项目。使读者能熟练应用3ds Max进行三维设计,掌握专业三维设计师的主要职业技能,能够基本胜任三维动画师、室内外效果图表现师、后期制作等岗位的工作。"应用基础"部分每章都围绕实例进行讲解,步骤详细、重点突出,可以手把手地教会读者进行实际操作。"行业应用范例"部分列举了多个典型而完整的应用实例,通过详细的分析和制作过程讲解,引导读者将软件功能和实际应用紧密结合起来,逐步掌握建模和动画制作的技能。"就业技能实训指导"部分精心安排了8个基本操作实训项目和1个综合实训项目。

本书非常适合作为各级各类学校和社会短训班的三维设计就业培训教材,也是广大三维设计爱好者相当实用的自学读物。

图书在版编目(CIP)数据

iLike就业3ds Max 2009中文版实用教程/刘小伟等编著.—北京:电子工业出版社,2009.10

ISBN 978-7-121-09523-8

Ⅰ.3… Ⅱ.刘… Ⅲ.三维—动画—图形软件,3ds Max 2009—教材 Ⅳ.TP391.41

中国版本图书馆CIP数据核字(2009)第163875号

责任编辑:李红玉 wuyuan@phei.com.cn
印   刷:北京天竺颖华印刷厂
装   订:三河市鑫金马印装有限公司
出版发行:电子工业出版社
     北京市海淀区万寿路173信箱 邮编:100036
     北京市海淀区翠微东里甲2号 邮编:100036
开   本:787×1092 1/16 印张:21.5 字数:550千字
印   次:2009年10月第1次印刷
定   价:39.00元

前　言

近年来，就业问题牵动着全社会的心，各级政府也出台了多项促进就业的措施。对于求职者而言，提高自己的可就业性、掌握适应就业市场的需求的职业技能更是当务之急。三维设计是指在三维空间中绘制生动形象的二维立体图形，其就业前景非常良好，就业范围涉及家庭装修设计、建筑与室内设计、园林规划、工业造型、家具设计、游戏动画、影视表现等，是公认的高薪职业之一。掌握3ds Max三维设计与制作技能，必将提升就业竞争力。

3D Studio Max（简称3ds Max）是由美国Autodesk公司下属的多媒体分公司Discreet推出的一款基于PC系统的大型专业三维建模和动画制作软件。3ds Max具有功能强大、性价比高、易学易用、应用普及、三维动画制作能力强、扩展性好、和其他软件配合流畅等特点，是广告、影视、工业设计、建筑设计、多媒体制作、游戏、辅助教学以及工程可视化等领域最佳的三维创作工具之一。3ds Max 2009中文版具有64位支持，采用了全新的光照系统，提供了更多着色器和加速渲染功能，在改善操作方法、提高创作效率、发挥设计者创造力等方面进行了人性化的改进。

本书遵循初学者的认知规律和学习习惯，以"短期内轻松学会3ds Max 2009的主要功能，掌握三维设计与制作的基本从业技能，进行必要的模拟岗位实践训练"为目标，精心安排了"3ds Max 2009中文版应用基础"、"3ds Max 2009行业应用范例"和"3ds Max 2009就业技能实训指导"3部分内容，用新颖、务实的内容和形式指导读者快速上手，十分便于教师施教、读者自学。

本书融合了传统教程、实例教程和实训指导书的优点，但又不是简单的三合一，而是根据读者的实际需要和今后可能的应用，使三个环节相辅相成、巧妙结合。既有效地减轻了读者的学习负担，又能让读者高效地学会用软件解决三维建模和三维动画制作的实际问题。

需要提醒读者的是，要完全具备三维设计的专业技能，除了应掌握3ds Max的应用技能外，还应熟练掌握主流的平面设计软件的应用技能；熟悉After Effects、Premiere等后期软件的应用方法；具备独立工作能力及创意性思维、良好的沟通能力、较强的学习和团队合作能力。

全书共分为以下3篇：

• 第1篇（3ds Max 2009中文版应用基础）：安排了10章内容。着重介绍了3ds Max

2009的基础知识、简单模型的创建与编辑、其他模型的创建、由二维图形生成三维模型、编辑修改器、曲面建模、材质与贴图、灯光与摄影机、三维动画制作、场景渲染与输出等内容。这些内容既是进行三维建模和动画创作的基础，也是学习第2篇的前提，并与第3篇的实训项目相对应。

·第2篇（3ds Max 2009行业应用范例）：共安排了两章内容。着重通过6个完整的范例介绍了3ds Max 2009在三维建模和三维动画制作两大领域的典型应用。这些范例既融入了3ds Max 2009的主要知识点，又体现了软件最主流的应用，较系统全面地应用了3ds Max 2009的主要功能，可以给读者较大的启发。

·第3篇（3ds Max 2009就业技能实训指导）：共安排了两章内容。着重通过8个基础实训项目和1个综合实训项目来进行操作训练。这些精心设计的实训项目采用了"任务驱动"和"模拟实战"的手法，各个实训项目都有很强的针对性、实用性和可操作性，并能引导读者在熟悉软件功能的基础上拓展制作三维模型和三维动画的思维。

本书由刘小伟、曹刘、刘飞等执笔编写。此外，王敬、温培和、刘晓萍、张源远、俞慎泉、李远清、彭钢等也参加了本书的实例制作、校对、排版等工作，在此表示感谢。由于编写时间仓促，加之编者水平有限，书中疏漏和不妥之处在所难免，欢迎广大读者和同行批评指正。

为方便读者阅读，若需要本书配套资料，请登录"华信教育资源网"（http://www.hxedu.com.cn），在"下载"频道的"图书资料"栏目下载。

目　　录

第1篇　3ds Max 2009中文版应用基础

第1篇 3ds Max 2009中文版应用基础

3D Studio Max（简称3ds Max）是由美国Autodesk公司下属的多媒体分公司Discreet推出的一款基于PC系统的大型专业三维建模和动画制作软件，被广泛应用于建筑装潢设计、游戏开发、影视制作和工业设计等领域。

3ds Max 2009中文版采用了全新的渲染功能，提供了更多着色器和加速渲染功能，在改善操作方法和发挥设计者创造力等方面做了人性化的改进，还增强了与Revit等行业标准产品之间的互通性，提供了更多的提高创作效率的动画和制图工作流工具。

为了使读者了解3ds Max 2009的基本概念，学会3ds Max 2009的主要功能，为进一步掌握三维设计的就业技能打下坚实的基础，本篇将结合实例系统介绍以下知识要点：

❖ 3ds Max 2009的基础知识。

❖ 简单模型的创建和编辑。

❖ 其他模型的创建。

❖ 由二维图形生成三维模型。

❖ 使用编辑修改器。

❖ 曲面建模初步。

❖ 配置材质和贴图。

❖ 设置灯光和摄影机。

第1章 走近 3ds Max 2009

随着计算机技术的飞速发展，在普通PC上虚拟三维空间，制作出生动形象的三维造型和动画早已成为现实。在众多的三维制作软件中，3ds Max以其高性价比、易学易用、普及面广、建模功能强大、材质表现力强、灯光灵活、三维动画制作简便等优势独占鳌头。本章将从零开始，指导读者了解三维设计和3ds Max 2009的基础知识。通过学习，可以掌握以下应知知识和应会技能：

- 了解三维设计的基础知识。
- 熟悉3ds Max 2009的操作环境及相关操作。
- 熟悉3ds Max 2009操作环境的设置方法。
- 初步掌握3ds Max 2009的基本参数设置技能。
- 学会3ds Max 2009的常用文件操作。

1.1 认识三维设计

目前，各种三维制作软件越来越普及，为三维表现提供了极大的便利。使用3ds Max，可以在个人计算机（PC）上快速创建专业品质的3D模型、照片级真实感的静止图像以及电影品质的动画。

三维（简称3D）是指描述一个物体时，从水平、竖直和纵深3个方向进行。计算机生成的二维（2D）图形仅在X和Y轴有水平和垂直的坐标，而三维图形除了有X、Y坐标外，还有Z轴的维度来定义纵深信息。当光照和纹理应用于三维物体时，该物体就会比二维的物体真实得多。如图1-1所示为二维图形和三维图形的对比（注意图中左下角的坐标系）。

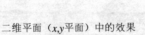
二维平面（x,y平面）中的效果　　　三维平面（x,y,z平面）中的效果

图1-1 二维图形和三维图形的对比

三维设计是指在三维空间中绘制出生动形象的三维立体图形，三维设计的内容包含非常广泛，常见的有产品造型、电脑游戏、建筑、结构、配管、机械、暖通、水道、影视表现等。创建一个三维立体图形的过程称为三维建模，三维模型分为线框模型、表面模型和实体模型3类。

• 线框模型：用物体的棱线来表示一个物体，如图1-2所示。由于线框模型只保存了顶点和线的信息，不能体现物体实际表面，无法进行消隐、渲染等操作。

• 表面模型：表面模型是在线框模型的基础上，加上物体的表面信息，如图1-3所示。表面模型能表现出物体各个面之间的位置关系，从而能进行消隐操作，加上给各表面指定材质等属性，渲染后能比较真实地表现出物体的实际效果。是一种比较常见的建模方法。

• 实体模型：实体模型不仅包含了物体的点、线、面信息，而且还包含了物体的体积信息，从而能表现各物体的空间关系，能对其进行诸如挖空、挖槽、切角等操作，如图1-4所示。

图1-2　线框模型　　　　图1-3　表面模型　　　　图1-4　实体模型

　　3ds Max具有功能强大、性价比高、易学易用、应用普及、三维动画制作能力强、扩展性好、和其他软件配合流畅等特点，是广告、影视、工业设计、建筑设计、多媒体制作、游戏、辅助教学以及工程可视化等领域最佳的三维创作工具。

1.2　3ds Max 2009的操作环境

　　3ds Max 2009的建模和动画创作工作都是在窗口化的操作环境中完成的。与早期版本相比，3ds Max 2009的用户界面没有大的变化。

　　选择【开始】|【程序】|【Autodesk】|【Autodesk 3ds Max 2009】|【3ds Max 2009】命令，或者双击桌面上的3ds Max 2009快捷方式图标，都可以启动3ds Max 2009，并进入如图1-5所示的用户界面。

　　首次启动3ds Max 2009时，将出现如图1-6所示的"欢迎屏幕"，其中提供了一个3ds Max 2009的初级视频教程，只需单击相应的链接即可进行播放。建议取消对"在启动时显示该对话框"选项的选择，然后单击【关闭】按钮将其关闭。关闭后，下次启动3ds Max 2009时，就不会再出现"欢迎屏幕"了。

　　3ds Max 2009的用户界面主要由视口、菜单栏、主工具栏、捕捉工具、命令面板、视口导航控制工具、动画播放控制工具、动画关键点控制工具、绝对/相对坐标切换与坐标显示区域、提示行与状态栏、MAXScript迷你侦听器、轨迹栏和时间滑块等部分组成。下面简要介绍主要界面元素的功能和基本用法，其他界面元素将在以后的章节中逐步介绍。

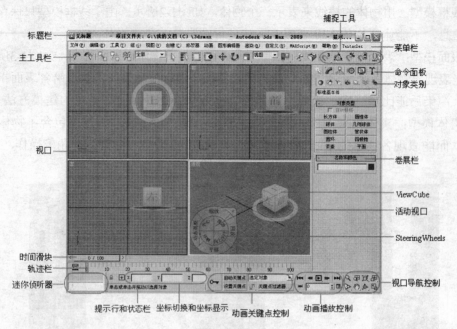

图1-5 3ds Max 2009的用户界面

1. 视口

视口是3ds Max 2009用于查看和编辑场景的窗口，占据了主窗口的大部分区域。默认情况下，在启动3ds Max 2009后，主窗口中有4个大小相同的视口，它们分别是"顶"视图、"前"视图、"左"视图和"透视"视图，且当前视口为"透视"视图（该视图采用黄色边框高亮显示），如图1-7所示。

要切换当前视口，只需用鼠标单击某个视口即可将其激活，被激活的视口的边框将高亮显示，如图1-8所示。要更改默认的视口布局，可以使用下面的方法之一：

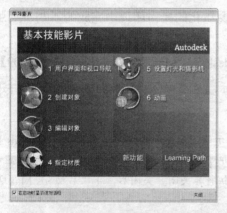

图1-6 3ds Max 2009的"欢迎屏幕"

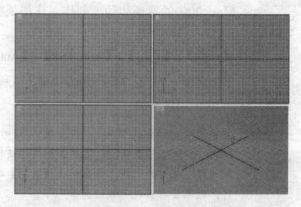

图1-7 默认的4个视口

·选择【自定义】|【视口配置】命令，在出现的"视口配置"对话框中选择"布局"选项卡，然后从带有缩览图的布局列表中选择一种需要的布局方案（如图1-9所示），再单击【确定】按钮即可更改视口布局和显示属性。

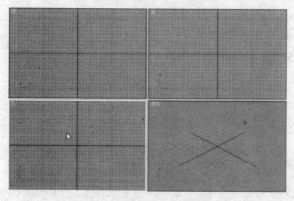

图1-8 切换到"左"视图

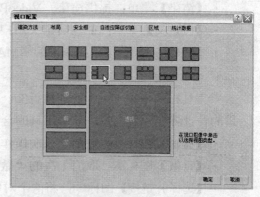

图1-9 "视口配置"对话框

· 在需要改变布局的视口上的"视口"标签上单击鼠标右键，从出现的快捷菜单中选择需要的命令，如图1-10所示。

· 将光标移动到视口之间的分隔线上，出现双箭头光标后拖动鼠标，可改变视口的宽度或高度，如图1-11所示。

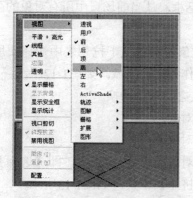

图1-10 用快捷菜单更改视口

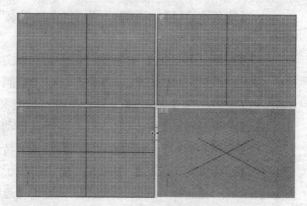

图1-11 用拖动法更改视口大小

2. 菜单栏

除Windows窗口常见的【文件】、【编辑】和【帮助】菜单外，3ds Max 2009的菜单栏中还提供了以下菜单项：

· 【工具】菜单：提供常用任务的操作命令。

· 【组】菜单：提供管理组合对象的命令。

· 【视图】菜单：提供设置和控制视口的命令。

· 【创建】菜单：提供创建对象的命令。

· 【修改器】菜单：提供修改对象的命令。

· 【动画】菜单：提供设置对象动画和约束对象的命令。早期版本中的用于提供reactor动力学产品命令的【reactor】菜单也被集成到【动画】菜单中。

· 【图形编辑器】菜单：提供使用图形方式编辑对象和动画的命令。比如，在"轨迹视图"方式下，可以在"轨迹视图"窗口中打开和管理动画轨迹；"图解视图"方式则提供另一种在场景中编辑和导航到对象的方法。

- 【渲染】菜单：提供渲染、VideoPost、光能传递和环境等命令。
- 【自定义】菜单：提供自定义用户界面的控制命令。
- 【MAXScript】菜单：提供编辑MAXScript（内置脚本语言）的命令。

3. 主工具栏

主工具栏中集成了用于快速执行3ds Max 常用命令的工具图标（选中某个工具后，该工具的背景将变为黄色），各个工具的含义如下：

- 【撤销】图标 ：取消上一次操作。
- 【重做】图标 ：取消上次的"撤销"操作。
- 【选择并链接】图标 ：将两个对象链接为"子"和"父"，并定义它们之间的层次关系。
- 【断开当前选择链接】图标 ：消除两个对象之间的层次关系。
- 【绑定到空间扭曲】图标 ：将当前选择的对象附加到空间扭曲。
- 【选择过滤器】图标 全部▼：限制由选择工具选择的对象的特定类型和组合。
- 【选择对象】图标 ：选择一个或多个操控对象。
- 【按名称选择】图标 ：利用"选择对象"对话框，从当前场景中所有对象的列表中依据名称来选择对象。
- 【矩形选择区域】图标 ：用于按区域选择对象，可以从下拉列表中选择使用"矩形"、"圆形"、"围栏"、"套索"和"绘制"等作为选择区域，如图1-12所示。
- 【窗口/交叉】图标 ：用于在窗口和交叉模式之间进行切换。
- 【选择并移动】图标 ：用于选择并移动指定对象。
- 【选择并旋转】图标 ：用于选择并旋转指定对象。
- 【选择并均匀缩放】图标 ：提供了用于更改对象大小的3种工具，即【选择并均匀缩放】工具、【选择并非均匀缩放】工具和【选择并挤压】工具，如图1-13所示。
- 【参考坐标系】图标 视图▼：用于指定变换（移动、旋转和缩放）所用的坐标系，包括"视图"、"屏幕"、"世界"、"父对象"、"局部"、"万向"、"栅格"和"拾取"等选项，如图1-14所示。

图1-12　选择区域工具　　　　图1-13　选择并缩放工具　　　　图1-14　参考坐标系

- 【使用轴点中心】图标 ：提供用于确定缩放和旋转操作几何中心的3种方法。
- 【选择并操纵】图标 ：通过在视口中拖动"操纵器"来编辑某些对象、修改器和控制器的参数。
- 【键盘快捷键覆盖切换】图标 ：用于在只使用"主用户界面"快捷键和同时使用"主

用户界面"快捷键及"功能区域"快捷键之间进行切换。

- 【捕捉开关】图标 ：用于提供捕捉处于活动状态位置的3D空间的控制范围。
- 【角度捕捉切换】图标 ：用于确定多数功能的增量旋转。
- 【百分比捕捉切换】图标 ：用于以指定的百分比增加对象的缩放。
- 【微调器捕捉切换】图标 ：用于设置所有微调器，每次单击增加或减少的值。
- 【编辑命名选择集】图标 ：用于管理子对象的命名选择集。
- 【命名选择集】图标 ：提供一个"命名选择集"列表来命名选择集。
- 【镜像】图标 ：用于按方向镜像一个或多个对象。
- 【对齐】图标 ：提供了用于对齐对象的6种不同工具。
- 【层管理器】图标 ：用于创建和删除层。
- 【曲线编辑器】图标 ：用于以图表的功能曲线表示运动。
- 【图解视图】图标 ：用于访问对象属性、材质、控制器、修改器、层次和不可见场景关系。
- 【材质编辑器】图标 ：用于提供创建和编辑材质以及贴图的功能。
- 【渲染场景对话框】图标 ：用于基于3D场景创建2D图像或动画。
- 【快速渲染（产品级）】图标 ：用于快速根据当前渲染设置来渲染场景。

4. 命令面板

命令面板中集中了6个子面板，其中提供了用于建模和制作动画的命令按钮。

- "创建"子面板 ：其中提供了各种对象创建工具，如图1-15所示。
- "修改"子面板 ：其中提供了各种修改器和编辑工具，如图1-16所示。
- "层次"子面板 ：其中提供了包含链接和反向运动学的各种参数，如图1-17所示。

图1-15 "创建"子面板

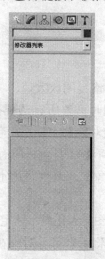
图1-16 "修改"子面板

图1-17 "层次"子面板

- "运动"子面板 ：其中提供了各种动画控制器和轨迹，如图1-18所示。
- "显示"子面板 ：其中提供了对象的显示控制选项，如图1-19所示。
- "工具"子面板 ：用于提供其他工具，如图1-20所示。

图1-18 "运动"子面板　　图1-19 "显示"子面板　　图1-20 "工具"子面板

5. 视口导航控制工具

在3ds Max中，可以显示1~4个视口。在这些视口中，可以显示同一个几何体的多个视图，还能显示"轨迹"视图、"图解"视图和其他信息。使用主窗口右下角的视口导航控制工具，可对视口进行缩放、平移和导航等控制。

视口导航控制工具会随着视口不同而有所不同。比如，透视视口、正交视口、摄影机视口和灯光视口都拥有特定的控件。如图1-21所示为正交视口（包括"用户"视图及"顶"视图、"前"视图等）的视口导航控制工具；如图1-22所示为透视视口的导航控制工具。

图1-21 正交视口的导航控制工具　　　　　图1-22 透视视口的导航控制工具

主要的导航控制工具有：

- 【缩放视图】工具 ：用于调整视图放大值。
- 【缩放所有视图】工具 ：同时调整所有透视视口和正交视口中的视图放大值。
- 【最大化显示/最大化显示选定对象】工具组：包括【最大化显示】按钮 和【最大化显示选定对象】按钮 。【最大化显示】工具 将所有可见的对象在活动透视视口或正交视口中居中显示。【最大化显示选定对象】工具 将选定对象或对象集在活动透视视口或正交视口中居中显示。
- 【所有视图最大化显示/所有视图最大化显示选定对象】工具组：包括两个工具。其中，【所有视图最大化显示】工具 用于将所有可见对象在所有视口中居中显示；【所有视图最大化显示选定对象】工具 用于将选定对象或对象集在所有视口中居中显示。
- 【视野（FOV）】工具 ：用于调整视口中可见的场景数量和透视张角量。视野越大，看到的场景越多，透视会扭曲，这与使用广角镜头相似。视野越小，看到的场景就越少，而透视会展平，这与使用长焦镜头类似。

- 【缩放区域】工具：放大在视口内拖动的矩形区域。仅当活动视口是正交、透视或用户三向投影视图时，该控件才可用。

- 【平移视图】工具：用于在与当前视口平面平行的方向移动视图。

- 【弧形旋转、弧形旋转选定对象、弧形旋转子对象】工具组：使用该组中的按钮，可以使视口围绕中心自由自旋。其中包括【弧形旋转】工具、【弧形旋转选定对象】工具和【弧形旋转子对象】工具。

- 【最大化视口切换】工具：用于在其正常大小和全屏大小之间进行切换。

6. 提示行与状态栏

提示行与状态栏中分别显示与当前场景或活动命令有关的提示和信息，也包含控制选择和精度的系统切换以及显示属性。

7. 卷展栏

卷展栏是命令面板和对话框的一种特殊区域，可以根据需要展开或折叠卷展栏，以便管理屏幕空间。比如，在图1-23中，要折叠"参数"卷展栏，只需单击卷展栏的标题栏即可。

要移动卷展栏，可将卷展栏的标题栏拖至命令面板或对话框上的其他位置。在拖动过程中，将会有半透明的卷展标题栏图像跟随鼠标光标。将鼠标放在卷展栏的合格位置附近或之上，在释放鼠标按键时卷展栏将要放置的位置上会出现一条蓝色的水平线。

ViewCube和SteeringWheels

如图1-24所示的ViewCube是一款交互式工具，主要用于旋转和调整实体或曲面模型的方向。选择Cube的面、边或角，就能将模型快速切换至预设视图。单击并拖动ViewCube，可以自如地将模型旋转到任意方向。ViewCube位于屏幕的固定位置，提供一目了然的方向指示。ViewCube是Autodesk公司所有产品的面向三维模型的通用工具。

如图1-25所示的SteeringWheels工具主要用于快速调用平移、中心与缩放命令。该工具提供了一种高度可定制的功能，可以通过添加漫游命令来创建并录制模型漫游。

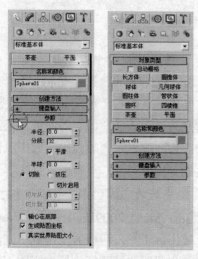

图1-23 关闭"参数"卷展栏

图1-24 ViewCube工具

图1-25 SteeringWheels工具

1.3　3ds Max 2009的新增功能和增强功能

在3ds Max 2009中，引入了全新而省时的动画与贴图工作流程工具，提供了开创性的渲染技术，并提高了3ds Max与行业标准产品的互操作性和兼容性。下面简要介绍3ds Max 2009的新增功能和增强功能。

1. 全新的学习影片功能

3ds Max 2009的"学习影片"中提供了大量视频链接。从菜单栏中选择【帮助】|【学习影片】命令，将打开"学习影片"对话框，只需单击其中的链接，即可在Web浏览器中打开相应的视频影片，用视频的方式介绍并演示如何完成某些任务，如图1-26所示。

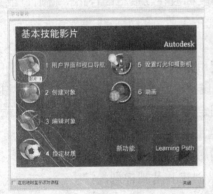
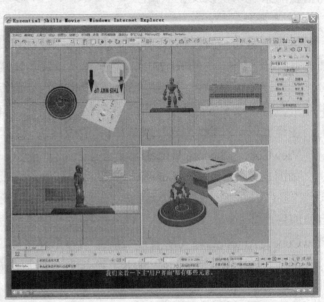

图1-26　学习影片功能

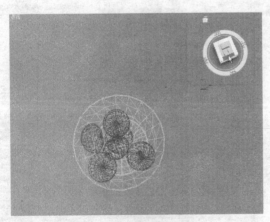

图1-27　使用ViewCube工具

2. 改进的信息中心

3ds Max 2009改进了Autodesk信息中心功能。使用信息中心，可以通过输入关键字来搜索信息，显示"通信中心"面板，获得产品更新和公告；或显示"收藏夹"面板以访问保存的主题。

3. 全新的ViewCube

3ds Max 2009新增了一个ViewCube工具。使用该工具，可以方便地利用鼠标来旋转视口，也可以快速跳转到标准视图方向，如图1-27所示。

4. 增强的Revit互操作性和FBX支持

3ds Max 2009增强了对Revit Architecture的支持。导入FBX文件后，可以在场景资源浏览器中浏览Revit用户定义标记类别、系列、层级和类型。

5. 改良的光度学灯光

3ds Max 2009的光度学灯光类型只保留了目标类光和自由灯光两种。可以分别在"常规参数"卷展栏和"图形/区域阴影"卷展栏设置光度学灯光的分布和形状属性。还增加了圆盘、球体和圆柱体3种光度学灯光的阴影投射形状；增加了"远距衰减"参数的控制，可以限制光度学灯光的范围；提供了一个"白炽灯变暗时颜色变化"选项，可以模拟白炽灯变暗时略呈黄色的效果。

6. 改进的材质和贴图功能

3ds Max 2009在材质和贴图方面进行了多项改进。如新增了"工具凹凸组合器"和"工具置换组合器"材质，改进了"样条线"贴图、Pelt贴图、"合成"贴图、"颜色修正"贴图等。此外，还增强了"制作"明暗器的可访问性，允许mental ray仅计算那些与指定对象相交的光线，还提供了可捕获间接照明的无光/投影材质，也可以通过HDR照片合并精确的场景环境。

7. 增强的渲染能力

3ds Max 2009在渲染帧窗口中提供了渲染图像、设置渲染区域和更改渲染参数等功能来简化渲染工作流，并提供了一个新的迭代渲染模式以快速测试场景的改动。

8. 场景和项目管理

3ds Max 2009在"场景资源管理器"中添加了新的高级过滤功能，可以基于对象名称、类型等仅列出满足特定条件的项目。

9. 动画制作的改进

3ds Max 2009新增了"穿行助手"功能，可以很方便地创建场景的预定义穿行动画。

10. 毛发增强功能

在3ds Max 2009的角色动画中，极大地增强了"毛发"功能。比如，其缓存渲染和毛发显示升级为多线程，改进了毛发的抗锯齿性，渲染时平铺显示，可设置分片内存限制和透明深度，支持天光等。

11. 角色动画改进

3ds Max 2009简化了对两足动物设置动画和蒙皮的操作，使角色动画的创作更加快捷。

12. 建模功能的改进

3ds Max 2009新增了一个"编辑软选择"模式，可以交互地调整软选择，确保能够在不离开视口的情况下更改"衰减"、"收缩"和"膨胀"等参数值。

1.4　自定义操作环境

有时，3ds Max 2009默认的操作界面不一能完全满足设计需要，可以根据需要自定义工具栏、命令面板、视口背景、用户界面。

1. 自定义工具栏

如果工具栏不满足当前的建模需要或不符合自己的操作习惯，可以对工具栏中的工具进行重新布局。

· 使用专家模式：进行复杂对象建模时，一般都需要更大的视口。此时，可以选择【视图】|【专家模式】命令（或按下键盘上的【Ctrl】+【X】键）来隐藏除菜单栏和工作视口外的区域，效果如图1-28所示。要返回正常界面，只需直接单击窗口右下角的【取消专家模式】按钮。

· 显示/隐藏特定工具栏：右击工具栏的空白处，从出现的快捷菜单中选择需要显示或隐藏的工具栏，比如要显示"捕捉"工具栏，只需从快捷菜单中选择【捕捉】选项，如图1-29所示。要隐藏工具栏，只需单击工具栏右上角的【关闭】按钮或从工具栏快捷菜单中再次选择需要隐藏的工具栏名称。

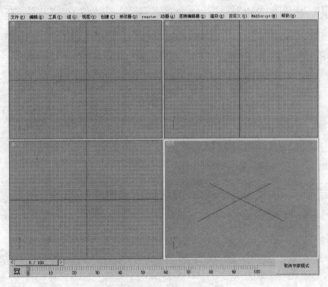

图1-28　专家模式界面　　　　　　　　　　　图1-29　显示"捕捉"工具栏

· 将工具栏设置为浮动工具栏：在任何工具栏上按住鼠标左键不放，然后将其拖动到窗口的其他位置，如图1-30所示。浮动工具栏也可以直接拖放到窗口的顶部、底部、左侧和右侧。

2. 自定义命令面板

默认状态下，命令面板位于主窗口的右侧。为了操作的方便，可以用鼠标将命令面板拖放到其他位置，如图1-31所示。

3. 设置视口背景色

选择【自定义】|【自定义用户界面】命令，将出现"自定义用户界面"对话框，选择"颜色"选项卡，再从"元素"下方的列表框中选择"视口背景"选项，单击对话框右侧的"颜色"框，出现"颜色选择器"对话框，从中选择一种背景色后单击【关闭】按钮，返回"自定义用户界面"对话框，单击【关闭】按钮，即可完成视口背景色的更改，如图1-32所示。

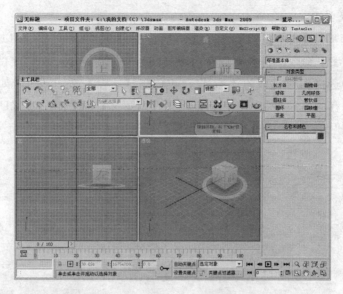

图1-30 将工具栏设置为浮动工具栏

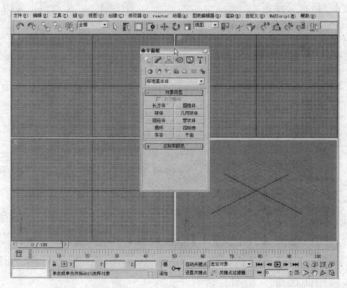

图1-31 改变命令面板的位置

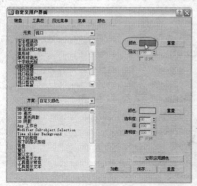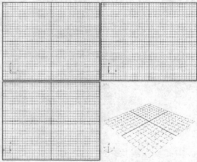

图1-32 设置视口背景色

4. 保存自定义界面

修改用户界面后，如果需要下次运行3ds Max 2009时继续保留，可以选择【自定义】|【保存自定义UI方案】命令，打开"保存自定义UI方案"对话框，在"文件名"中输入一个称，在保存类型中选择保存类型为"*.ui"，再单击【保存】按钮即可，如图1-33所示。

要使用已经保存的用户界面设置，只需选择【自定义】|【加载自定义UI方案】命令，打开如图1-34所示的"加载自定义UI方案"对话框，在其中选择需要加载的方案后单击【打开】按钮即可。

图1-33　保存自定义界面

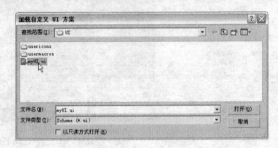

图1-34　"加载自定义UI方案"对话框

1.5　3ds Max 2009的基本设置

实际应用3ds Max 2009进行建模或动画创作之前，还应进行绘图单位、坐标系和捕捉选项等设置，下面介绍具体设置方法。

1.5.1　设置绘图单位

通过对绘图单位进行设置，可以精确地度量场景中的各种对象。绘图单位分为"系统单位"和"显示单位"两种。"显示单位"只影响对象在视口中的显示方式，而"系统单位"则决定了对象的实际大小。既可以选择使用通用的单位或标准单位，也可以创建自定义单位。

要设置绘图单位，可选择【自定义】|【单位设置】命令，打开"单位设置"对话框。在"显示单位比例"选项区中，可以选择使用"公制"、"美国标准"、"自定义"或"通用单位"，还可以设置照明单位，如图1-35所示。

单击【系统单位设置】按钮，将出现"系统单位设置"对话框，可在其中设置单位比例、具体单位、原点、结果精度等参数，如图1-36所示。

图1-35　"单位设置"对话框

图1-36　设置系统单位

1.5.2 坐标系及其设置

3ds Max 2009提供了多种坐标系类型，不同类型的坐标系将直接影响到坐标轴的方位。系统默认使用"视图"坐标系，它是"世界"坐标系和"屏幕"坐标系的混合体，使用"视图"坐标系，所有正交视口都使用"屏幕"坐标系，而透视视口使用"世界"坐标系。除"视图"坐标系外，3ds Max还提供了"屏幕"坐标系、"世界"坐标系、"父对象"坐标系、"局部"坐标系、"万向"坐标系、"栅格"坐标系和"拾取"坐标系。

从主工具栏的"参考坐标系"下拉列表中可以指定变换（移动、旋转和缩放）所用的坐标系，如图1-37所示。坐标系的类型主要有：

图1-37 指定坐标系

1. "视图"坐标系

在默认的"视图"坐标系中，所有正交视口中的X、Y和Z轴都相同。使用该坐标系移动对象时，会相对于视口空间移动对象。"视图"坐标的X轴始终朝右，Y轴始终朝上，Z轴始终垂直于屏幕指向用户。

2. "屏幕"坐标系

"屏幕"坐标系将活动视口的屏幕用做坐标系，使其坐标系始终相对于观察点。"屏幕"坐标系的X轴为水平方向，正向朝右；Y轴为垂直方向，正向朝上；Z轴为深度方向，正向指向用户。

"屏幕"坐标系一般用于正交视口。因为"屏幕"模式取决于当前的活动视口，所以非活动视口中的三轴架上的X、Y和Z标签显示当前活动视口的方向。激活该三轴架所在的视口时，三轴架上的标签会发生变化。

3. "世界"坐标系

"世界"坐标系使用世界坐标定义的方位，该坐标系始终是固定的。采用"世界"坐标系后，其坐标轴的方向将永远不变，不论在哪一个视图中都一样。从正面看，其X轴正向朝右，Z轴正向朝上，Y轴正向指向背离用户的方向。

4. "父对象"坐标系

"父对象"坐标系使用选定对象的父对象的坐标系。如果对象未链接至特定对象，则其为"世界"坐标系的子对象，其父坐标系与"世界"坐标系相同。

5. "局部"坐标系

"局部"坐标系使用被选择对象本身的坐标轴向，这在对象的方位与"世界"坐标系不同时特别有效。如果要调整场景中对象沿其本身的倾斜度，就必须使用"局部"坐标系。

对象的"局部"坐标系由其轴点支撑。使用"层次"命令面板上的选项，可以相对于对象调整局部坐标系的位置和方向。在该模式下，为每个对象将使用单独的坐标系。

如果"局部"处于活动状态，则【使用变换中心】按钮会处于非活动状态，并且所有变换使用局部轴作为变换中心。在若干个对象的选择集中，每个对象使用其自身中心进行变换。

6. "万向"坐标系

"万向"坐标系主要与"Euler XYZ旋转"控制器一同使用。它与"局部"坐标系类似，但其3个旋转轴不一定互相之间成直角。

使用"局部"和"父对象"坐标系围绕一个轴旋转时，会更改两个或3个"Euler XYZ"轨迹。"万向"坐标系可避免这个问题，围绕一个轴的"Euler XYZ"旋转仅更改该轴的轨迹，使功能曲线编辑更为便捷。此外，利用"万向"坐标的绝对变换输入会将相同的 Euler 角度值用做动画轨迹。

对于移动和缩放变换，"万向"坐标与"父对象"坐标相同。如果没有为对象指定"Euler XYZ 旋转"控制器，则"万向"旋转与"父对象"旋转相同。

7. "栅格"坐标系

"栅格"坐标系使用当前激活栅格系统的原点作为变换的中心。

8. "拾取"坐标系

"拾取"坐标系使用场景中另一个对象的坐标系。选择"拾取"后，选择变换要使用其坐标系的单个对象，对象的名称就会显示在"变换坐标系"列表中。

1.5.3　3ds Max 2009的栅格和捕捉设置

栅格是一种用于辅助建模的精度工具，可以很直观地显示对象的位置。此外，多数绘图软件都提供了捕捉功能。使用该功能，可以使光标精确定位在图形的顶点、中点、中心点、圆心等特征点上，从而给绘图带来方便。

3ds Max 2009提供了完善的目标捕捉功能，选择【自定义】|【栅格和捕捉设置】命令，将出现如图1-38所示的"栅格和捕捉设置"对话框，以便进行需要的栅格和捕捉设置。

1. 设置捕捉类型

在"栅格和捕捉设置"对话框的"捕捉"选项卡中，可以设置以下捕捉类型：

- 栅格点：捕捉到栅格交点。
- 栅格线：捕捉到栅格线上的任何点。
- 轴心：捕捉到对象的轴点。
- 边界框：捕捉到对象边界框的8个角中的一个。
- 垂足：捕捉到样条线上与上一个点相对的垂直点。
- 切点：捕捉到样条线上与上一个点相对的相切点。
- 顶点：捕捉到网格对象或可以转换为可编辑网格对象的顶点。
- 端点：捕捉到网格边的端点或样条线的顶点。
- 边/线段：捕捉沿着边或样条线分段的任何位置。
- 中点：捕捉到网格边的中点和样条线分段的中点。
- 面：捕捉到面的曲面上的任何位置。
- 中心面：捕捉到三角形面的中心。

2. 设置目标捕捉精度

在"栅格和捕捉设置"对话框中选择"选项"选项卡（如图1-39所示），可设置所需的目标捕捉精度。主要选项有：

图1-38　"栅格和捕捉设置"对话框

图1-39　"选项"选项卡

- 显示：用于切换捕捉指南的显示。
- 大小：以像素为单位设置捕捉"击中"点的大小。
- 颜色：单击色样，将出现"颜色选择器"对话框，在其中可以设置捕捉显示的颜色。
- 捕捉预览半径：当光标与潜在捕捉到的点的距离在"捕捉预览半径"值和"捕捉半径"值之间时，捕捉标记跳到最近的潜在捕捉到的点，但不发生捕捉。
- 捕捉半径：以像素为单位设置光标周围区域的大小，在该区域内捕捉将自动进行。
- 角度：设置对象围绕指定轴旋转的增量（以度为单位）。
- 百分比：设置缩放变换的百分比增量。
- 捕捉到冻结对象：选中该复选项，将启用捕捉到冻结对象功能。
- 使用轴约束：启用该选项后，将约束选定对象使其沿着在"轴约束"工具栏上指定的轴移动。
- 显示橡皮筋：启用该选项后，在移动一个选择时，在原始位置和鼠标位置之间显示橡皮筋线。
- 将轴中心用做开始捕捉点：启用该选项后，如果在捕捉时没有检测到其他起始捕捉点，会将当前选择集的变换轴的中心设置为起始捕捉点。

3. 设置主栅格

切换到如图1-40所示的"主栅格"选项卡，可以设置栅格间距等参数。主要选项有：

- 栅格间距：栅格间距是指栅格的最小方形的大小，可以使用微调器调整间距，也可以直接输入间距值。
- 每N条栅格线有一条主线：用于设置主线之间的方形栅格数。
- 透视视图栅格范围：用于设置透视视图中的主栅格大小。
- 禁止低于栅格间距的栅格细分：选中该选项，在主栅格上放大时，会使3ds Max将栅格视为一组固定的线。禁用该选项，在放大视图时，将显示出栅格细分线。
- 禁止透视视图栅格调整大小：选中该项，在进行放大或缩小操作时，会使3ds Max将"透视"视口中的栅格视为一组固定的线。禁用该选项，"透视"视图中的栅格将进行细分。
- "动态更新"选项区：默认情况下，当更改"栅格间距"和"每N条栅格线有一条主线"的值时，只更新活动视口。完成更改值之后，其他视口才进行更新。选择"所有视口"可在更改值时更新所有视口。

4. 设置用户栅格

切换到如图1-41所示的"用户栅格"选项卡，可以设置是否自动创建活动栅格，还可以设置栅格的对齐方式。

图1-40 "主栅格"选项卡

图1-41 "用户栅格"选项卡

1.6 文件操作与管理

与其他图形图像软件相似，3ds Max也是用文件的形式来保存图形或动画的。可以使用【文件】菜单中提供的操作命令进行文件操作和管理。下面简要介绍常用文件操作命令的功能和用法。

1.6.1 新建和重置场景

选择【文件】|【新建】命令（快捷键为【Ctrl】+【N】），可以清除当前场景的所有内容，以创建一个新的场景文件。

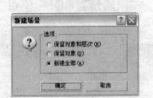

图1-42 "新建场景"对话框

选择【文件】|【新建】命令后，将出现如图1-42所示的"新建场景"对话框，可以在其中选择要要保留的对象类型。设置完成后单击【确定】按钮，即可创建一个新的空白的场景。"新建场景"对话框的选项有：

• "保留对象和层次"选项：选中该项，可以保留对象及其之间的层次链接，但清除动画的关键点。

• "保留对象"选项：选中该项，可以保留场景中的对象，但清除它们之间的所有链接和所有动画的关键点。

• "新建全部"选项：选中该项，将清除当前场景的所有内容。

选择【文件】|【重置】命令，可以清除当前的所有数据并重置一切设置。如果在上次"保存"操作之后又进行了更改，将出现一个提示是否要保存更改的对话框。

1.6.2 打开和保存文件

选择【文件】|【打开】命令，将出现如图1-43所示的"打开文件"对话框，可以在其中选择加载场景文件（.max文件）、角色文件（.chr文件）或VIZ渲染文件（.drf文件）。

选择【文件】|【保存】命令，可以覆盖上次保存的场景更新当前的场景。如果先前没有

保存过场景，则执行命令后，会出现"文件另存为"对话框，如图1-44所示。在"另存为"对话框中，可以选择.max格式（场景文件）或.chr格式（角色文件）来保存当前场景。

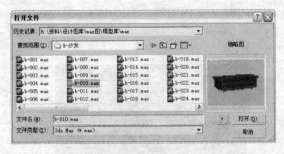

图1-43 "打开文件"对话框

图1-44 "文件另存为"对话框

1.6.3 导入和合并模型

3ds Max 2009与其他软件具有良好的兼容性，可以使用"导入"和"合并"等功能来将其他软件创建的对象导入或者合并到场景中，以提高创建造型的效率和质量。

1. 导入模型

使用【导入】命令，可以将其他软件创建的对象导入到当前场景中。下面通过一个简单的实例说明导入模型的具体方法：

（1）打开要导入对象的.max场景文件，如图1-45所示。

（2）选择【文件】|【导入】命令，出现"选择要导入的文件"对话框，从"文件类型"下拉列表中选择要导入的文件的类型，本例选择"AutoCAD图形（*.DWG *.DXF）"选项。

（3）从"查找范围"中选择源文件保存的路径，再选中需要导入的文件，如图1-46所示。

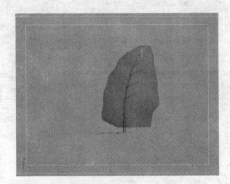

图1-45 导入前的场景

图1-46 选择要导入的文件

（4）单击【打开】按钮，出现如图1-47所示的"AutoCAD DWG/DXF导入选项"对话框。

（5）根据需要设置参数，设置完成后单击【确定】按钮，即可将AutoCAD图形导入场景中，如图1-48所示。

2. 合并场景

"合并"功能用于将其他.max场景中的对象引入到当前场景中，或者将多个整个场景组合为一个新场景。下面也通过一个简单的实例说明合并场景的具体方法：

图1-47　导入选项

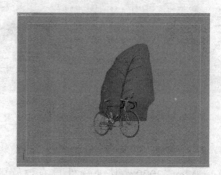

图1-48　导入图形的效果

（1）创建如图1-49所示的场景。

（2）选择【文件】|【合并】命令，出现"合并文件"对话框，从中选择需要合并到当前场景的文件，如图1-50所示。

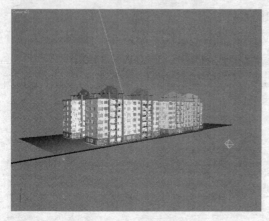

图1-49　合并前的场景

图1-50　选择要合并到当前场景中的文件

（3）单击【打开】按钮，出现如图1-51所示的"合并"对话框。

（4）在"合并"对话框中选择要合并的对象，可输入对象名称或从"对象列表"中选择对象。本例单击【全部】按钮，选中场景中的所有对象。

（5）单击【确定】按钮，即可将选择的场景合并到当前的场景中，效果如图1-52所示。

如果选择【文件】|【替换】命令，可以将场景中的对象替换成另一个场景中拥有相同名称的对象。

图1-51　"合并"对话框

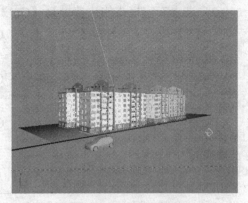

图1-52　合并效果

本章要点小结

本章介绍了3ds Max 2009的相关概念、用户界面和基本操作方法，下面对本章的重点内容进行小结：

（1）三维设计是指在三维空间中绘制出生动形象的三维立体图形，创建一个三维立体图形的过程称为三维建模，三维模型分为线框模型、表面模型和实体模型3类。

（2）3ds Max是美国Autodesk公司下属的Discreet公司推出的三维设计软件。3ds Max具有功能强大、性价比高、易学易用、应用普及、三维动画制作能力强、扩展性好、和其他软件配合流畅等特点，是广告、影视、工业设计、建筑设计、多媒体制作、游戏、辅助教学以及工程可视化等领域最佳的三维创作工具。

（3）3ds Max 2009的用户界面主要由视口、菜单栏、主工具栏、捕捉工具、命令面板、视口导航控制工具、动画播放控制工具、动画关键点控制工具、绝对/相对坐标切换与坐标显示区域、提示行与状态栏、MAXScript迷你侦听器、轨迹栏和时间滑块等部分组成。可以根据需要自定义工具栏、命令面板、视口背景、用户界面。

（4）实际应用3ds Max 2009进行建模或动画创作之前，需要进行绘图单位、坐标系和捕捉选项等设置。通过对绘图单位进行设置，可以精确地度量场景中的各种对象；不同类型的坐标系将直接影响到坐标轴的方位；而通过栅格和捕捉设置，可以提高建模的精度。

（5）3ds Max 2009常用的文件操作命令包括新建场景、重置场景、打开文件、保存文件、导入模型和合并模型等。

习题

选择题

（1）（　　）模型用物体的棱线来表示物体。

A）线框　　　　　B）表面　　　　　C）实体　　　　　D）平面

（2）（　　）菜单中提供了与3ds Max内置的动力学产品有关的一组命令。

A）渲染　　　　　B）修改器　　　　C）MAXScript　　　D）reactor

（3）进入专家模式的快捷键是【Ctrl】+（　　）。

A）【Y】　　　　　B）【X】　　　　　C）【Z】　　　　　D）【F】

（4）系统默认使用的坐标系是（　　）坐标系。

A）视图　　　　　B）世界　　　　　C）局部　　　　　D）万向

（5）场景文件的扩展名是（　　）。

A）.crd　　　　　B）.chr　　　　　C）.max　　　　　D）.drf

填空题

（1）三维是指描述一个物体时，从_____、竖直和_____ 3个方向进行。

（2）三维模型分为_____模型、_____模型和_____模型3类。

（3）3ds Max 2009的用户界面主要由_____、菜单栏、_____、捕捉工具、命令面板、_____、动画播放控制工具、动画关键点控制工具、绝对/相对坐标切换与坐标显示区域、_____、MAXScript迷你侦听器、轨迹栏和时间滑块等部分组成。

（4）默认情况下，在启动3ds Max 2009后，主窗口中有4个大小相同的视口，它们分别是"_____"视图、"_____"视图、"_____"视图和"_____"视图，且当前视口为"透视"视图。

（5）使用主工具栏上的【断开当前选择链接】图标，可以消除两个对象之间的_____关系。

（6）_____工具用于放大在视口内拖动的矩形区域。

（7）卷展栏是_____的一种特殊区域，可以根据需要展开或折叠卷展栏，以便管理屏幕空间。

（8）绘图单位分为"系统单位"和"显示单位"两种。_____单位只影响对象在视口中的显示方式，而_____单位则决定了对象的实际大小。

（9）"屏幕"坐标系将活动视口的屏幕用做坐标系，使其坐标系始终相对于_____。

（10）使用_____功能，可以使光标精确定位在图形的顶点、中点、中心点、圆心等特征点上，从而给绘图带来方便。

（11）角色文件的扩展名是_____，VIZ渲染文件的扩展名是_____。

简答题

（1）三维图形和二维图形有何区别？什么是三维设计？什么是三维建模？

（2）3ds Max 2009的用户界面由哪些部分组成？各部分的功能是什么？

（3）3ds Max 2009的新增功能和增强功能主要有哪些？

（4）如何自定义工具栏？如何自定义命令面板？如何自定义视口？如何设置视口背景色？

（5）为什么要设置绘图单位？如何设置绘图单位？

（6）什么是坐标系？3ds Max 2009提供了哪些坐标系？如何选择坐标系？

（7）什么是捕捉？如何设置捕捉类型？如何设置目标捕捉精度？

（8）3ds Max 2009常见的文件操作命令有哪些？如何使用这些命令？

第2章 简单模型的创建和编辑

任何专业品质的3维模型、照片级真实感的静止图像或者电影品质的动画，都是由各种对象组成的。3ds Max 2009预设了多种基本体对象创建工具，可以在场景中快速创建出长方体、圆锥体、球体、圆柱体、管状体、圆环等基本体。创建基本体后，还可以通过各种编辑命令来编辑对象。本章将学习基本体模型的创建、编辑和变换方法。通过学习，可以掌握以下应知知识和应会技能：

- 了解基本体的种类和特点。
- 熟练掌握基本体的创建方法。
- 熟悉对象的选取方法。
- 初步掌握对象的编辑方法。

2.1 创建基本体

使用"创建"面板中的几何体工具，可以在场景中快速创建长方体、圆锥体、球体、圆柱体等标准基本体，也可以创建异面体、切角长方体、油罐等扩展基本体，还可以创建"复合对象"、"粒子系统"、"面片栅格"、"NURBS曲面"、"门"、"窗"、"AEC扩展"、"动力学对象"和"楼梯"等特殊模型。

2.1.1 "创建"面板的组成

默认情况下，命令面板位于3ds Max 2009主窗口的右侧，且默认显示"创建"面板，如图2-1所示。如果命令面板事先被切换到其他状态，只需单击面板标签中的【创建】图标即可切换回"创建"面板。

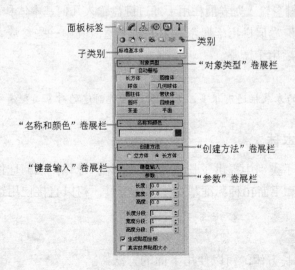

图2-1 "创建"面板

选择不同子类别中的工具时，所出现的卷展栏及其中的控件会有所不同。下面先介绍"创建"面板中的通用选项：

· 类别：位于"创建"面板顶部的7个按钮用于访问7类不同对象的主要类别。其中，"几何体"是默认类别。

· 子类别：每种类别都包含了一些子类别，单击【子类别】图标（或下拉箭头），都将出现一个下拉列表，可以在其中选择子类别。比如，"几何体"的子类别包括"标准基本体"、"扩展基本体"、"复合对象"、"粒子系统"、"面片栅格"、"NURBS 曲面"、"门"、"窗"、"AEC扩展"、"动力学对象"和"楼梯"等，如图2-2所示。每个子类别又包含一个或多个对象类型。此外，如果安装了其他对象类型的插件组件，相应的组件也可能组合为单个子类别。

· 对象类型："对象类型"卷展栏中提供了用于创建子类别中对象的工具按钮和一个"自动栅格"复选项，如图2-3所示分别为标准基本体和扩展基本体的对象类型列表。

· 名称和颜色："名称和颜色"卷展栏中显示了对象名称，可以在此对名称进行修改，而单击方形的【色样】图标■，将打开如图2-4所示的"对象颜色"对话框，可以在其中选择对象在视口中显示的线框颜色。

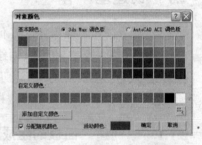

图2-2　子类别列表　　　　图2-3　"对象类型"卷展栏　　　　图2-4　"对象颜色"对话框

· 创建方法："创建方法"卷展栏用于提供使用鼠标来创建对象的方法。比如，可以使用中心或边来创建圆形。

· 键盘输入："键盘输入"卷展栏用于通过键盘输入几何基本体和形状对象的创建参数。

· 参数："参数"卷展栏用于显示对象的定义值，其中一些参数可以进行预设，其他参数只能在创建对象之后用于调整。

　　命令面板中的卷展栏还有很多，具体情况与所创建的对象类型有关。

2.1.2　创建标准基本体

"标准基本体"子类别中提供了长方体、圆锥体、球体、几何球体、圆柱体、管状体、圆环、四棱锥、茶壶和平面10种标准基本体创建工具，可以直接使用这些工具来创建需要的三维对象。

1. 创建长方体

要在场景中创建长方体，可以使用下面的方法：

（1）选择【文件】|【重置】命令，重新设置系统。

（2）在"创建"面板中选择"几何体"选项，再从"标准基本体"类别下的"对象类型"卷展栏中单击【长方体】按钮。

（3）在任意视口中拖动鼠标，先定义矩形的底部，松开鼠标便可以确定长度和宽度，如图2-5所示。

（4）上下拖动鼠标，可以定义长方体的高度，如图2-6所示。

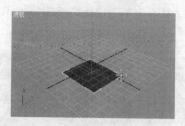

图2-5　确定矩形底部

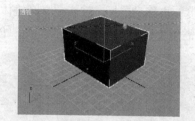

图2-6　确定高度

（5）单击鼠标，即可完成高度的设置，并创建出长方体。

要创建底部为正方形的长方体，应在拖动长方体底部时按住【Ctrl】键来保持长度和宽度一致；要创建立方体，应先在命令面板的"创建方法"卷展栏上选中"立方体"选项，然后再在任意视口中拖动鼠标，如图2-7所示。

除了可以利用"创建方法"卷展栏设置长方体的形状，利用"名称和颜色"卷展栏设置长方体的名称和颜色外，创建长方体对象后，还可以利用如图2-8所示的"参数"卷展栏来设置下面的参数：

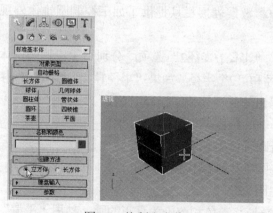

图2-7　绘制立方体

图2-8　长方体的"参数"卷展栏

· "长度/宽度/高度"选项：分别用于设置长方体对象的长度、宽度和高度。

· "长度分段/宽度分段/高度分段"选项：分别用于设置沿着对象每个轴的分段数量。增加"分段"值，可以提高当前修改器所影响的对象的附加分辨率。

· "生成贴图坐标"选项：用于生成将贴图材质应用于长方体的坐标。

- "真实世界贴图大小"选项：控制应用于该对象的纹理贴图材质所使用的缩放方法。

2. 创建圆锥体

圆锥体分为直立和倒立两种类型，其创建方法与长方体创建方法基本相同。

从"创建"面板中选择"几何体"选项，再从"标准基本体"类别下的"对象类型"卷展栏中单击【圆锥体】按钮，然后在任意视口中拖动鼠标，便能确定圆锥体底部的半径。确定半径后单击鼠标，然后再上下移动鼠标，即可定义圆锥体的高度，确定后单击鼠标即可设置其高度。再移动鼠标，就能定义圆锥体另一端的半径（对于尖顶圆锥体应将半径减小为0），最后只需单击鼠标设置好第2个半径，创建出圆锥体，如图2-9所示。

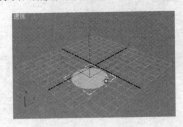 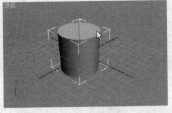 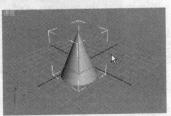

图2-9　创建圆锥体的过程

图2-10　圆锥体的卷展栏

圆锥体的卷展栏如图2-10所示。可以使用"创建方法"卷展栏来控制圆锥体的绘制方法，创建好圆锥体后还可以使用"参数"卷展栏来修改两端的半径和高度。

1）"创建方法"卷展栏

用于控制圆锥体的创建方法。选择"边"选项，将按照边来绘制圆锥体，通过移动鼠标来更改中心位置；选择"中心"选项，将从中心开始绘制圆锥体。

2）"参数"卷展栏

"参数"卷展栏从提供了如下控制圆锥体外观的参数：

- "半径1/半径2"选项：分别用于设置圆锥体的第1个半径和第2个半径。如果"半径1"与"半径2"相同，则创建出的是圆柱体。

- "高度"选项：用于设置沿着中心轴的维度。
- "高度分段"选项：用于设置沿着圆锥体主轴的分段数。
- "端面分段"选项：用于设置围绕圆锥体顶部和底部的中心的同心分段数。
- "边数"选项：用于设置圆锥体周围边数。
- "平滑"选项：选中该项，较大的数值将着色和渲染为真正的圆。禁用"平滑"时，较小的数值将创建规则的多边形对象。
- "切片启用"选项：创建切片后，如果禁用"切片启用"，则会重新显示完整的圆锥体。
- "切片从"/"切片到"选项：设置从局部X轴的零点开始围绕局部Z轴的度数。
- "生成贴图坐标"选项：用于生成将贴图材质用于圆锥体的坐标。

· "真实世界贴图大小"选项：用于控制应用于该对象的纹理贴图材质所使用的缩放方法。

3. 创建球体

"标准基本体"类别下的【球体】工具用于创建平滑的圆球模型。选择【球体】工具后，只需在视口中拖动鼠标即可创建出球体模型，如图2-11所示。默认情况下，球体的分段数为32，当分段数达到200时，将创建出非常光滑的球体对象。

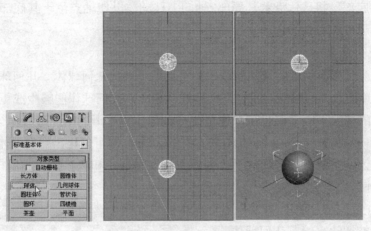

图2-11 创建球体模型

创建球体后，只需在"参数"卷展栏的"半球"字段中输入数值0.5，然后按下【Enter】键，即可将球体转换为半球，如图2-12所示。

球体的"创建方法"卷展栏中也提供了"边"和"中心"两个选项，其含义与圆锥体的"创建方法"卷展栏相同。在如图2-13所示的"参数"卷展栏中，提供了以下主要参数：

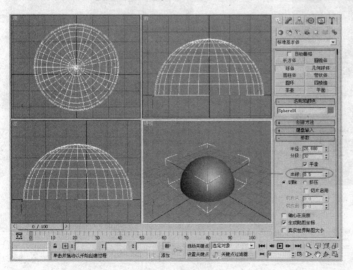

图2-12 创建半球   图2-13 球体的"参数"卷展栏

· 半径：指定球体的半径。

· 分段：设置球体多边形分段的数目。

· 平滑：混合球体的面，从而在渲染视图中创建平滑的外观。

·半球：使该值过大将从底部"切断"球体，以创建部分球体。值的范围可以从0.0至1.0。默认值是0.0，可以生成完整的球体。设置为0.5可以生成半球，设置为1.0会使球体消失。

·切除：通过在半球断开时将球体中的顶点数和面数"切除"来减少它们的数量。

·挤压：保持原始球体中的顶点数和面数，将几何体向着球体的顶部"挤压"为越来越小的体积。

·轴心在底部：将球体沿着其局部Z轴向上移动，以使轴点位于其底部。如果禁用此选项，轴点将位于球体中心的构造平面上。

4. 创建几何球体

"标准基本体"类别下的【几何球体】工具用于创建几何球体。几何球体由众多小三角面组成，默认片段数为4，最小为1。与标准球体相比，几何球体能够生成更规则的曲面。在指定相同面数的情况下，它们也可以使用比标准球体更平滑的剖面进行渲染。

选择【几何球体】工具后，只需在视口中拖动鼠标即可创建出几何球体模型，如图2-14所示。几何球体的主要参数选项位于"创建方法"卷展栏和"参数"卷展栏中。

1）"创建方法"卷展栏

在如图2-15所示的"创建方法"卷展栏中提供了两个选项：

·直径：按照边来绘制几何球体。

·中心：从中心开始绘制几何球体。

2）"参数"卷展栏

在如图2-16所示的"参数"卷展栏中主要提供了以下参数：

图2-15 "创建方法"卷展栏

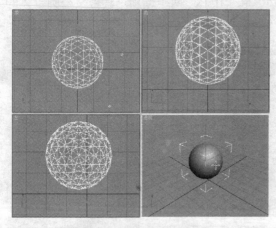

图2-14 创建几何球体模型

图2-16 "参数"卷展栏

·半径：设置几何球体的大小。

·分段：设置几何球体中的总面数。几何球体中的面数等于基础多面体的面数乘以分段的平方。

·四面体：基于4面的四面体，球体可以划分为4个相等的分段。

·八面体：基于8面的八面体。

·二十面体：基于20面的二十面体。

5. 创建圆柱体

【圆柱体】工具用于生成圆柱体，可以围绕其主轴进行"切片"。选择【圆柱体】工具后，在视口中拖动鼠标先确定*XY*平面上的圆形，再向上拖动鼠标即可创建出具有一定高度的圆柱体模型，如图2-17所示。

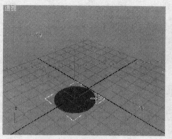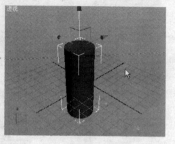

图2-17　创建圆柱体的过程

圆柱体的"创建方法"卷展栏中提供了"边"和"中心"两个选项，其含义与圆锥体的"创建方法"卷展栏相同。在如图2-18所示的"参数"卷展栏中，提供了以下主要参数：

- 半径：设置圆柱体的半径。
- 高度：设置沿着中心轴的维度，设置负数

值将在构造平面下面创建圆柱体。

图2-18　创建圆柱体

- 高度分段：设置沿着圆柱体主轴的分段数量。
- 端面分段：设置围绕圆柱体顶部和底部的中心的同心分段数量。
- 边数：设置圆柱体周围的边数。启用"平滑"时，较大的数值将着色和渲染为真正的圆。禁用"平滑"时，较小的数值将创建规则的多边形对象。

6. 创建管状体

管状体和圆柱体一样，都可以通过修改边数值来生成圆滑的管状体或棱形的管状体，创建管状体的过程如图2-19所示。

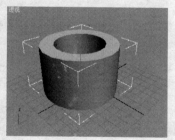

图2-19　创建管状体的过程

创建圆管体后，只需在"参数"卷展栏中设置所需棱柱的边数，并禁用"平滑"功能，就可将圆管体变形为棱柱管状体，如图2-20所示。

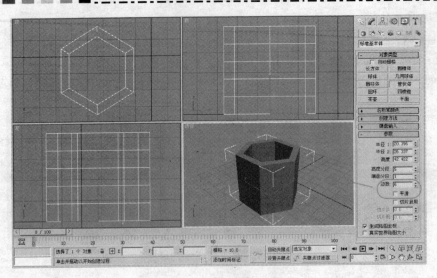

图2-20 创建棱柱管状体

管状体的主要参数选项有：

· 半径1、半径2：较大的设置将指定管状体的外部半径，较小的设置则指定内部半径。

· 高度：设置沿着中心轴的维度。

· 高度分段：设置沿着管状体主轴的分段数量。

· 端面分段：设置围绕管状体顶部和底部的中心的同心分段数量。

· 边数：设置管状体周围边数。启用"平滑"时，较大的数值将着色和渲染为真正的圆。禁用"平滑"时，较小的数值将创建规则的多边形对象。

7. 创建圆环

【圆环】工具用于生成一个环形或具有圆形横截面的圆环，如图2-21所示。可以将平滑选项与旋转和扭曲设置组合使用，创建出复杂的变体。

圆环的"参数"卷展栏如图2-22所示，主要参数选项有：

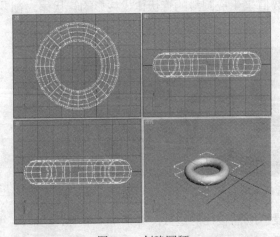

图2-21 创建圆环　　　　　　　　　图2-22 圆环的"参数"卷展栏

· 半径1：设置从环形的中心到横截面圆形的中心的距离，即圆环的半径。

• 半径2：设置横截面圆形的半径。

• 旋转：设置旋转的度数。顶点将围绕通过圆环中心的圆形非均匀旋转。

• 扭曲：设置扭曲的度数。横截面将围绕通过环形中心的圆形逐渐旋转。从扭曲位置开始，每个后续横截面都将旋转，直至最后一个横截面具有指定的度数。

• 分段：设置围绕环形的分段数目。减小此数值，可以创建多边形环，而不是圆形。

• 边数：设置环形横截面圆形的边数。通过减小此数值，可以创建类似于棱锥的横截面，而不是圆形。

• "平滑"组：提供了4个平滑层级，其中，"全部"选项用于在环形的所有曲面上生成完整平滑；"侧面"选项用于平滑相邻分段之间的边，从而生成围绕环形运行的平滑带；"无"选项用于完全禁用平滑，从而在环形上生成类似棱锥的面；"分段"选项用于分别平滑每个分段，从而沿着环形生成类似环的分段。

8. 创建四棱锥

四棱锥是一种底面为四边形，侧面为三角形的造型。选择【四棱锥】工具后，在视口中拖动鼠标先确定XY平面上的四边形，再向上拖动鼠标即可创建出具有一定高度的四棱锥模型，如图2-23所示。确定XY平面上的四边形时按住【Ctrl】键，将生成正方形底面的棱锥。

如图2-24所示为四棱锥的"创建方法"卷展栏和"参数"卷展栏，主要参数选项有：

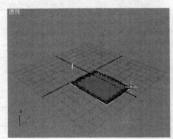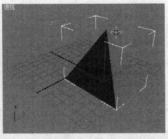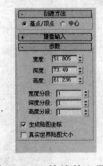

图2-23 创建四棱锥　　　　　　　　　　图2-24 四棱锥的主要参数

• "创建方法"卷展栏中的"基点/顶点"选项：用于从一个角到斜对角创建四棱锥底部。

• 宽度，深度和高度：用于设置四棱锥对应面的维度。

• 宽度，深度和高度分段：设置四棱锥对应面的分段数。

9. 创建茶壶

【茶壶】工具用于创建如图2-25所示的茶壶形状。可以选择一次制作整个茶壶或一部分茶壶。由于茶壶是参量对象，因此可以选择创建之后显示茶壶的哪些部分。茶壶具有壶身、壶柄、壶嘴和壶盖4个独立的部件。部件位于"参数"卷展栏的"茶壶部件"组中，可以选择要同时创建的部件的任意组合。

茶壶的主要参数选项有：

• 半径：设置茶壶的半径。

• 分段：设置茶壶或其单独部件的分段数。

• 平滑：混合茶壶的面，从而在渲染视图中创建平滑的外观。

• "茶壶部件"组：启用或禁用茶壶部件的复选框。

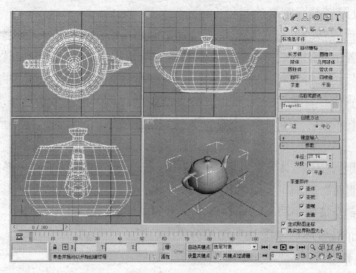

图2-25　创建茶壶

10. 创建平面

"平面"对象是特殊类型的平面多边形网格，可在渲染时无限放大。可以指定放大分段大小和/或数量的因子。使用"平面"对象来创建大型地平面并不会妨碍在视口中工作。如图2-26所示为平面的创建过程。

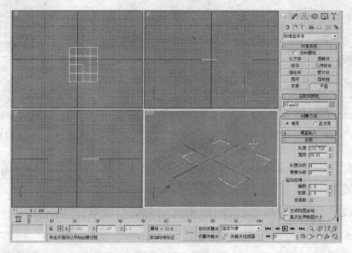

图2-26　创建平面

平面的主要参数选项有：

· "创建方法"卷展栏：可以选择创建矩形还是方形平面。

· 长度，宽度：设置平面对象的长度和宽度。

· 长度分段、宽度分段：设置沿着对象每个轴的分段数量。

· "渲染倍增"组：设置渲染"缩放"选项，可以指定长度和宽度在渲染时的倍增因子；设置渲染"密度"选项，可以指定长度和宽度分段数在渲染时的倍增因子。

2.2　创建扩展基本体

除标准基本体外，3ds Max 2009还提供了一组用于创建包括异面体、环形结、切角长方体、倒角圆柱体、油罐、胶囊、纺锤、L形延伸物、球棱柱、C形延伸物、环形波、棱柱和软管等扩展基本体的工具。这些扩展基本体实际上是3ds Max复杂基本体的集合。在"创建"面板 上的子类别中选择"扩展基本体"选项，即可在"对象类型"卷展栏中选择创建各种扩展基本体的工具，如图2-27所示。

1. 创建异面体

"异面体"是一种由几个系列的多面体所生成的对象。要创建异面体，可从"创建"面板 中选择"几何体" ，再从子类别下拉列表中选择"扩展基本体"选项，在出现的扩展基本体的"对象类型"列表中选择【异面体】工具后，只需在任意视口中拖动鼠标便可以定义半径，释放鼠标便能创建出多面体，如图2-28所示。

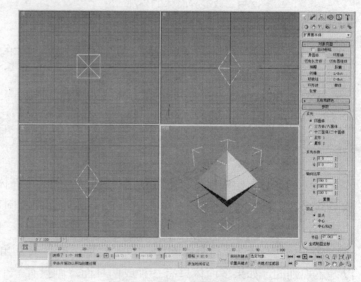

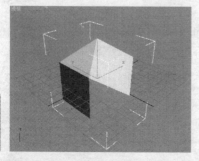

图2-27　扩展基本体的对象类型

图2-28　拖动鼠标创建异面体

创建异面体后，如果在"参数"卷展栏的"系列"组选择不同选项，则可改变多面体的类型。比如，选择"立方体/八面体"选项，将变形为一个八面体，如图2-29所示；选择"星形1"选项，则变形为如图2-30所示的星形。

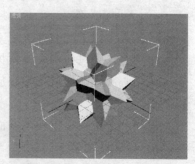

图2-29　变形为八面体

图2-30　变形为星形

要改变异面体的外观，可以调整"系列参数"和"轴向比率"中的参数，如图2-31所示。异面体的"参数"卷展栏如图2-32所示，下面简要介绍其中的选项。

 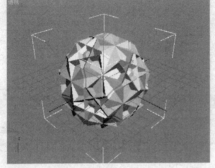

图2-31　改变异面体的外观　　　　　　图2-32　"参数"卷展栏

1）"系列"组

"系列"组中提供了5个单选项，可从中选择要创建的多面体的类型：

· 四面体：创建一个四面体。

· 立方体/八面体：创建一个立方体或八面体。

· 十二面体/二十面体：创建一个十二面体或二十面体。

· 星形1/星形2：创建两种不同的类似星形的多面体。

2）"系列参数"组

"系列参数"组中提供了P、Q两个选项，它们为多面体顶点和面之间提供两种方式变换的关联参数。P和Q值以最简单的形式在顶点和面之间来回更改几何体。

3）"轴向比率"组

多面体可以有3种多面体的面，如三角形、方形或五角形。这些面可以是规则的，也可以是不规则的。如果多面体只有一种或两种面，则只有一个或两个轴向比率参数处于活动状态。不活动的参数不起作用。

· P、Q、R参数：用于控制多面体一个面反射的轴。这些字段具有将其对应面推进或推出的效果，默认设置均为100。

· 重置：该选项用于将轴返回为其默认设置。

4）"顶点"组

"基点"组中的参数决定了多面体每个面的内部几何体。

· 中心：通过在中心放置另一个顶点来细分每个面。

· 中心和边：通过在中心放置另一个顶点来细分每个面。

5）半径

以当前单位数设置任何多面体的半径。

6）生成贴图坐标

生成将贴图材质用于多面体的坐标。

2. 创建环形结

"环形结"是一种通过在正常平面中围绕3D曲线绘制2D曲线来创建复杂或带结的环形，如图2-33所示。下面简要介绍【环形结】工具的"参数"卷展栏中的选项。

1）"创建方法"卷展栏

如图2-34所示的"创建方法"卷展栏中提供了两个选项。其中，"直径"选项用于按照边来绘制对象，移动鼠标可以更改中心位置；"半径"选项用于从中心开始绘制对象。

图2-33　环形结

图2-34　"创建方法"卷展栏

2）"参数"卷展栏

如图2-35所示的"参数"卷展栏分为"基础曲线"、"横截面"、"平滑"和"贴图坐标"4个组。

• "基础曲线"组：用于设置基础曲线。其中，选择"结"选项时，环形将基于其他各种参数自身交织；选择"圆"选项，基础曲线则为圆形；"半径"选项用于设置基础曲线的半径；"分段"选项用于设置围绕环形周界的分段数；"P"和"Q"选项用于描述上下（P）和围绕中心（Q）的缠绕数值；"扭曲数"选项用于设置曲线周围的星形中的"点"数；"扭曲高度"选项用于设置指定为基础曲线半径百分比的"点"的高度。

• "横截面"组：用于影响环形结横截面。其中，"半径"选项用于设置横截面的半径；"边数"选项用于设置横截面周围的边数；"偏心率"选项用于设置横截面

图2-35　"参数"卷展栏

主轴与副轴的比率；"扭曲"选项用于设置横截面围绕基础曲线扭曲的次数；"块"选项用于设置环形结中的凸出数量；"块高度"选项用于设置块的高度，作为横截面半径的百分比；"块偏移"选项用于设置块起点的偏移，以便围绕环形设置块的动画。

• "平滑"组：用于改变环形结平滑显示或渲染的状况。选中"全部"选项，将对整个环形结进行平滑处理；选中"侧面"选项，将对环形结的相邻面进行平滑处理；选中"无"选项，环形结将变形为面状效果。

- "贴图坐标"组：用于指定和调整贴图坐标的方法。选中"生成贴图坐标"选项，将基于环形结的几何体指定贴图坐标；"偏移U/V"选项用于设置沿U向和V向偏移贴图坐标；"平铺U/V"选项用于设置沿U向和V向平铺贴图坐标。

3. 其他扩展基本体

除异面体和环形结外，3ds Max还提供了以下几类造型的直接创建，这些对象的创建方法与异面体和环形结相似。

- 切角长方体：切角长方体是一种具有倒角或圆形边的长方体，其创建效果和主要参数如图2-36所示。
- 切角圆柱体：切角圆柱体是一种具有倒角或圆形封口边的圆柱体，其创建效果和主要参数如图2-37所示。

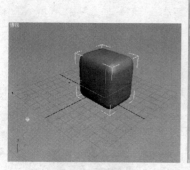 

图2-36 切角长方体及其主要参数

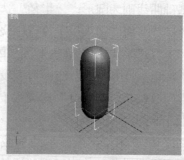 

图2-37 切角圆柱体及其主要参数

- 油罐：油罐是一种带有凸面封口的圆柱体，其创建效果和主要参数如图2-38所示。
- 胶囊：胶囊是一种带有半球状封口的圆柱体，其创建效果和主要参数如图2-39所示。

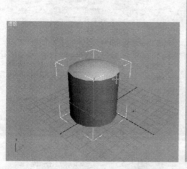 

图2-38 油罐及其主要参数

图2-39 胶囊及其主要参数

- 纺锤：纺锤是一种带有圆锥形封口的圆柱体，其创建效果和主要参数如图2-40所示。
- L-Ext：L-Ext（L形延伸物）是一种挤出的L形对象，其创建效果和主要参数如图2-41所示。
- 球棱柱：球棱柱是一种挤出的规则面多边形，其创建效果和主要参数如图2-42所示。
- C-Ext：C-Ext（C形延伸物）是一种挤出的C形对象，其创建效果和主要参数如图2-43所示。

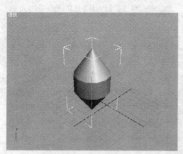

图2-40 纺锤及其主要参数

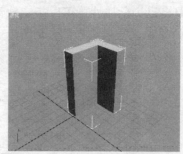

图2-41 L形延伸物及其主要参数

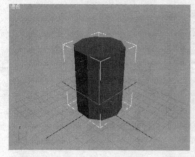

图2-42 球棱柱及其主要参数

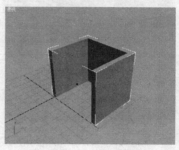

图2-43 C形延伸物及其主要参数

· 环形波：环形波是一种特殊的环形，其图形可以设置为动画，其创建效果和主要参数如图2-44所示。

· 棱柱：棱柱是一种有独立分段面的三面棱柱，其创建效果和主要参数如图2-45所示。

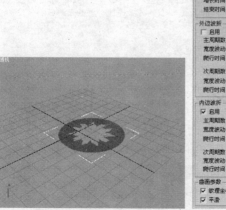

图2-44 环形波及其主要参数

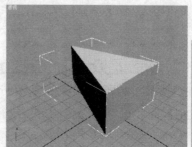

图2-45 棱柱及其主要参数

· 软管：软管是一种能连接两个对象的弹性对象，可以反映这两个对象的运动。它类似于弹簧，但不具备动力学属性。可以指定软管的总直径和长度、圈数以及其"线"的直径和形状，其创建效果和主要参数如图2-46所示。

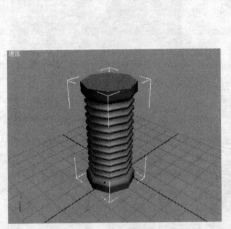

图2-46 软管及其主要参数

2.3 选取对象

一个场景往往是由多个对象组成的，要编辑某个特定的对象，就必须先将其选中。本节介绍选取对象的各种方法。

1. 选择1个对象

要在场景中选择1个对象，只需在主工具栏上选中【选择对象】工具，然后在任意视口中单击要选取的对象即可。被选取的对象将以白色线框显示，在"透视"视图中会看到对象用白色外框包围，如图2-47所示。

要选择另一个对象，只需再单击其他对象即可。选中其他对象后，原来选取的对象会取消选择，如图2-48所示。

要取消当前的全部选择，只需单击视口中没有物体的地方。

2. 选择多个对象

选中一个对象后，在键盘上按下【Ctrl】键不放，再单击其他对象，可以将新选择的对象加入选择集，如图2-49所示。再次单击已选择的对象，可以使其退出选择集。可见，配合键盘上的【Ctrl】键，可以对选择的对象进行追加和排除。

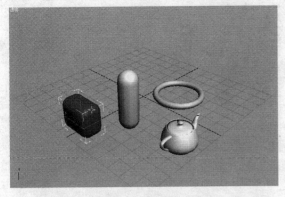

图2-47 选取对象

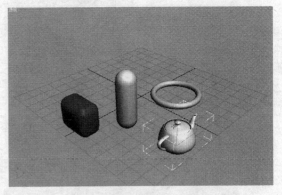

图2-48 选择另一个对象

在主工具栏上还提供了一个【区域选择】工具，其中提供了矩形区域选择、圆形区域选择、围栏区域选择、套索区域选择和绘制区域选择5种选择方法，如图2-50所示。各个工具的用法如下：

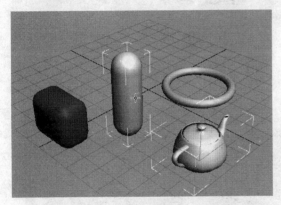

图2-49 同时选中两个对象

图2-50 区域选择工具

· 矩形区域选择工具 ：以矩形方式框选对象，如图2-51所示。

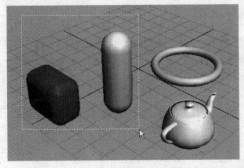

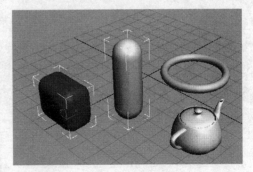

图2-51 使用矩形区域选择工具

· 圆形区域选择工具：以圆形的方式框选对象，如图2-52所示。

· 围拦区域选择工具：以手绘多边形的方式框选对象，如图2-53所示。

· 套索区域选择工具：以自由手绘的方式框选对象，如图2-54所示。

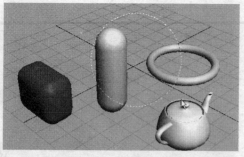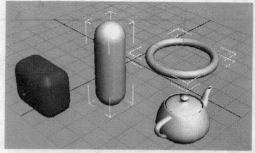

图2-52　使用圆形区域选择工具

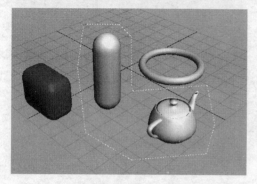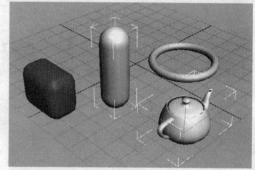

图2-53　使用围栏区域选择工具

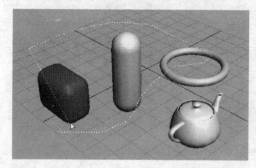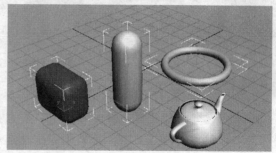

图2-54　使用套索区域选择工具

· 绘制区域选择工具◎：单击鼠标并拖至对象之上，然后释放鼠标按钮来选择对象，如图2-55所示。在进行拖放时，鼠标周围将会出现一个以画刷大小为半径的圆圈。

3. 窗口/交叉选择

单击主工具栏上的【窗口/交叉选择】工具◎，可以在窗口和交叉模式之间进行切换。

· "窗口"模式：在"窗口"模式下，只能对所选内容内的对象或子对象进行选择。

· "交叉"模式：在"交叉"模式下，可以选择区域内的所有对象或子对象，以及与区域边界交叉的任何对象。

4. 按名称选择对象

使用主工具栏上的【按名称选择】工具，可以根据对象的名称来选择对象。单击【按名称选择】按钮，将出现如图2-56所示的"选择对象"对话框，其中列出了视口中所有对象的名称，选中要选择的对象后单击【选择】按钮，即可选择指定的对象。

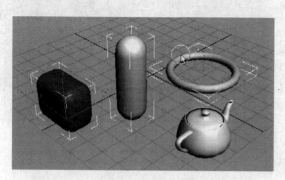

图2-55 使用绘制区域选择工具

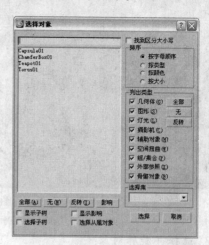

图2-56 "选项对象"对话框

对话框中的主要选项如下：

- "选择对象"列表：根据当前的"排序"和"列出类型"选择列出对象。
- 【全部】、【无】和【反转】按钮：用于更改列表窗口中的选择模式。
- "显示子树"复选项：用于显示列表中的每个项目，包括其层次分支。
- "找到区分大小写"复选项：选中该选项后，会考虑列表中每一项的字符大小写。
- "选择子树"复选项：选中该选选项后，选择列表中的某一项时，其所有层次子项也会被选择。
- "选择从属对象"复选项：选中该选项后，选择列表中的某一项时，其所有从属对象也会被选择。
- "排序"组：用于指定列表中所显示项目的排序顺序。
- "列出类型"组：用于确定列表中要显示的对象的类型。
- "选择集"下拉列表：用于列出场景中已定义的所有命名选择集。在从下拉列表中选择选择集之后，将在列表中突出显示其组件对象。

2.4 对象的基本编辑操作

创建对象后，应根据建模的需要对对象进行一些编辑处理。3ds Max 2009提供了大量的编辑命令。本节先介绍变换、复制、对齐、镜像、阵列、群组、锁定等基本编辑操作，其他编辑命令将在以后的章节中进一步介绍。

2.4.1 变换对象

3ds Max 2009提供了多种对象变换工具，可以对对象进行移动、旋转、缩放等操作。

1. 选择并移动对象

选择工具栏上的【选择并移动】工具✥，可以对对象进行选择并移动操作，如图2-57所示。

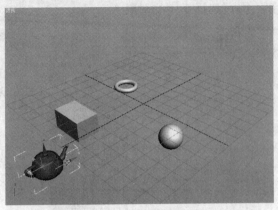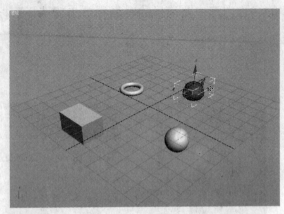

图2-57　移动对象

2. 选择并旋转对象

选择工具栏上的【选择并旋转】工具 ↺，可以选择并旋转对象，如图2-58所示。

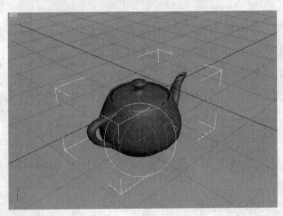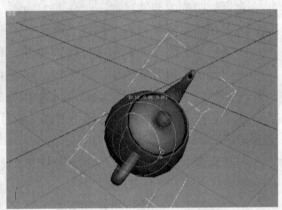

图2-58　旋转对象

3. 选择并缩放对象

选择工具栏上的【选择并缩放】弹出工具组中的【选择并均匀缩放】工具 ▦，可以沿所有3个轴以相同量缩放对象，同时保持对象的原始比例，如图2-59所示。

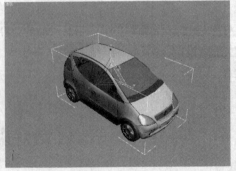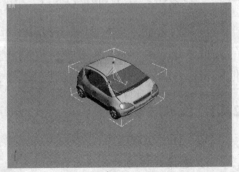

图2-59　选择并均匀缩放对象

选择工具栏上的【选择并缩放】弹出工具组中的【选择并非均匀缩放】工具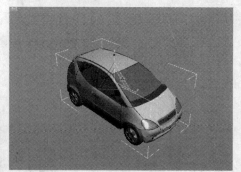，可以根据活动轴约束以非均匀方式缩放对象，如图2-60所示为其操作过程。

图2-60 选择并非均匀缩放过程

选择工具栏上的【选择并缩放】弹出工具组中的【选择并挤压】工具，可以根据活动轴约束来缩放对象。挤压对象时，会使对象在一个轴上按比例缩小，同时在另两个轴上均匀地按比例增大，如图2-61所示为其操作过程。

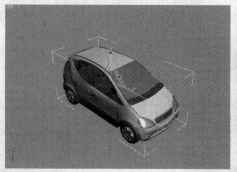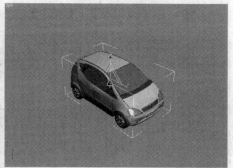

图2-61 选择并挤压过程

2.4.2 控制对象的轴向与轴心

轴点中心会影响对象变换的中心点，在主工具栏上的【使用中心】弹出按钮中提供了用于确定缩放和旋转操作几何中心的3种方法，如图2-62所示。这3种方法分别是使用轴点中心、使用选择中心和使用变换坐标中心。

·选中【使用轴点中心】按钮，可以围绕其各自的轴点旋转或缩放一个或多个对象。

·选中【使用选择中心】按钮，可以围绕其共同的几何中心旋转或缩放一个或多个对象。

·选中【使用变换坐标中心】按钮，可以围绕当前坐标系的中心旋转或缩放一个或多个对象。

右击主工具栏，从快捷菜单中选择【轴约束】命令，将在绘图区中出现如图2-63所示的【轴约束】工具栏。

·X：限制到X轴。

·Y：限制到Y轴。

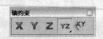

图2-62 　【使用中心】弹出按钮　　　　　　　　图2-63 　【轴约束】工具栏

- Z: 限制到Z轴。
- XY: 【限制到平面】弹出按钮。
- XY: 捕捉使用轴约束切换。

2.4.3 复制对象

【克隆】命令用于创建某个对象或一组对象的副本。在使用【克隆】命令时，如果按住【Shift】键，可以复制出多个副本。

1. 不变换克隆

如果复制对象时不需要变换对象，可以使用下面的方法：

（1）选择【选择】工具 ，在场景中选择一个对象（或一组对象），如图2-64所示。

（2）选择【编辑】|【克隆】命令，出现"克隆选项"对话框，如图2-65所示。

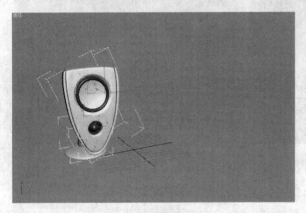

图2-64 　选择对象　　　　　　　　　　　　图2-65 　"克隆选项"对话框

（3）在"对象"组中选择"复制"选项，在"名称"框中输入对象副本的名称，然后单击【确定】按钮，便能复制出对象的副本并放置到与原对象相同的位置。

　　　　选择"实例"选项，可以将选定对象的实例放置到指定位置；选择"参考"选项，则将选定对象的参考放置到指定位置。

（4）要查看复制后的对象，用【移动】工具 将对象副本移动到其他位置即可，如图2-66所示。

2. 复制并变换对象

如果复制对象时需要对对象副本进行变换，可以使用下面的方法：

（1）从主工具栏中选择【移动】工具 、【旋转】工具 和【缩放】工具 之一。本例选择【移动】工具 。

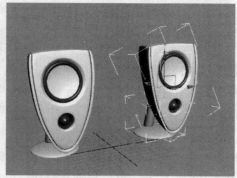

图2-66 复制效果

（2）选取要复制并变换的一个或多个对象，如图2-67所示。

（3）按住【Shift】键并拖动选定对象，拖动后便可以创建出一个选定对象的变换副本，而原对象将取消选择并且不受变换影响。

（4）释放鼠标按键后，将出现如图2-68所示的"克隆选项"对话框。

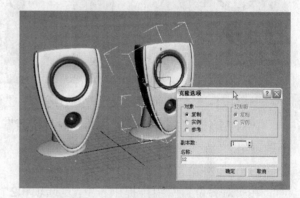

图2-67 选择对象　　　　　　　图2-68 "克隆选项"对话框

（5）更改设置选项后单击【确定】按钮，即可完成复制并变换对象的操作，复制并移动对象的效果如图2-69所示。

用同样的方法，可以复制并旋转对象，效果如图2-70所示。还可以复制并缩放对象，效果如图2-71所示。

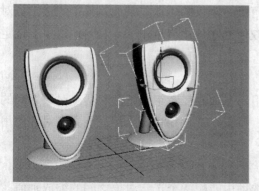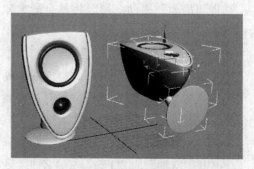

图2-69 复制并移动对象的效果　　　　图2-70 复制并旋转对象

2.4.4 对齐对象

主工具栏中的"对齐"工具组中提供了6种用于对齐对象的工具，即【对齐】工具、【快速对齐】工具、【法线对齐】工具、【放置高光】工具、【对齐摄影机】工具和【对齐到视图】工具，如图2-72所示。下面主要介绍【对齐】工具和【快速对齐】工具的用法。

1．对齐对象

场景中的对象可以按一定的规则对齐。选择某个或某些要对齐的对象后，从"对齐"工具组中选择【对齐】工具，光标将变为状，再用鼠标单击目标对象，将出现如图2-73所示的"对齐当前选择"对话框。使用该对话框，可将当前选择的对象与目标对象进行对齐。

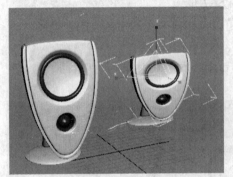

图2-71 复制并缩放对象　　　　图2-72 "对齐"工具组　　图2-73 "对齐当前选择"对话框

"对齐当前选择"对话框分为"对齐位置"、"对齐方向（局部）"和"匹配比例"几个选项组。

1）"对齐位置"组

在"对齐位置"组中提供了3个复选项和2个子选项组。

•"X/Y/Z位置"选项：用于指定执行对齐操作的一个或多个轴。如果同时选中3个选项，可以将当前对象移动到目标对象位置，与目标对象重叠。

•"当前对象"/"目标对象"子选项组：用于指定对象边界框上用于对齐的点，可以为当前对象和目标对象选择不同的点。选择"最小"选项，可以将具有最小X、Y和Z值的对象边界框上的点与其他对象上选定的点对齐；选择"中心"选项，可以将对象边界框的中心与其他对象上的选定点对齐；选择"轴点"选项，可以将对象的轴点与其他对象上的选定点对齐；选择"最大"选项，可以将具有最大X、Y和Z值的对象边界框上的点与其他对象上选定的点对齐。

2）"对齐方向（局部）"组

其中的"X轴"、"Y轴"和"Z轴"复选项用于在轴的任意组合上匹配两个对象之间的局部坐标系的方向。该选项与位置对齐设置无关。位置对齐使用世界坐标，而方向对齐使用局部坐标。

3）"匹配比例"组

其中的"X轴"、"Y轴"和"Z轴"选项复选项用匹配两个选定对象之间的缩放轴值。

下面通过一个实例说明【对齐】工具的用法：

（1）打开要对齐对象的场景，如图2-74所示。可以从不同视口中看到，其中的各辆汽车没有位于同一平面上。

（2）从"对齐"工具组中选择【对齐】工具，然后在场景中选中待对齐的3个对象，如图2-75所示。

（3）光标变为状后，在场景中将光标移向另一个需要与当前选中对象对齐的目标对象，如图2-76所示。

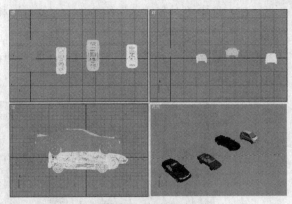

图2-74 原始场景

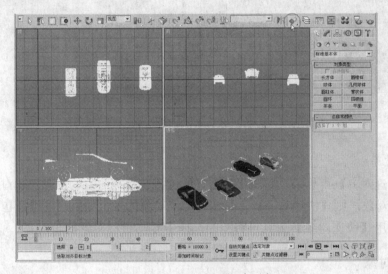

图2-75 选取待对齐的3个对象

（4）单击目标对象，出现如图2-77所示的"对齐当前选择"对话框。

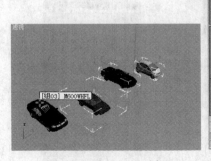

图2-76 选择目标对象

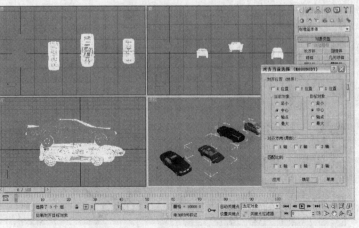

图2-77 打开"对齐当前选择"对话框

（5）选中"对齐位置"组中的"Y位置"和"Z位置"选项，即可在4个视口中预览到对齐效果，如图2-78所示。

（6）设置好对齐参数后单击【确定】按钮，即可将先前选中的3个待对齐的对象与最后选取的目标对象对齐，效果如图2-79所示。

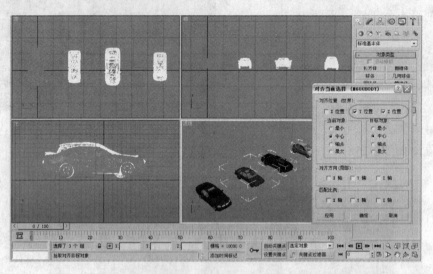

图2-78　设置对齐选项

2. 快速对齐

使用【快速对齐】工具，可将当前选择的位置与目标对象的位置立即对齐。如果当前选择的是单个对象，则【快速对齐】工具使用两个对象的轴。如果当前选择包含多个对象或子对象，则使用【快速对齐】工具可将源的选择中心与目标对象的轴对齐。

2.4.5　镜像对象

使用主工具栏上的【镜像】工具，可以使物体沿设置的坐标轴向进行移动或复制操作。在场景中选取一个要镜像的对象后，选择该工具后，将出现如图2-80所示的"镜像"对话框。

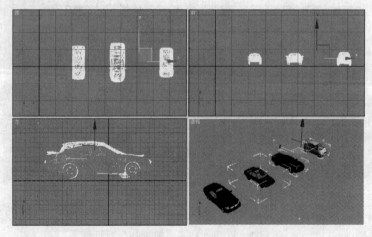

图2-79　对齐效果

图2-80　"镜像"对话框

·镜像轴：用于设置镜像的轴向，共提供了6个轴向选项。

·偏移：用于设置镜向物体和原始物体轴心点之间的距离。

·克隆当前选择：用于设置是否克隆及克隆的方法。选择"不克隆"选项，会仅镜像物体，不进行复制；选择"复制"选项将选中物体复制镜像到指定位置；选择"实例"选项，会将选中的物体复制镜像到指定位置，但它具有关联属性，即复制对象后，对复制物体和原始物体任何一个进行修改，另一个也会同时产生变化；选择"参考"选项，会将选中物体复制镜像到指定位置，但它具有参考属性，即单向的关联，对原始物体进行修改会影响复制物体，对复制物体进行修改不会影响原始物体。

·镜像IK限制：选中该项，在镜像几何体时，连同它的IK约束一同镜像。

下面通过一个简单的实例说明镜像对象的一般方法。

（1）选取要镜像的对象，如图2-81所示。

（2）单击主工具栏上的【镜像】工具，在出现的"镜像"对话框中设置如图2-82所示的参数。

（3）单击【确定】按钮，即可产生镜像效果，如图2-83所示。

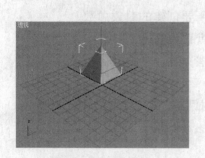

图2-81　选择对象

图2-82　镜像参数设置

图2-83　镜像效果

2.4.6　阵列对象

使用阵列功能，可以克隆、精确变换和定位多组对象。先选取要阵列的对象，然后从菜单栏中选择【工具】|【阵列】命令，出现如图2-84所示的"阵列"对话框，可在对话框中进行设置，将选中物体进行一维、二维、三维的复制操作。

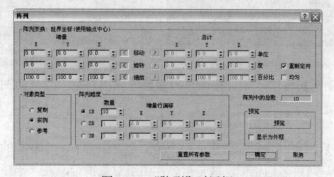

图2-84　"阵列"对话框

对话框中各选项的含义如下：

· "增量"选项：分别用于设置X、Y、Z轴向上阵列物体之间距离大小、旋转角度、缩放程度的增量。

· "总计"选项：分别用于设置X、Y、Z轴向上阵列物体之间距离大小、旋转角度、缩放程度的总量。

· "重新定向"选项：选中该选项后，阵列物体在围绕世界坐标轴旋转时也围绕自身坐标旋转。

· "均匀"选项：选中该选项后，"增量"输入框禁用Y、Z轴向的参数输入，从而保持阵列物体不产生形变，只进行等比缩放。

· "对象类型"选项：用于设置产生阵列复制物体的属性，有标准复制、实例复制和参考复制3种类型。

· "阵列维度"选项：用于确定阵列变换维数，后面设置的维度依次对前一维度发生作用。1D用于设置一维阵列产生的总数；2D用于设置二维阵列产生的总数，右侧的X、Y、Z用于设置新的偏移值；3D用于设置三维阵列产生的总数，右侧的X、Y、Z用于设置新的偏移值。

· "数量"选项：用于设置阵列各维上对象的总数。

· "阵列中的总数"：显示包括当前选中对象在内所要创建的对象总数。

· 【重置所有参数】按钮：用于将所有参数恢复到默认设置。

下面通过一个简单的示例，说明阵列对象的一般方法。

（1）在场景中选中要阵列的对象，如图2-85所示。

（2）选择【工具】|【阵列】命令，出现"阵列"对话框，参数设置如图2-86所示。

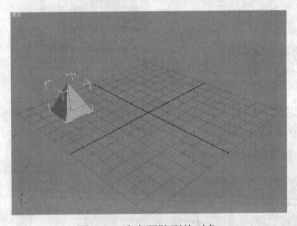

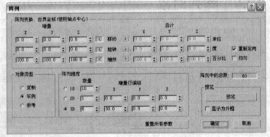

图2-85　选中要阵列的对象　　　　　　　　图2-86　阵列参数设置

（3）单击【确定】按钮，即可按设置的参数阵列出对象，效果如图2-87所示。

2.4.7　群组对象

选中多个对象后，可以将它们群组成一个组。每个组都有一个特定的名称，可将其视为单个对象。组名称与对象名称相似，只是组名称由组对象携带，在"选择对象"对话框的列表中，组名称显示在方括号中，如[组01]、[组02]等。如图2-88所示的【组】菜单中提供了一些用于创建和管理组的操作命令。

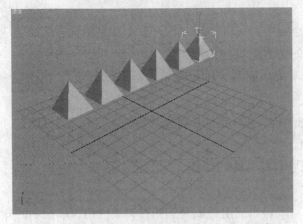

图2-87　阵列效果

图2-88　【组】菜单

1. 创建组

要创建组，只需先选取要成组的两个或多个对象，然后选择【组】|【成组】命令，出现"组"对话框，如图2-89所示。输入组的名称，然后单击【确定】按钮，即可将选定的多个对象组合成一个组。创建组后，组中的对象将视为一个整体进行操作，比如可以将其整体移动，如图2-90所示。

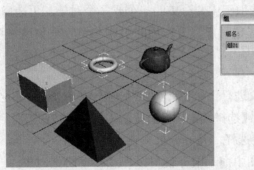

图2-89　选择要创建为组的对象并打开"组"对话框

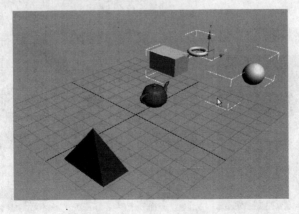

图2-90　整体移动组

组还可以与其他对象或其他组一起创建为新组，这种组称为嵌套组。

2. 打开组

要临时对组进行解组，并访问组内的某个对象，可以使用【打开】命令来实现。选取要打开的组后，选择【组】|【打开】命令，组的边界框将变为粉红色。此时，可以使用编辑工具（如【选择】工具等）来单独访问组中的对象，如图2-91所示。

3. 关闭组

使用【关闭】命令，可重新组合打开的组。选择表示组的粉红色边界框，然后选择【组】|【关闭】命令，即可重新组合临时打开的组。

对于嵌套的组，关闭最外层的组将关闭所有打开的内部组。

4. 解组

选取组后，选择【组】|【解组】命令，可以将当前组分离为其组件对象或组。解组后，组内的所有组件都保持选定状态，但它们不再是组的一部分。

5. 炸开组

选择【组】|【炸开】命令，可以解组组中的所有对象，与【解组】命令不同，炸开后组中的对象被重新解散为独立的对象。炸开后，组中的所有对象都保持选定状态，但不再是该组的成员，且所有嵌套的组都将炸开。

6. 分离组

用【打开】命令打开组后，选取组中要分离的一个或多个对象，再选择【组】|【分离】命令，即可以从对象的组中分离选定对象。分离后的对象与组完全脱离关系。

2.4.8 锁定对象

为了避免对场景中的其他对象进行误操作，可以将需要编辑的对象锁定起来。具体方法是，选中对象后，单击状态栏上的【选择锁定切换】按钮 █，使该按钮被激活成黄色状态 █，如图2-92所示。锁定后将无法取消选择，将光标放置在视图中的任何位置，光标都会一直显示为"选择并移动"状态，在视图中拖动鼠标便可以任意移动所选对象。

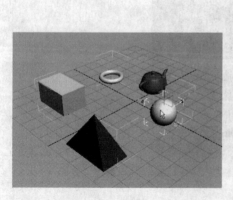

图2-91　打开组的效果

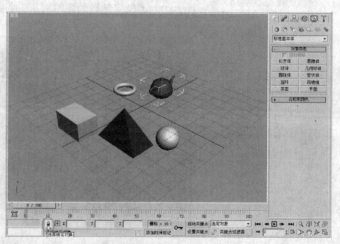

图2-92　锁定状态

激活锁定的功能后，不能再选择其他对象或取消对象的选择状态。在进行其他操作前，应再次单击【选择锁定切换】按钮🔒，才能返回标准编辑模式。

本章要点小结

本章介绍利用3ds Max 2009创建和编辑简单三维模型的方法，下面对本章的重点内容进行小结：

（1）3ds Max 2009预设了标准基本体和扩展基本体创建工具，使用这些工具，可以快速创建各种基本三维对象。

（2）各种对象的创建都是利用"创建"面板来完成的，"创建"面板由面板标签、类别、子类别、卷展栏等部分组成。

（3）"标准基本体"子类别中提供了长方体、圆锥体、球体、几何球体、圆柱体、管状体、圆环、四棱锥、茶壶和平面10种标准基本体创建工具，可以直接使用这些工具来创建需要的三维对象。创建后，可以使用"创建"面板中的卷展栏来设置对象的参数。

（4）"扩展基本体"子类别中提供了异面体、环形结、切角长方体、倒角圆柱体、油罐、胶囊、纺锤、L形延伸物、球棱柱、C形延伸物、环形波、棱柱和软管等扩展基本体创建工具。创建这些对象后，也可以使用"创建"面板中的卷展栏来设置参数。

（5）要编辑特定的对象，必须先在场景中选取要编辑的对象。可以使用【选择对象】工具来选取单个或多个对象，也可以使用【区域选择】工具来创建矩形选择区域、圆形选择区域、围栏选择区域、套索选择区域和绘制选择区域。此外，还可以按名称选择对象。

（6）3ds Max 2009提供了大量的编辑命令，最基本的编辑命令包括变换、复制、对齐、镜像、阵列、群组、锁定等。

习题

选择题

（1）"创建"面板默认的类别是（　　　）。

A）图形　　　　　B）灯光　　　　　C）摄影机　　　　　D）几何体

（2）创建球体后，只需在（　　　）卷展栏的"半球"字段中输入数值0.5，然后按下【Enter】键，即可将球体转换为半球。

A）参数　　　　　B）创建方法　　　　　C）键盘输入　　　　　D）名称和颜色

（3）与标准球体相比，几何球体能够生成更规则的（　　　）。

A）平面　　　　　B）顶点　　　　　C）曲面　　　　　D）模型

（4）（　　　）体是一种由几个系列的多面体所生成的对象。

A）软管　　　　　B）圆锥　　　　　C）异面　　　　　D）棱柱

（5）轴点中心会影响对象变换的中心点，在主工具栏上的（　　　）弹出按钮中提供了用于确定缩放和旋转操作几何中心的3种方法。

　　A）对齐　　　　　B）变换　　　　　C）约束　　　　　D）使用中心

　　（6）使用（　　　）功能，可以使物体沿设置的坐标轴向进行移动或复制操作。

　　A）阵列　　　　　B）镜像　　　　　C）群组　　　　　D）变换

　　（7）为了避免对场景中的其他对象进行误操作，应将需要编辑的对象（　　　）。

　　A）群组　　　　　B）炸开　　　　　C）锁定　　　　　D）分离

填空题

　　（1）"键盘输入"卷展栏用于通过键盘输入几何基本体和形状对象的_____参数。

　　（2）标准基本体包括长方体、圆锥体、球体、_____、圆柱体、_____、圆环、四棱锥、_____和_____等。

　　（3）在圆锥体的"创建方法"卷展栏中，选择"边"选项，将按照边来绘制圆锥体，可通过移动鼠标来更改_____；选择"中心"选项，将从_____开始绘制圆锥体。

　　（4）几何球体由众多_____组成，默认片段数为4，最小为1。

　　（5）"平面"对象是特殊类型的平面多边形_____，可在渲染时无限放大。

　　（6）扩展基本体包括异面体、环形结、切角长方体、_____、油罐、胶囊、纺锤、L形延伸物、球棱柱、_____、环形波、棱柱和软管等。

　　（7）软管是一种能连接两个对象的弹性对象，可以反映这两个对象的_____。

　　（8）选中一个对象后，在键盘上按下_____键不放，再单击其他对象，可以将新选择的对象加入选择集。

　　（9）在"窗口"模式下，只能对所选内容内的_____进行选择。在_____模式下，可以选择区域内的所有对象或子对象，以及与区域边界交叉的任何对象。

　　（10）使用对象变换工具，可以对对象进行移动、_____、_____等操作。

　　（11）使用_____功能，可以克隆、精确变换和定位多组对象。

　　（12）要临时对组进行解组，并访问组内的某个对象，可以使用_____命令来实现。

简答题

　　（1）"创建"面板由哪些部分组成？各部分的功能是什么？

　　（2）标准基本体主要有哪些？如何创建标准基本体？如何设置标准基本体的参数？

　　（3）扩展基本体主要有哪些？如何创建扩展基本体？如何设置扩展基本体的参数？

　　（4）为什么要选取对象？3ds Max 2009提供了哪些选择对象的方法？如何使用这些方法？

　　（5）什么是对象变换？常见的变换操作有哪些？如何控制对象变换时的轴向和轴心？

　　（6）复制、镜像、阵列的区别是什么？如何复制对象？如何镜像对象？如何阵列对象？

　　（7）如何对齐对象？试举例说明。

　　（8）哪些情况下需要群组对象？群组的常用操作有哪些？

　　（9）什么情况下需要锁定对象？如何锁定和解锁对象？

第3章 创建复合模型和建筑专用模型

使用3ds Max 2009的"创建"面板中的复合对象创建工具，可以创建出由两个或两个以上对象复合而成的复杂对象。而使用"创建"面板中的AEC扩展对象、楼梯、门和窗等创建工具，可以创建出建筑需要的专用标准模型。本章将学习复合模型和建筑专用模型的具体创建与设置方法。通过学习，可以掌握以下应知知识和应会技能：

- 了解复合模型的基础知识。
- 掌握复合模型的创建方法。
- 了解建筑模型的基础知识。
- 掌握建筑专用模型的创建方法。

3.1 创建复合模型

复合模型是指由两个或多个对象组合而成的单个对象模型。3ds Max 2009提供了12种创建复合对象的方法，下面简要介绍这些复合对象的创建方法，重点介绍利用布尔运算创建复合对象的方法。

3.1.1 复合对象类型

在"创建"面板中选择"几何体"类别，再从类别下拉列表中选择"复合对象"选项，将出现复合对象的类型卷展栏，如图3-1所示。可以看到，其中提供了变形复合对象、散布复合对象、一致复合对象、连接复合对象、水滴网格复合对象、图形合并复合对象、布尔复合对象、地形复合对象、放样复合对象、网格化复合对象、ProBoolean复合对象和ProCutter复合对象共12种复合对象的创建工具。

图3-1 复合对象的类型

下面简要介绍各种复合对象类型：

- 变形复合对象：变形是一种动画技术，变形复合对象可以通过插补第1个对象的顶点，使其与另一个对象的顶点位置相符的方法来合并两个或多个对象。在变形复合对象中，原始对象称为种子或基础对象，由种子对象变形成的对象称为目标对象。
- 散布复合对象：将某个源对象散布为阵列，或者将其散布到分布对象的表面后所形成的复合对象称为散布复合对象。

· 一致复合对象：将某个对象（称为"包裹器"）的顶点投影至另一个对象（称为"包裹对象"）的表面而创建的复合对象称为一致复合对象。

· 连接复合对象：将一个对象表面上的"洞"连接到两个或多个对象后形成的复合对象称为连接复合对象。

· 水滴网格复合对象：水滴网格复合对象是一种利用几何体或粒子创建的一组球体，还可以将球体连接起来，就好像这些球体是由柔软的液态物质构成的一样。这种复合对象有一个特点，当球体在离另一个球体的一定范围内移动时，它们就会连接在一起；当球体相互移开时，又会重新显示球体的形状。

· 图形合并复合对象：图形合并复合对象是一种包含网格对象和一个或多个图形的复合对象，其中的图形会嵌入在网格中，或者从网格中消失。

· 布尔复合对象：布尔复合对象是一种通过两个对象执行布尔并集、交集或差集操作而组合起来的复合对象。

· 地形复合对象：地形复合对象是一种利用轮廓线数据生成的复合对象。可以根据选择表示海拔轮廓的可编辑样条线，并在轮廓上创建网格曲面，还可以创建地形对象的"梯田"表示，使每个层级的轮廓数据都是一个台阶。

· 放样复合对象：放样复合对象是一种沿着第3个轴挤出的二维图形，可以通过两个或多个样条线对象来创建放样对象。其中一条样条线作为路径，其余的样条线作为放样对象的横截面或图形，当沿着路径排列图形时，就会在图形之间生成曲面。

· 网格化复合对象：网格化复合对象是一种以每帧为基准将程序对象转化而成的网格对象。网格化复合对象可以使用弯曲、UVW贴图等修改器进行编辑。

· ProBoolean复合对象：ProBoolean复合对象是一种将大量功能添加到传统布尔对象而形成的新对象，如果每次使用不同的布尔运算，就会立刻组合出多个对象。ProBoolean还可以自动将布尔结果细分为四边形面，以便于进行网格平滑和涡轮平滑。

· ProCutter复合对象：ProCutter复合对象也用于执行特殊的布尔运算，以便进行分裂或细分体积等操作。

3.1.2 布尔运算建模

布尔对象是一种通过对其他两个对象执行布尔操作而获得的组合对象。在3ds Max中，可对一个对象进行多次的布尔运算，还可对原对象的参数进行修改，且直接影响布尔运算的结果。常用的几何体的布尔操作有以下3种：

· 并集：移去几何体的相交部分或重叠部分，使运算后的对象包含两个原始对象的体积。

· 交集：只包含两个原始对象共用的体积。

· 差集：只包含减去相交体积的原始对象的体积。

1. 并运算

并运算是将两个相交的对象合并相加为一个对象。下面通过一个简单的实例说明进行并运算的方法：

（1）在场景中创建如图3-2所示的有部分区域重叠的两个对象。

（2）在场景中选中圆柱体（先选取的对象默认为对象A），然后在"创建"命令面板的"几何体"下选择"复合对象"选项，再从复合对象的"对象类型"中选择【布尔】工具，如图3-3所示。

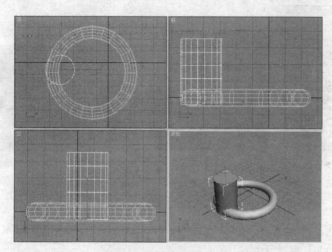

图3-2　创建两个对象

图3-3　选取【布尔】工具

（3）在命令面板中展开"参数"卷展栏，选择"操作"选项为"并集"，如图3-4所示。

（4）在"拾取布尔"卷展栏中单击其中的【拾取操作对象B】按钮，然后将光标移至视口中单击圆环对象，即可完成布尔运算，如图3-5所示。可以看到，进行并运算后，原来的两个对象被合并为一个对象了，对象的颜色也合并为A对象的颜色。

图3-4　布尔运算参数设置

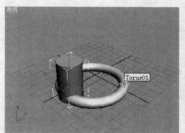

图3-5　并运算过程和效果

2. 交运算

通过交运算，可以将两个对象的重叠部分复合为一个特殊对象。下面举例说明交运算的具体方法：

（1）在场景中选取圆柱体，将其作为操作对象A。

（2）在"创建"命令面板的"几何体"下选择"复合对象"选项，再从复合对象的"对象类型"中选择【布尔】工具。

（3）在"操作"卷展栏中选择"交集"选项。

（4）展开"拾取布尔"卷展栏，单击其中的【拾取操作对象B】按钮，然后将光标移至视口中单击圆环，即可完成布尔运算。操作过程如图3-6所示。

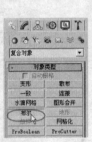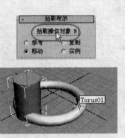

图3-6　交集运算过程和效果

3. 差运算

3ds Max提供了两种差运算的方式，一是A-B，即从先选中的对象A中减去后选中的对象B；二是B-A，即从后选中的对象B中减去先选中的对象A。

1）差运算（A-B）

下面仍以圆柱体和圆环为例，进行A-B的差运算。

（1）在场景中选取圆柱体，将其作为操作对象A。

（2）在"创建"命令面板的"几何体"下选择"复合对象"选项，再从复合对象的"对象类型"中选择【布尔】工具。

（3）在"操作"卷展栏中选择"差集（A-B）"选项。

（4）展开"拾取布尔"卷展栏，单击其中的【拾取操作对象B】按钮，然后将光标移至视口中单击圆环，即可完成布尔运算。操作过程如图3-7所示。

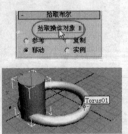

图3-7　差集（A-B）运算的效果

2）差运算（B-A）

下面仍以圆柱体和圆环为例，进行B-A的差运算。

（1）在场景中选取圆柱体，将其作为操作对象A。

（2）在"创建"命令面板的"几何体"下选择"复合对象"选项，再从复合对象的"对象类型"中选择"布尔"工具。

（3）在"操作"卷展栏中选择"差集（B-A）"选项。

（4）展开"拾取布尔"卷展栏，单击其中的【拾取操作对象B】按钮，然后将光标移至视口中单击圆环，即可完成布尔运算。操作过程如图3-8所示。

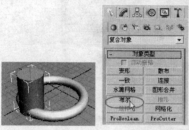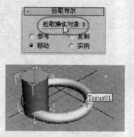

图3-8　差集（B-A）运算的效果

 此外，在"操作"卷展栏中还有一种"切割"运算。该运算使用操作对象B切割操作对象A，但不给操作对象B的网格添加任何内容。切割有优化、分割、移除内部和移除外部4种类型。

3.2　创建建筑专用模型

建筑设计和装潢设计是3ds Max主要的应用领域之一。为此，3ds Max 2009提供了多个专门用于建筑模型创建的工具，它们是AEC扩展几何体（包括植物、栏杆和墙）、门、窗和楼梯。本节将通过实例简要介绍这些工具的功能和具体用法。

3.2.1　创建AEC扩展几何体

从"几何体"创建面板的类别下拉列表中选择"AEC扩展"选项，可以从出现的子类别中选择创建植物、栏杆和墙的工具，如图3-9所示。

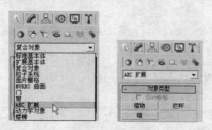

图3-9　"AEC扩展"几何体的子类别

1. 创建植物模型

使用【植物】工具，可快速、高效地制作出各种植物对象。还可以通过参数面板控制植物的高度、密度、修剪、种子、树冠显示和细节级别。

要创建植物模型，只需从"AEC扩展"创建面板的对象类型中选择【植物】工具，然后在出现的命令面板中展开"收藏的植物"卷展栏，从列表中选择要添加到场景中的植物，再直接将其拖入视口中即可，如图3-10所示。

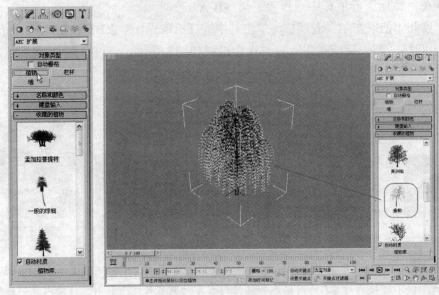

图3-10　创建植物模型

创建植物模型后，可以使用"参数"卷展栏中的选项，对植物模型的外形进行设置。典型的选项有：

• 高度：更改"参数"卷展栏上的"高度"参数，可以改变控制植物的高度，如图3-11所示。

• 密度：更改"参数"卷展栏上的"密度"参数，可以改变控制植物上叶子或花朵的数量，如图3-12所示。

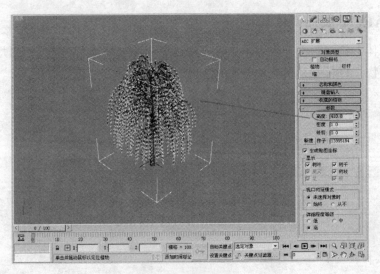

图3-11　修改高度

• 修剪：更改"参数"卷展栏上的"修剪"参数，可以删除位于一个与构造平面平行的不可见平面之下的树枝，如图3-13所示。

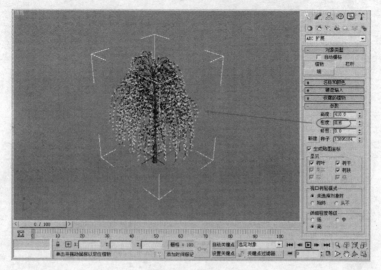

图3-12　修改密度

·种子：更改"参数"卷展栏上的"种子"参数，可以设置当前植物可能的树枝变体、叶子位置以及树干的形状与角度，如图3-14所示。

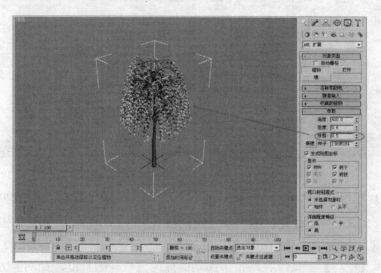

图3-13　调整"修剪"参数

·显示：要更改植物模型显示的内容，可以在"显示"组中选择是否显示其叶子、果实、花、树干、树枝或根。

提示　单击"收藏的植物"卷展栏下方的【植物库】按钮，将会出现如图3-15所示的"配置调色板"对话框，可从中选择要载入的收藏夹中的植物。

2. 创建栏杆模型

利用【栏杆】工具可以创建出各种样式的栏杆。栏杆模型的组件包括上围栏、下围栏、立柱和栅栏，栅栏还可设置支柱间距和或实体填充材质，如玻璃、木条等。

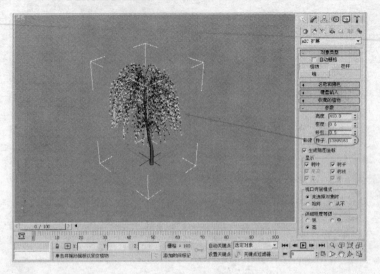

图3-14　调整"种子"参数

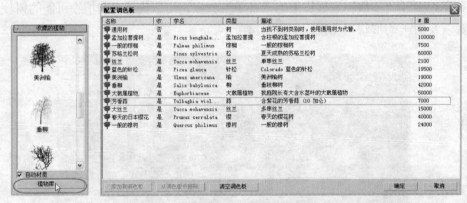

图3-15　从植物库载入植物

在创建栏杆模型时，既可以指定栏杆的方向和高度，也可以拾取样条线路径并向该路径应用栏杆。3ds Max对样条线路径应用栏杆时，后者称为栏杆路径。创建下围栏、立柱和栅栏组件时，可以使用间距工具指定这些组件的间距。创建栏杆的具体方法如下：

（1）选择【栏杆】工具，在场景中拖动鼠标设置栏杆的长度，如图3-16所示。

（2）释放鼠标按键，然后在垂直方上移动鼠标光标，可以设置栏杆的高度，最后单击鼠标即可，效果如图3-17所示。

（3）可以在"参数"卷展栏中对栏杆的分段、长度、剖面、深度、宽度和高度等参数进行设置。比如要设置上围栏的参数，只需在"参数"卷展栏的"上围栏"组中进行修改，如图3-18所示。

（4）用同样的方法，可以设置"下围栏"参数，如图3-19所示。

（5）展开"立柱"卷展栏，可以设置立柱参数，如图3-20所示。

（6）展开"栅栏"卷展栏，可以设置栅栏参数，如图3-21所示。

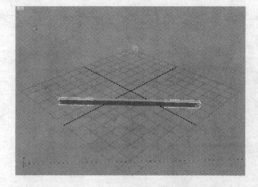

图3-16 拖出栏杆的长度

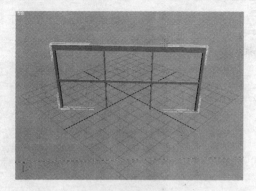

图3-17 设置栏杆的高度

图3-18 设置上围栏参数

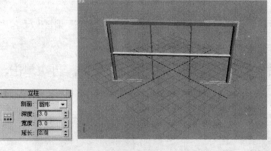

图3-19 设置下围栏参数

图3-20 设置立柱参数

图3-21 设置栅栏参数

（7）单击【支柱间距】按钮，将出现"支柱间距"对话框，可以在其中设置更多的支柱参数，如图3-22所示。

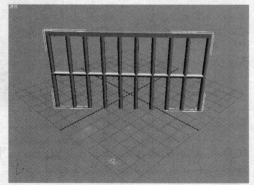

图3-22 支柱间距

如果在"栅栏"卷展栏的"类型"下拉列表中选择"实体填充"选项，则栅栏会被完全填充，如图3-23所示。

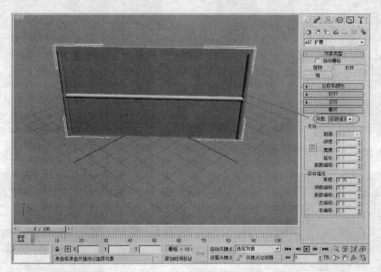

图3-23　用实体填充栅栏

3. 创建墙体模型

墙体是最常用的建筑对象，可以使用"AEC扩展"几何体中的【墙】工具来精确地创建出各种墙体。创建墙体模型的方法如下：

（1）选择【墙】工具，在"参数"卷展栏中设置好墙的"宽度"、"高度"和"对齐"参数，如图3-24所示。

（2）在视口中先单击确定墙的起点，然后移动鼠标设置所需的墙分段长度，再次单击，即可创建出墙的第一个分段，如图3-25所示。

图3-24　墙的参数设置

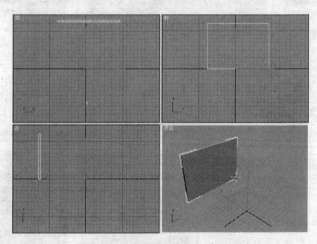

图3-25　创建出墙的第一个分段

（3）移动鼠标，可添加下一个墙分段。用同样的方法，绘制出所有需要的墙分段，效果如图3-26所示。

（4）单击鼠标右键，可以结束墙的创建。

（5）如果要绘制更多的墙段，只需用同样方法操作，效果如图3-27所示。

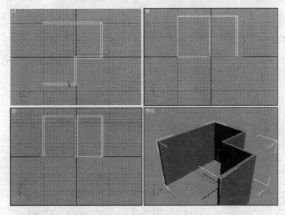

图3-26　绘制其他墙分段

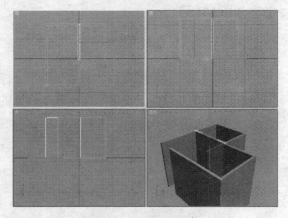

图3-27　绘制更多墙段

3.2.2　创建楼梯模型

3ds Max提供了螺旋楼梯、直线楼梯、L型楼梯和U型楼梯4种不同类型楼梯的创建工具。

1. 创建L型楼梯模型

创建L型楼梯的方法如下：

（1）选择【L型楼梯】工具，在任何视口中单击并拖动鼠标设置第1段的长度，释放鼠标按键，再移动鼠标并单击，便可以设置楼梯第2段的长度、宽度和方向，如图3-28所示。

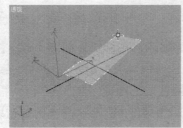

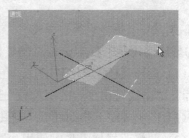

图3-28　设置楼梯第1、2段的长度、宽度和方向

（2）将鼠标向上或向下移动可定义楼梯的升量，单击即可完成操作，效果如图3-29所示。

（3）使用"参数"卷展栏中"类型"选项组，可以调整楼梯的外形。其中"开放式"选项创建的是开放式的梯级竖板楼梯；"封闭式"创建的是封闭式的梯级竖板楼梯；"落地式"则创建带有封闭式梯级竖板和两侧有封闭式侧弦的楼梯，如图3-30所示。

（4）在"生成几何体"选项组中选中"侧弦"选项，可以沿楼梯的梯级的端点创建侧弦，如图3-31所示。

（5）在"布局"选项组（如图3-32所示）中可以设置楼梯的几何形状。其中"长度 1"用于控制第1段楼梯的长度；"长度 2"用于控制第2段楼梯的长度；"宽度"用于控制楼梯的宽度（包括台阶和平台）；"角度"用于控制

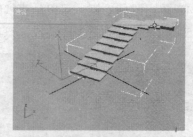

图3-29　定义楼梯的升量

平台与第2段楼梯的角度，范围为-90°～90°；"偏移"用于控制平台与第2段楼梯的距离。

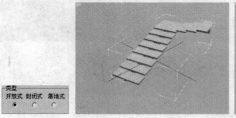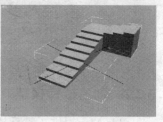

图3-30　3种类型的楼梯

（6）在"梯级"选项组中，用"总高"选项设置控制楼梯段的高度；用"竖板高"选项控制梯级竖板的高度；用"竖板数"选项控制梯级竖板数。参数设置和效果如图3-33所示。

图3-31　创建侧弦

图3-32　"布局"参数

2. 创建U型楼梯模型

U型楼梯也是一种十分常见的楼梯形式，其创建方法如下：

（1）选择【U型楼梯】工具，在任何视口中单击并拖动鼠标先设置第1段的长度，再移动鼠标并单击设置出平台的宽度或分隔两段的距离，如图3-34所示。

（2）向上或向下移动鼠标，可以设置楼梯的升量，单击鼠标结束操作，如图3-35所示。

（3）要修改楼梯，只需使用如图3-36所示的"参数"卷展栏中的选项。

3. 直线楼梯

直线楼梯是一种最简单的楼梯形式。选择【直线楼梯】工具后，在任何视口中单击并拖动鼠标先设置楼梯的长度。释放鼠标后移动鼠标即可设置其高度，利用其"参数"卷展栏，也可以修改其参数，如图3-37所示。

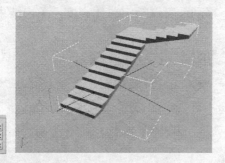

图3-33　设置"梯级"参数

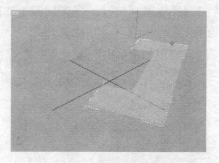

图3-34　绘制U型楼梯的平面形状

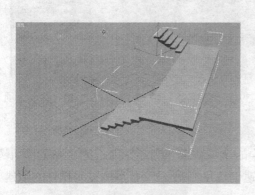

图3-35　设置楼梯的升量

图3-36　参数选项

图3-37　绘制直线楼梯

4. 螺旋楼梯

螺旋楼梯是一种比较特殊的楼梯，其绘制方法如下：

（1）选择【螺旋楼梯】工具，在任何视口中单击楼梯的开始点，然后拖动鼠标，指定楼梯的半径，如图3-38所示。

（2）释放鼠标按键，将光标向上或向下移动，可以指定总体高度，单击结束操作，如图3-39所示。

（3）使用如图3-40所示"参数"卷展栏中的选项，可以调整楼梯的形状。

图3-38　指定半径　　　　　　　图3-39　设置高度　　　　　　图3-40　参数选项

5. 在楼梯上创建栏杆

利用"参数"卷展栏的"生成几何体"组中的选项结合"创建"面板的"AEC 扩展"对象类别中的【栏杆】工具，可以在楼梯上快速创建出栏杆。下面举例说明栏杆的创建方法。

（1）先绘制一个楼梯，如图3-41所示。

（2）在楼梯"参数"卷展栏的"生成几何体"组中，选中"扶手路径"下的"左"和"右"两个复选项，即可在楼梯的上方出现左栏杆路径和右栏杆路径，如图3-42所示。

图3-41　绘制楼梯　　　　　　　　　　　图3-42　栏杆路径

（3）在"栏杆"卷展栏中，将"高度"设置为 0.0，使路径靠近楼梯，如图3-43所示。

（4）从"创建"面板的"AEC 扩展"对象类别中选择【栏杆】工具，如图3-44所示。

（5）单击"栏杆"卷展栏的【拾取栏杆路径】按钮，然后在楼梯上单击右侧的栏杆路径，如图3-45所示。

（6）调整栏杆参数，具体设置如图3-46所示。

图3-43 设置栏杆路径的高度   图3-44 选择【栏杆】工具

图3-45 拾取栏杆路径

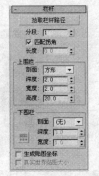

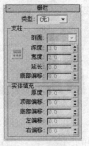

图3-46 栏杆参数设置

（7）设置完成后，右击即可结束第1个栏杆的创建，效果如图3-47所示。

（8）3ds Max会记忆用户设置的参数，在创建下一个栏杆时，其参数将与上一个栏杆完全相同。再次单击"栏杆"卷展栏上的【拾取栏杆路径】按钮，然后在楼梯上选择另一个栏杆路径，效果如图3-48所示。

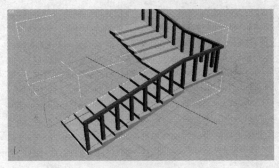
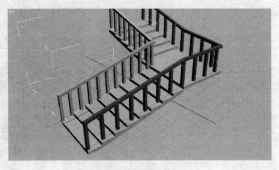

图3-47 第1个栏杆的效果   图3-48 创建第2个栏杆

3.2.3 创建门模型

无论是建筑效果图设计，还是室内装饰效果图设计，门都是不可缺少的对象。3ds Max 2009提供了枢轴门、折叠门和推拉门3种类型的门，其外观如图3-49所示。枢轴门仅在一侧装有铰链；折叠门的铰链装在中间以及侧端；推拉门有一半固定，另一半可以推拉。

下面以创建折叠门为例，介绍门的具体绘制方法：

（1）在"对象类型"卷展栏中，单击【折叠门】工具，如图3-50所示。

（2）根据需要设置相关的选项。然后在视口中单击并拖动鼠标先创建前两个点，用于定义门的宽度。

（3）释放鼠标并移动可调整门的深度，再移动鼠标以调整高度，最后单击鼠标完成设置，效果如图3-51所示。

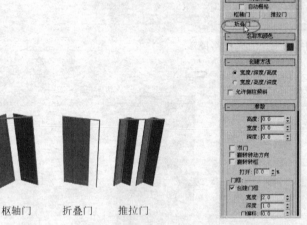

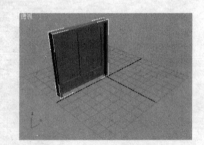

图3-49　3种类型的门　　　　　图3-50　选择【折叠门】工具　　　　图3-51　折叠门的创建效果

（4）在"参数"卷展栏中调整"高度"、"宽度"和"深度"值，参数设置和效果如图3-52所示。

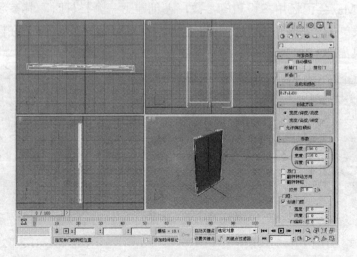

图3-52　设置深度

（5）选中"双门"选项，可以将门变换为"双门"效果，如图3-53所示。选中"翻转转动方向"选项，可使开门的方向发生变化。

（6）设置"打开"度数，可以使开门的角度发生变化，如图3-54所示。

（7）利用"门框"参数组，可以设置门框的宽度、深度和门偏移量，如图3-55所示。

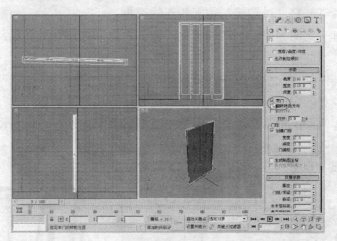

图3-53 设置为双门

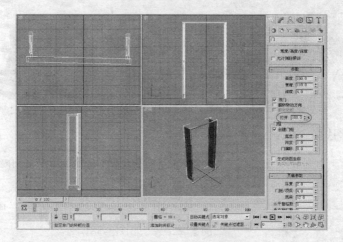

图3-54 设置"打开"度数

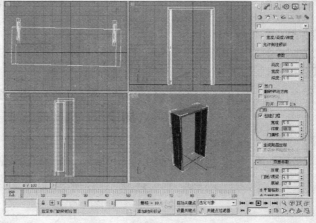

图3-55 设置"门框"参数

（8）设置页扇参数，可以改变门上的页扇的形状和材质，如图3-56所示。

3.2.4 创建窗模型

3ds Max提供了如图3-57所示的6种类型的窗户创建工具，它们分别是：

- 遮篷式窗：有一扇通过铰链与顶部相连的窗框。
- 平开窗：有一到两扇像门一样的窗框，它们可以向内或向外转动。
- 固定式窗：不能打开。
- 旋开窗：其轴垂直或水平位于其窗框的中心。
- 伸出式窗：有三扇窗框，其中两扇窗框打开时像反向的遮篷。
- 推拉窗：有两扇窗框，其中一扇窗框可以沿着垂直或水平方向滑动。

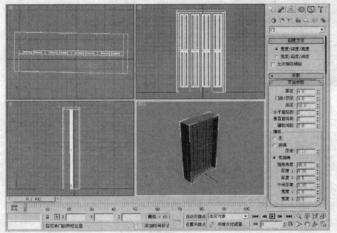

图3-56　设置页扇参数

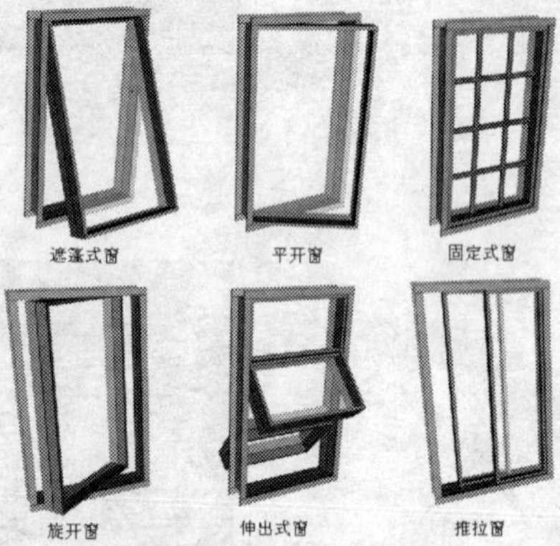

图3-57　窗户的类型

图3-58　选择【伸出式窗】工具

下面以创建伸出式窗为例，介绍创建和设置窗户的一般方法：

（1）在"对象类型"卷展栏中，选择【伸出式窗】工具，如图3-58所示。

（2）根据需要设置相关选项，然后在视口中单击并拖动鼠标先创建前两个点，用于定义窗口底座的宽度和角度。

（3）释放鼠标按键，然后移动鼠标调整窗口的深度，再单击鼠标确认设置。

（4）移动鼠标，调整高度，然后单击完成设置，效果如图3-59所示。高度与由前三个点定义的平面垂直，并且与活动栅格垂直。

（5）在"参数"卷展栏中调整"高度"、"宽度"和"深度"值，在"打开窗"选项组中设置窗户打开的角度，如图3-60所示。

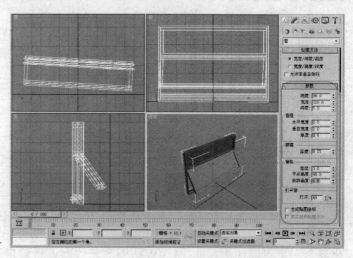

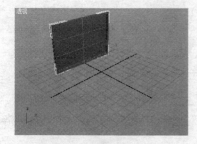

图3-59 创建完成的窗户　　　　　　　　　图3-60 设置窗户的参数

本章要点小结

本章介绍利用3ds Max 2009创建复合模型和建筑专用模型的具体方法，下面对本章的重点内容进行小结：

（1）复合模型是指由两个或多个对象组合而成的单个对象模型。3ds Max 2009提供了12种创建复合对象的方法，包括变形复合对象、散布复合对象、一致复合对象、连接复合对象、水滴网格复合对象、图形合并复合对象、布尔复合对象、地形复合对象、放样复合对象、网格化复合对象、ProBoolean复合对象和ProCutter复合对象。

（2）布尔对象是一种通过对其他两个对象执行布尔操作而获得的组合对象。常用的几何体的布尔操作分为并集、交集和差集3种。

（3）建筑专用模型包括AEC扩展几何体（包括植物、栏杆和墙）、门、窗和楼梯4种类型。使用【植物】工具，可快速、高效地制作出各种植物对象，还可以通过参数面板控制植物的高度、密度、修剪、种子、树冠显示和细节级别；使用【栏杆】工具可以创建出各种样式的栏杆；使用【墙】工具则可以精确地创建出各种墙体；【楼梯】工具分为螺旋楼梯、直线楼梯、L型楼梯和U型楼梯4种不同类型，分别用于创建不同类型的楼梯；【门】工具分为枢轴门、折叠门和推拉门3种类型；【窗】工具分为平开窗、旋开窗、伸出式窗、推拉窗、固定式窗和遮篷式窗6种类型。

习题

选择题

（1）（ 　　）复合对象是一种利用几何体或粒子创建的一组球体。

A）ProBoolean　　　B）地形　　　　　C）图形合并　　　D）水滴网格

（2）ProCutter复合对象用于执行特殊的（ 　　）运算，以便进行分裂或细分体积等操作。

A）布尔   B）交集   C）并集   D）差集

（3）通过交运算，可以将两个对象的（   ）部分复合为一个特殊对象。

A）距离   B）体积   C）线框   D）重叠

（4）AEC扩展几何体不包括（   ）。

A）植物   B）门   C）栏杆   D）墙

（5）轴垂直或水平位于其窗框的中心的窗叫做（   ）窗。

A）推拉   B）固定式   C）旋开   D）伸出式

填空题

（1）复合模型是指由两个或多个对象组合而成的_____模型。

（2）网格化复合对象是一种以_____为基准将程序对象转化而成的网格对象。网格化复合对象可以使用弯曲、UVW贴图等修改器进行编辑。

（3）_____对象是一种通过对其他两个对象执行布尔操作而获得的组合对象。

（4）使用【植物】工具，可快速、高效地制作出各种植物对象，还可以通过参数面板控制植物的_____。

（5）栏杆模型的组件包括_____、_____和栅栏，栅栏还可设置支柱间距和_____，如玻璃、木条等。

（6）3ds Max提供了螺旋楼梯、_____楼梯、_____楼梯和U型楼梯4种不同类型楼梯的创建工具。

（7）3ds Max 2009提供了枢轴门、_____门和_____门3种类型的门。

简答题

（1）什么是复合对象？3ds Max 2009提供了哪些创建复合模型的工具？各种复合模型有何特点？

（2）什么是布尔运算？布尔运算分为哪些类型？如何进行布尔运算？

（3）建筑专用模型分为哪些类型？

（4）如何创建和设置植物模型？

（5）如何创建和设置栏杆模型？

（6）如何创建和设置墙体模型？

（7）楼梯分为哪些类型？如何创建这些楼梯模型？

（8）门分为哪些类型？如何创建这些门模型？

（9）窗分为哪些类型？如何创建这些窗模型？

第4章 使用三维修改器

创建二维或三维对象后，可以利用3ds Max 2009的"修改器"面板来对对象进行塑形和编辑操作，从而更改对象的几何形状及其属性。"修改器"面板中提供了大量的修改命令，本章将介绍修改器的基础知识，然后有选择性地介绍几种最常用的三维修改器。通过学习，可以掌握以下应知知识和应会技能：

- 了解修改器的基础知识。
- 熟悉**FFD**修改器的功能和用法。
- 熟悉"拉伸"修改器的功能和用法。
- 熟悉"扭曲"修改器的功能和用法。
- 熟悉"弯曲"修改器的功能和用法。
- 熟悉"优化"修改器的功能和用法。
- 初步掌握其他常用对象空间修改器的功能。

4.1 修改器使用基础

要更改某个对象的几何形状及其属性，可以利用3ds Max的"修改器"面板来实现。"修改器"面板提供了对象塑形和对象编辑两项主要功能。

4.1.1 认识"修改器"面板

在3ds Max 2009主界面的命令面板中单击【修改】图标，将切换到如图4-1所示的"修改器"面板。

在场景中选中要编辑修改的对象，在"修改器"面板中将显示出对象的名称、颜色和类型，同时还将显示当前对象可修改的各种属性参数，如图4-2所示。

注意 选中的对象不同，"修改器"面板中出现的卷展栏和属性参数会完全不同。

"修改器"面板中提供了一个"修改器列表"，要将修改器应用于对象，只需在选中对象后从"修改器列表"中选择一种修改器（如"挤压"），如图4-3所示。也可以使用菜单栏上的【修改器】菜单来选择修改器。

大多数修改器可以在对象空间中对对象的内部结构进行操作，既可以将所做的修改应用于整个对象，也可以应用于对象的部分子对象上。但某些修改器的可用性取决于当前选择的对象，如只有选定图形或样条线对象时，"倒角"和"倒角剖面"修改器才出现在"修改器列表"中。

选择某种修改器后，相应的设置选项将出现在修改器堆栈的下方，只需更改其中的参数，即可在视口中更新对象。比如，将一个球体的"轴向凸出数量"由0设置为3后，即可产生如

图4-4所示的效果。

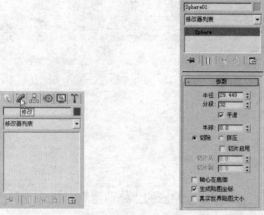

图4-1 未选中对象时的面板   图4-2 选中对象后的面板   图4-3 选择"挤压"修改器

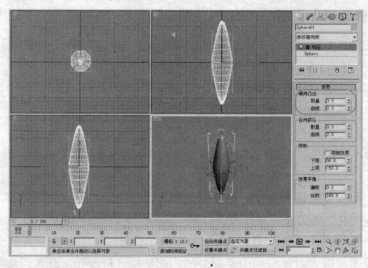

图4-4 在"修改器"面板中修改球体的挤压参数

4.1.2 修改器堆栈

修改器堆栈（简称"堆栈"）是"修改器"面板上的一个列表，应用于对象的修改器都将存储在堆栈中，其中提供了当前选定对象的名称，以及应用于它的所有修改器。比如，对球体Sphere01应用"挤压"、"Ripple（涟漪）"和"融化"3种修改器后，其修改器堆栈如

图4-5所示。

1. 修改器堆栈的顺序

修改器堆栈完全符合"先进后出"的堆栈规则,向对象应用修改器时,修改器将按应用的先后顺序"入栈"。第1个应用的修改器会出现在堆栈底部,最后应用的修改器出现在堆栈的最上方。

比如,在图4-5中,修改器堆栈从上到下的顺序是"融化"→"Ripple(涟漪)"→"挤压",表明最先入栈的是"挤压"修改器,然后是"涟漪"修改器,最后才是"融化"修改器。

可以为某个对象应用任意数目的修改器,包括重复应用同一个修改器。添加修改器的顺序或步骤是很重要的,每个修改器会影响它之后的修改器。修改器的顺序不同,其应用效果完全不同。

2. 修改原始对象

在堆栈的最下方,倒数第1个条目的前面没有⚲标记,表明该条目不是修改器,而是对象类型。比如,选中球体对象后,将显示为"Sphere(球体)"。选中Sphere条目,即可显示创建球体时的原始参数,可以根据需要修改原始球体的"半径"、"分段"等参数,如图4-6所示。

3. 更改修改器参数

在堆栈中的对象类型的上方,所显示的便是当前应用的对象空间修改器。单击某个修改器条目,即可显示修改器的参数。比如,单击"挤压"选项,将出现如图4-7所示的"挤压"参数。修改其中的参数后,即可更改对象的外观或其他属性,如图4-8所示。

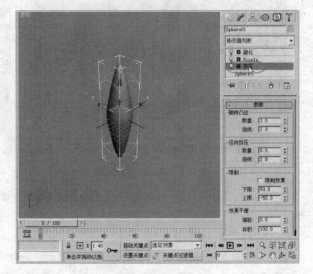

图4-5 应用了3种修   图4-6 原始球体的   图4-7 "挤压"参数
　　　改器的堆栈　　　　　　创建参数

4. 删除修改器

右击某个修改器名,从出现的快捷菜单中选择【删除】命令,或者选中某个修改器后,单击"修改器堆栈"卷展栏下方的【从堆栈中移除修改器】按钮💾,都将删除当前修改器。

删除修改器后，修改器名称以及该修改器对对象所做的所有属性修改都将同时消失，如图4-9所示。

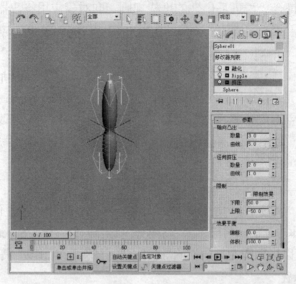

图4-8 更改"挤压"参数后的效果

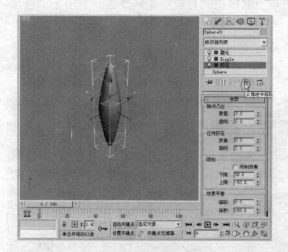

单击【从堆栈中移除修改器】按钮

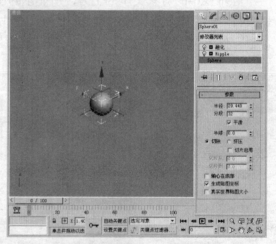

删除效果

图4-9 删除修改器

5. 显示子修改器

如果某个修改器含有子修改器，其前面会有一个【+】或【-】图标。单击【+】可以将其子级别展开（如图4-10所示），单击【-】则可以将其子级别收缩。

选定某个子修改器条目，将出现该子修改器的参数选项卷展栏，如图4-11所示。同样，可以使用这些选项来修改对象。

6. 修改器堆栈的控件

在"修改器堆栈"卷展栏的下方，提供了以下用于管理修改器的控件：

· 锁定堆栈 ：将堆栈和所有"修改器"面板控件锁定到选定对象。即使在选择了视口中的另一个对象之后，也可以继续对锁定堆栈的对象进行编辑。

· 显示最终结果 ⫿：启用此选项后，会在选定的对象上显示整个堆栈中修改器的效果。禁用此选项后，只显示选定修改器的应用效果。

· 使唯一 ：使实例化对象成为唯一的，或者使实例化修改器对于选定对象是唯一的。

· 从堆栈中移除修改器 ：从堆栈中删除当前的修改器，并消除该修改器引起的所有更改。

· 配置修改器集 ：单击该按钮，将显示一个如图4-12所示的弹出菜单，其中的选项用于配置在"修改器"面板中显示和选择修改器的方式。

图4-10 显示子修改器

图4-11 子修改器的参数选项卷展栏

图4-12 "配置修改器集"快捷菜单

4.1.3 修改器的类型

3ds Max 2009的修改器有很多种类，它们被组织到多个不同的修改器序列中。从如图4-13所示的【修改器】菜单中可以看到，修改器分为16种类型。选择一种类型后，可以从出现的菜单中选择要应用的修改器。

1. "选择"修改器

"选择"修改器用于对不同类型的子对象进行选择，再通过相应的选择来应用其他类型的修改器。【修改器】|【选择】子菜单如图4-14所示，其中包含了FFD选择、网格选择、面片选择、多边形选择、按通道选择、样条线选择和体积选择7个修改器。

2. "面片/样条线编辑"修改器

"面片/样条线编辑"修改器主要用于面片和样条曲线的编辑处理，可以通过"可编辑面片"和"可编辑样条曲线"来修改对象。【修改器】|【面片/样条线编辑】子菜单如图4-15所示，其中包含了横截面、删除面片、删除样条线、编辑面片、编辑样条线、圆角/切角、车削、规格化样条线、可渲染样条线修改器、曲面、扫描和修剪/延伸12个修改器。

3. "网格编辑"修改器

"网格编辑"修改器主要用于对网格进行编辑处理，使用其中的子命令，可以提高"可编辑网格"对象的可编辑性。【修改器】|【网格编辑】子菜单如图4-16所示，其中包含了补洞、删除网格、编辑网格、编辑法线、编辑多边形、挤出、面挤出、MultiRes（多分辨率）、

法线修改器、优化、平滑、STL检查、对称、细化、顶点绘制和顶点焊接16个修改器。

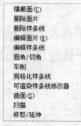

图4-13　【修改器】菜单　　　　图4-14　【选择】子菜单　　　　图4-15　【面片/样条线编辑】子菜单

4. "转化"修改器

"转化"修改器主要用于将一种类型的对象转化为另一种类型的对象。【修改器】|【转化】子菜单如图4-17所示，其中包含了转换为网格、转换为面片和转换为多边形3个修改器。

5. "动画"修改器

"动画"修改器用于单独改变每一帧的设置，从而产生特殊的动画效果。【修改器】|【动画】子菜单如图4-18所示，其中包含了属性承载器、柔体、链接变换、融化、变形器、面片变形、面片变形（WSM）、路径变形、路径变形（WSM）、蒙皮、蒙皮变形、蒙皮包裹、蒙皮包裹面片、样条线IK控制、曲面变形和曲面变形（WSM）16个修改器。

图4-16　【网格编辑】子菜单　　　图4-17　【转化】子菜单　　　图4-18　【动画】子菜单

6. Cloth修改器

Cloth修改器用于设置或生成布料效果。【修改器】|【Cloth】子菜单如图4-19所示，其中包含了Cloth、Garment生成器两个修改器。

7. "Hair和Fur"修改器

"Hair和Fur"修改器是一个毛发修改器，主要用于生成角色的头发和胡须。【修改器】|【Hair和Fur】子菜单如图4-20所示，其中只有"Hair和Fur（WSM）"一个修改器。

8. "UV坐标"修改器

"UV坐标"修改器用于定义材质的贴图坐标，可以同时使用多个修改器来控制相应的

坐标。【修改器】|【UV 坐标】子菜单如图4-21所示，其中包含了摄影机贴图、摄影机贴图（WSM）、贴图缩放器（WSM）、投影、展开UVW、UVW贴图、UVW贴图添加、UVW贴图清除和UVW变换9个修改器。

图4-19　【Cloth】子菜单　　　图4-20　【Hair和Fur】子菜单　　　图4-21　【UV 坐标】子菜单

9. "缓存工具"修改器

"缓存工具"修改器用于将对象的每个顶点的变化情况保存到.pts格式的文件中。【修改器】|【缓存工具】子菜单如图4-22所示，其中包含了点缓存、点缓存（WSM）两个修改器。

10. "细分曲面"修改器

"细分曲面"修改器用于对对象进行光滑修改或者增加对象的分辨率，从而实现细化建模。【修改器】|【细分曲面】子菜单如图4-23所示，其中包含了HSDS修改器、涡轮平滑、网格平滑3个修改器。

11. "自由形式变形器"修改器

"自由形式变形器"修改器用于在一个对象的附近产生一种点阵网格，点阵网格捆绑在对象上，可以通过移动点阵网格曲面来改变对象。【修改器】|【自由形式变形器】子菜单如图4-24所示，其中包含了FFD 2×2×2、FFD 3×3×3、FFD 4×4×4、FFD长方体和FFD圆柱体5个修改器。

图4-22　【缓存工具】子菜单　　　图4-23　【细分曲面】子菜单　　　图4-24　【自由形式变形器】子菜单

12. "参数化变形器"修改器

"参数化变形器"修改器可以通过牵引、推和拉伸等方法来影响几何体，从而更改对象造型。【修改器】|【参数化变形器】子菜单如图4-25所示，其中包含了影响区域、弯曲、置换、晶格、镜像、噪波、Physique、推力、保留、松弛、涟漪、壳、切片、倾斜、拉伸、球形化、挤压、扭曲、锥化、替换、变换和波浪22个修改器。

13. "曲面"修改器

"曲面"修改器主要用于改变对象的材质参数或进行特殊转换。【修改器】|【曲面】子菜单如图4-26所示，其中包含了置换近似、置换网格（WSM）、材质和按元素分配材质4个修改器。

14. "NURBS编辑"修改器

"NURBS编辑"修改器用于编辑修改NURBS对象。【修改器】|【NURBS编辑】子菜单如图4-27所示，其中包含了置换近似、曲面变形和曲面选择3个修改器。

15. "光能传递"修改器

"光能传递"修改器用于更改指定了材质的对象的光能传递处理参数。【修改器】|【光能传递】子菜单如图4-28所示，其中包含了细分、细分（WSM）两个修改器。

16. "摄影机"修改器

"摄影机"修改器用于获取摄影机对象上的两点透视效果。【修改器】|【摄影机】子菜单如图4-29所示，其中只有"摄影机校正"一个修改器。

图4-26　【曲面】子菜单　　图4-27　【NURBS 编辑】子菜单

图4-25　【参数化变形器】子菜单　　图4-28　【光能传递】子菜单　　图4-29　【摄影机】子菜单

4.2 "优化"修改器及其应用

"优化"修改器用于减少对象的面和顶点的数目。通过优化，既能简化几何体的复杂程度，提高渲染速度，又能保持必要的模型精度。

"优化"修改器的用法比较简单，具体方法如下：

（1）先选中要应用"优化"修改器的对象，然后从"修改器列表"中选择"优化"选项，出现"优化"修改器面板，如图4-30所示。

（2）从"参数"卷展栏的"详细信息级别"组中，选择一种视口，如"L2"。

（3）调整"优化"和"保留"组中的参数，即可对对象的面和顶点进行优化，如图4-31所示。

可以从"参数"卷展栏下方的优化状态栏中看到，优化前当前对象有530个顶点，优化后只保留了369个顶点；优化前当前对象有1024个面，优化后只保留了670个面。

"优化"修改器的"参数"卷展栏中的主要参数有：

1）"详细信息级别"组

"详细信息级别"组中提供了以下参数：

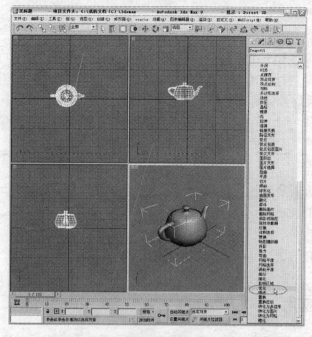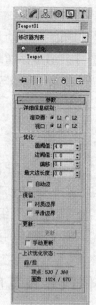

图4-30　"优化"修改器面板

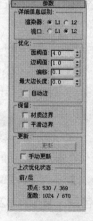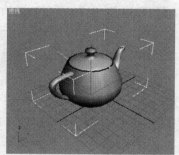

图4-31　调整参数及效果

·渲染器L1、L2：用于设置默认扫描线渲染器的显示级别，使用"视口L1、L2"来更改保存的优化级别。

·视口L1、L2：同时为视口和渲染器设置优化级别，该选项将同时切换视口的显示级别。

2）"优化"组

"优化"组用于调整优化度，其主要选项有：

·面阈值：用于决定哪些面会塌陷的阈值角度。

·边阈值：用于为开放边设置不同的阈值角度。

·偏移：用于帮助减少优化过程中产生的细长三角形或退化三角形，它们会导致渲染缺陷。

·最大边长度：用于指定最大长度，超出该值的边在优化时无法拉伸。

· 自动边：随着优化启用和禁用边。

3）"保留"组

"保留"组用于在材质边界和平滑边界间保持面层级的清除分隔。

· 材质边界：用于保留跨越材质边界的面塌陷。

· 平滑边界：用于优化对象并保持其平滑。启用该选项后，只允许塌陷至少共享一个平滑组的面。

4）"更新"组

"更新"组的主要选项有：

· 更新：使用当前优化设置更新视口。只有启用"手动更新"时，该选项才可用。

· 手动更新：使"更新"选项可用。

5）"上次优化状态"组

使用顶点和面精确的前和后读数来显示优化的数值结果。

4.3 FFD修改器及其应用

FFD（自由形式变形）修改器用于修改对象的外形。选择FFD修改器后，将用一个晶格框来包围住当前选中的几何体，然后可以通过调整晶格的控制点来改变封闭几何体的形状。

在"修改器"面板的"修改器列表"中选择"对象空间修改器"类别下的【FFD2×2×2】、【FFD3×3×3】或【FFD4×4×4】选项，或者选择主菜单中的【修改器】|【自由形式变形】|【FFD2×2×2】/【FFD3×3×3】/【FFD4×4×4】命令，都可以进入FFD修改器面板。这3个FFD修改器分别提供了不同的晶格方案，比如3×3×3修改器提供具有3个控制点（控制点穿过晶格每一方向）的晶格或在每一侧面一个控制点（共9个）。使用FFD修改器修改对象的方法如下：

（1）在场景中选择要修改外观的几何体，然后进入"修改器"面板，从"修改器列表"中选择【FFD2×2×2】/【FFD3×3×3】/【FFD4×4×4】选项（本例选择【FFD3×3×3】修改器。选择修改器后，几何体将被一个橙色晶格所包围，如图4-32所示。

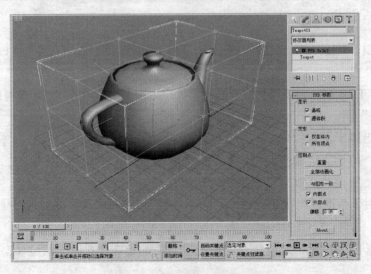

图4-32 选择修改器后的效果

默认的晶格体是包围选中几何体的一个长方体。可以使用主工具栏中的【移动】工具、【旋转】工具、【缩放】工具等来调整晶格体。

（2）展开修改器堆栈，选择"控制点"子对象层级，如图4-33所示。

FFD修改器堆栈中各个选项的含义如下：

- 控制点：在"控制点"子对象层级中，可以选择并操纵晶格的控制点来影响基本对象的形状。还可以为控制点使用移动、旋转等标准变形方法。
- 晶格：在"晶格"子对象层级中，可以在几何体中单独摆放、旋转或缩放晶格框。默认晶格是一个包围几何体的边界框，在移动或缩放晶格时，位于体积内的顶点子集合可应用局部变形。
- 设置体积：选中"设置体积"子对象层级，变形晶格控制点变为绿色，可以选择并操作控制点而不影响修改对象。"设置体积"主要用于设置晶格的原始状态。

（3）选择【移动】工具，在视口中拖动晶格控制点，便可以对几何体进行变形处理，如图4-34所示。

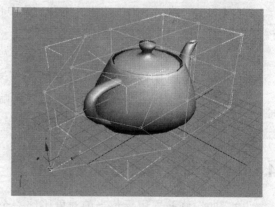

图4-33　选择"控制点"子对象

图4-34　变形几何体

（4）在修改器堆栈中选择"FFD3×3×3"，再取消对对象的选择，确认变换，最终效果如图4-35所示。

FFD修改器的"FFD参数"卷展栏如图4-36所示。使用其中的选项，可以更精确地设置变形参数。

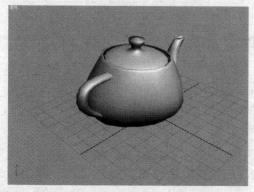

图4-35　FFD3×3×3变换效果

图4-36　"FFD参数"卷展栏

1）"显示"组

"显示"组中的选项用于影响FFD在视口中的显示方式。

· 晶格：选中该选项，可以绘制连接控制点的线条来形成栅格，从而使晶格更形象化。

· 源体积：选中该选项，控制点和晶格会以未修改的状态显示。

2）"变形"组

"变形"组中的选项用于决定变形的范围。

· 仅在体内：选中该选项，只有位于源体积内的顶点会变形。

· 所有顶点：选中该选项，所有顶点都会变形，体积外的变形是对体积内的变形的延续，而远离源晶格的点的变形可能会很严重。

3）"控制点"组

"控制点"组中的选项用于控制晶格的控制点。

· 重置：单击该按钮，所有控制点会自动返回到原始位置。

· 全部动画化：单击该按钮，会将"点3"控制器指定给所有控制点，这样它们在"轨迹视图"中立即可见。

· 与图形一致：单击该按钮，将在对象中心控制点位置之间沿直线延长线，让每一个FFD控制点移到修改对象的交叉点上，从而增加一个由"偏移"微调器指定的偏移距离。

· 内部点：选中该选项，只能控制受"与图形一致"影响的对象内部点。

· 外部点：选中该选项，只能控制受"与图形一致"影响的对象外部点。

· 偏移：用于设置受"与图形一致"影响的控制点偏移对象曲面的距离。

· About：单击该按钮，将显示版权和许可信息对话框。

4.4 "弯曲"修改器及其应用

"弯曲"修改器用于将当前对象围绕一个独立的轴进行均匀弯曲。可以在任意3个轴上控制弯曲的角度和方向，也可以对几何体的一段限制弯曲。弯曲对象的方法的方法如下：

（1）选中要弯曲的对象，从"修改器列表"中选择"弯曲"选项，出现"弯曲"修改器面板，在对象的四周出现一个黄色的弯曲调整框，如图4-37所示。

（2）在"参数"卷展栏中设置沿着选中轴弯曲的角度，即可使对象按设置的角度进行弯曲，如图4-38所示。

（3）在"方向"框中输入方向值，就能使对象围绕轴进行旋转，如图4-39所示。

弯曲修改器的"参数"卷展栏如图4-40所示，下面简要介绍其中主要的选项。

1）"弯曲"组

"弯曲"组提供了两个选项：

· 角度：从顶点平面设置要弯曲的角度。

· 方向：设置弯曲相对于水平面的方向。

2）"弯曲轴"组

"弯曲轴"组中的X/Y/Z用于指定要弯曲的轴，默认设置为Z轴。

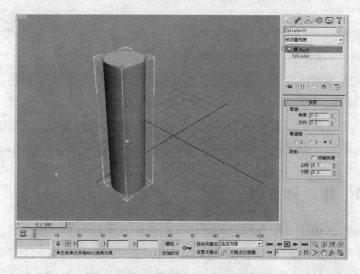

图4-37 启用"弯曲"修改器

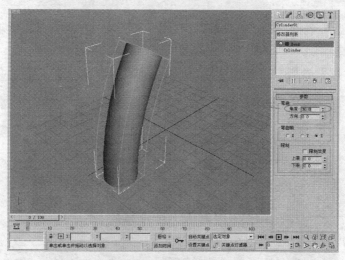

图4-38 设置弯曲角度

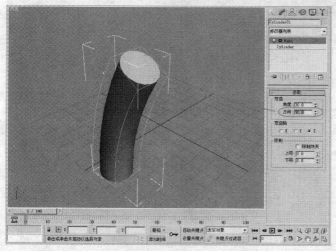

图4-39 更改弯曲的方向

图4-40 "参数"卷展栏

3）"限制"组

"限制"组提供了以下3个选项：

·限制效果：将限制约束应用于弯曲效果，默认设置为禁用。

·上限：以世界单位设置上部边界，此边界位于弯曲中心点上方，超出此边界弯曲不再影响几何体。其默认设置为0。范围为0～999 999.0。

·下限：以世界单位设置下部边界，此边界位于弯曲中心点下方，超出此边界弯曲不再影响几何体。其默认设置为0。范围为-999 999.0～0。

4.5 "拉伸"修改器及其应用

"拉伸"修改器用于模拟"挤压和拉伸"的传统动画效果。具体应用时，将沿着特定拉伸轴应用缩放效果，并沿着剩余的两个副轴应用相反的缩放效果。拉伸对象的具体方法如下：

（1）选中要进行拉伸修改的对象，从"修改器列表"中选择【拉伸】选项，如图4-41所示。

（2）在"参数"卷展栏的"拉伸轴"组中，可以设置拉伸的方向（X轴、Y轴或Z轴），默认拉伸方向为Z轴。

（3）在"参数"卷展栏的"拉伸"组的"拉伸"框中输入拉伸值，如图4-42所示。

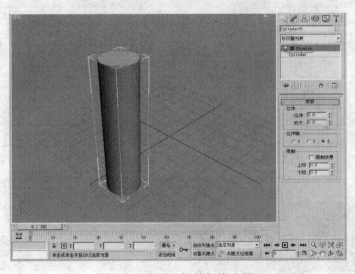

图4-41　启用"拉伸"修改器

（4）调整"参数"卷展栏的"拉伸"组中的"放大"选项，可以更改沿副轴的缩放量，如图4-43所示。

1. "拉伸"修改器堆栈

如图4-44所示的"拉伸"修改器堆栈中提供了两个子对象层级：

·Gizmo：选中该子对象层级后，可以像其他对象一样变换Gizmo并设置其动画，从而修改"拉伸"修改器的效果。

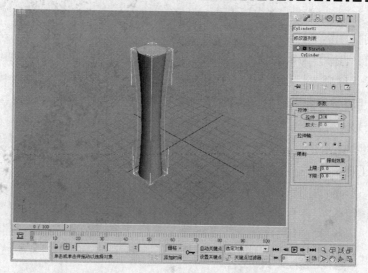

图4-42 设置拉伸值

• 中心：选择该子对象层级后，可以转换中心并设置中心的动画，从而修改拉伸Gizmo的图形。

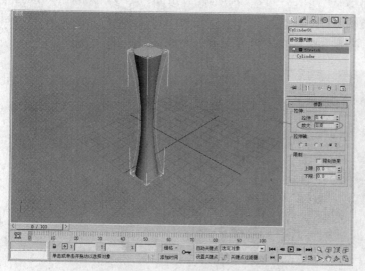

图4-43 更改沿副轴的缩放量

图4-44 "拉伸"修改器堆栈

2. "参数"卷展栏

如图4-45所示的"参数"卷展栏中主要提供了设置拉伸量、主拉伸轴和受拉伸影响的区域的选项。

1）"拉伸"组

该组提供了两个用于控制拉伸缩放量的选项。

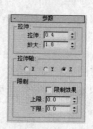

图4-45 拉伸"参数"卷展栏

• "拉伸"选项：用于为3个轴设置基本缩放因子。

- "放大"选项：用于更改应用到副轴上的缩放因子。

2）"拉伸轴"组

该组参数用于选择作为拉伸轴的对象局部轴。比如选择X，表明选择X轴作为为拉伸轴。

3）"限制"组

该组参数用于将拉伸效果应用到整个对象上，或将它限制到对象的一部分。其主要选项有：

- "限制效果"复选项：用于限制拉伸效果。
- "上限"选项：用于设置沿"拉伸轴"的正向限制拉伸效果的边界，"上限"值可以是0，也可以是任意正数。
- "下限"选项：用于沿"拉伸轴"负向限制拉伸效果的边界，"下限"值可以是0，也可以是任意负数。

4.6 "扭曲"修改器及其应用

"扭曲"修改器用于在对象中产生一种旋转效果。扭曲时，可以控制任意3个轴上扭曲的角度，并可通过设置偏移来压缩扭曲相对于轴点的效果。应用"扭曲"修改器的方法如下：

（1）选中要应用扭曲的对象，从"修改器列表"中选择"扭曲"选项，对象的四周将出现一个黄色的扭曲框，如图4-46所示。

（2）在"参数"卷展栏中设置扭曲的角度，即可产生扭曲效果，如图4-47所示。

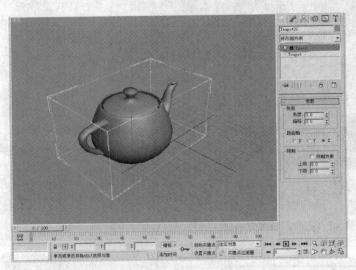

图4-46 启用"扭曲"修改器

（3）修改扭曲的偏移量，可以压缩扭曲相对于轴点的效果，如图4-48所示。

"扭曲"修改器的"参数"卷展栏如图4-49所示，下面简要介绍其中的主要参数选项。

1）"扭曲"组

"扭曲"组中的参数有：

- 角度：确定围绕垂直轴扭曲的量。
- 偏移：使扭曲旋转在对象的任意末端聚团。

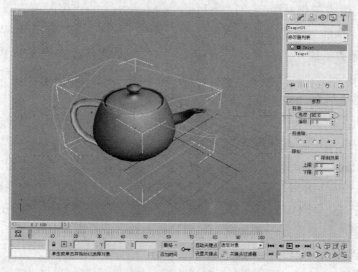

图4-47 设置扭曲角度后的效果

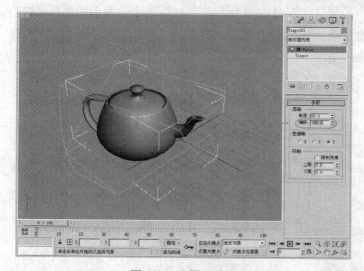

图4-48 设置偏移量

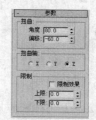

图4-49 扭曲"参数"卷展栏

2)"扭曲轴"组

该组参数用于指定执行扭曲所沿的轴。这是扭曲Gizmo的局部轴。默认设置为Z轴。

3)"限制"组

限制仅对位于上下限之间的顶点应用扭曲效果。

- 限制效果:对扭曲效果应用限制约束。
- 上限:设置扭曲效果的上限。默认值为0。
- 下限:设置扭曲效果的下限。默认值为0。

本章要点小结

本章介绍了3ds Max 2009的修改器及其具体应用方法,下面对本章的重点内容进行小结:

（1）创建二维或三维对象后，可以利用3ds Max 2009的"修改器"面板来对对象进行塑形和编辑操作，从而更改对象的几何形状及其属性。"修改器"面板中提供了一个"修改器列表"，要将修改器应用于对象，只需在选中对象后从"修改器列表"中选择需要的修改器即可。

（2）修改器堆栈（简称"堆栈"）是"修改器"面板上的一个列表，应用于对象的修改器都将存储在堆栈中，其中提供了当前选定对象的名称，以及应用于它的所有修改器，可以根据需要选择其中的选项进行操作。

（3）3ds Max 2009的修改器有很多种类，主要包括"选择"修改器、"面片/样条线编辑"修改器、"网格编辑"修改器、"转化"修改器、"动画"修改器、Cloth修改器、"Hair和Fur"修改器、"UV坐标"修改器、"缓存工具"修改器、"细分曲面"修改器、"自由形式变形器"修改器、"参数化变形器"修改器、"曲面"修改器、NURBS修改器、"光能传递"修改器和"摄影机"修改器等类型。

（4）最常用的三维修改器有"优化"修改器、FFD修改器、"弯曲"修改器、"拉伸"修改器、"扭曲"修改器等。其中，"优化"修改器用于减少对象的面和顶点的数目；FFD（自由形式变形）修改器用于修改对象的外形；"弯曲"修改器用于将当前对象围绕一个独立的轴进行均匀弯曲；"拉伸"修改器用于模拟"挤压和拉伸"的传统动画效果；"扭曲"修改器用于在对象中产生一种旋转效果。

习题

选择题

（1）大多数修改器可以在（　　）中对对象的内部结构进行操作。

A）世界空间　　　　B）网格　　　　　C）对象空间　　　D）面片

（2）在向对象应用修改器时，修改器将按应用的（　　）"入栈"。

A）显示方式　　　B）对象类型　　　C）修改器类别　　D）先后顺序

（3）在"修改器堆栈"卷展栏的下方，提供了一组用于管理修改器的控件。其中，按钮的名称是（　　）。

A）使唯一　　　　　　　　　B）显示最终结果

C）从堆栈中移除修改器　　　D）配置修改器集

（4）（　　）修改器用于设置或生成布料效果。

A）Cloth　　　　　B）UV坐标　　　C）Fur　　　　D）Hair

（5）（　　）修改器用于在对象中产生一种旋转效果。

A）扭曲　　　　　B）旋转　　　　　C）角度　　　　D）变换

填空题

（1）"修改器"面板提供了_____和_____两项主要功能。

（2）要选择修改器，可以从"修改器"面板的_____中选择，也可以使用菜单栏上的_____菜单来选择。

（3）应用于对象的修改器都将存储在_____中，其中提供了当前选定对象的名称，以及应用于它的所有修改器。

（4）"选择"修改器用于_____进行选择，再通过相应的选择来应用其他类型的修改器。

（5）"面片/样条线编辑"修改器主要用于_____，可以通过"可编辑面片"和"可编辑样条曲线"来修改对象。

（6）_____修改器用于将对象的每个顶点的变化情况保存到.pts格式的文件中。

（7）"优化"修改器用于减少对象的_____的数目。

（8）FFD（自由形式变形）修改器用于修改对象的_____。选择FFD修改器后，将用一个_____来包围住当前选中的几何体。

（9）"弯曲"修改器用于将当前对象围绕_____进行均匀弯曲。

（10）应用"拉伸"修改器时，将沿着特定拉伸轴应用_____效果，并沿着_____应用相反的缩放效果。

简答题

（1）修改器的主要功能是什么？"修改器"面板提供了哪些功能？

（2）什么是修改器堆栈？如何使用修改器堆栈？

（3）修改器分为哪些类型？各有何主要功能？

（4）什么是"优化"修改器？举例说明其使用方法？

（5）什么是FFD修改器？举例说明其使用方法？

（6）什么是"弯曲"修改器？举例说明其使用方法？

（7）什么是"拉伸"修改器？举例说明其使用方法？

（8）什么是"扭曲"修改器？举例说明其使用方法？

第5章 由二维图形生成三维模型

为了创建不规则的复杂模型，3ds Max 2009提供了一种由二维图形生成三维模型的建模方法。只需先绘制好二维图形，再通过放样、挤出、车削等方法将平面图形转换成复杂的三维图形。本章将介绍二维图形的创建方法和通过二维图形创建三维模型的具体操作。通过学习，可以掌握以下应知知识和应会技能：

- 了解二维图形建模的基础知识。
- 熟练掌握二维图形的绘制方法。
- 熟悉二维图形的编辑和修改方法。
- 掌握放样建模的方法。
- 初步掌握利用修改器建模的方法。

5.1 二维图形建模基础

二维图形是一种由曲线或直线组成的平面对象。在3ds Max中，可以绘制和编辑处理由样条线、扩展样条线和NURBS曲线组成的二维图形，然后再通过特殊的方法，将这些二维图形转换为三维模型。

5.1.1 二维图形的用途

二维图形实际上是由多条曲线通过点和线段的连接组合而成的。只需调整图形的顶点，就能使曲线的某条线段产生形变（变弯或变直）。很多复杂造型都是通过二维图形立体化的方法来创建的。

大多数图形都是由样条线组成的，这些样条线图形在三维造型和动画制作中主要具有以下作用：

- 生成面片和薄的3D曲面。
- 定义放样组件（如路径和图形等），还可以拟合曲线。
- 生成旋转曲面。
- 生成挤出对象。
- 定义运动路径。

3ds Max 2009提供了11种基本样条线图形对象和两种NURBS曲线，还提供了5种扩展样条线图形对象。这些工具位于"创建"命令面板的"图形"子面板中，如图5-1所示。可以使用鼠标或通过键盘输入来快速创建这些图形，然后将其组合成复合图形。

5.1.2 通过图形建模的一般方法

在命令面板中单击【创建】按钮，再选择【图形】类别，然后从"对象类型"卷展栏中选择各种样条线的创建工具，就可以绘制出由一条或多条样条线组合而成的图形。绘制图形后，可以通过放样等方法来生成三维模型，也可以使用挤出、车削、倒角或倒角剖面等修改器来创建三维模型。

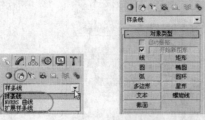  

"图形"下拉列表　　　　样条线创建工具　　　NURBS曲线创建工具　　扩展样条线创建工具

图5-1　3ds Max 2009提供的图形绘制工具

下面先通过一个简单的实例，说明创建和编辑二维图形，然后生成三维模型的一般方法：

（1）选择【椭圆】工具，在"顶"视口中拖动鼠标，绘制如图5-2所示的椭圆形。

（2）再选择【多边形】工具，在椭圆形内部拖动鼠标绘制一个六边形，如图5-3所示。

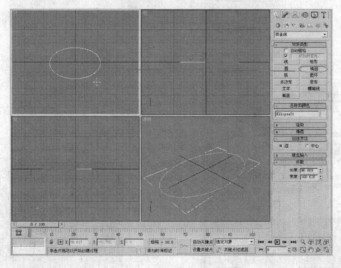

图5-2　绘制椭圆形

（3）从菜单栏中选择【修改器】|【面片/样条线编辑】|【编辑样条线】命令，对当前选中的图形（六边形）应用"编辑样条线"修改器，如图5-4所示。

（4）单击"几何体"卷展栏上的【附加】按钮，然后将光标移动到椭圆形上，如图5-5所示。

（5）单击鼠标，即可将椭圆形附加到六边形上，使两个原本独立的图形结合为一个图形对象，效果如图5-6所示。

（6）从菜单栏中选择【修改器】|【网格编辑】|【挤出】命令，即可将附加后的图形立体化，如图5-7所示。如果修改"参数"卷展栏中的参数，还可以修改立体化效果。

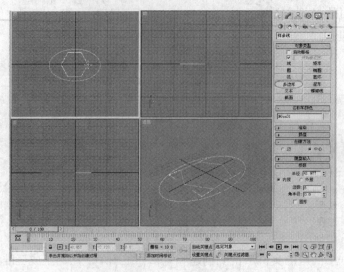

图5-3　绘制六边形

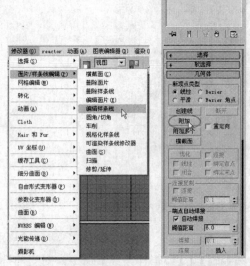

图5-4　打开"编辑样条线"修改器

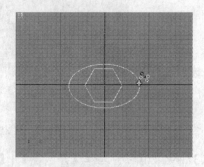

图5-5　选择椭圆形

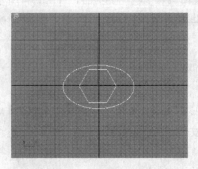

图5-6　附加效果

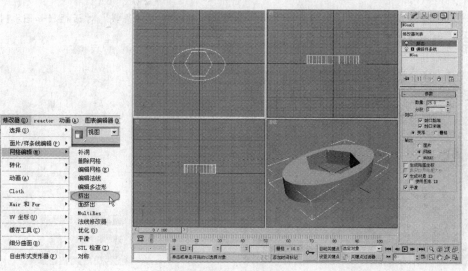

图5-7　图形挤出效果

5.2　绘制二维图形

"创建"面板下的"图形"类别中提供了【线】、【矩形】、【圆】、【椭圆】、【弧】、【圆环】、【多边形】、【星形】、【文本】、【螺旋线】和【截面】共11种标准图形绘制工具。本节将介绍使用这些二维绘图工具绘制图形的基本方法。

5.2.1　绘制样条线

【线】工具用于绘制由多个分段组成的自由式的样条线，包括直线、曲线、折线及其组合。绘制样条线的具体方法如下：

（1）选择【线】工具，然后从"创建方法"卷展栏中选择一种创建方法，如图5-8所示。

（2）在一个视口中单击鼠标或拖动起始点。单击鼠标可以创建样条线的角顶点，拖动鼠标可以创建Bezier顶点，如图5-9所示。

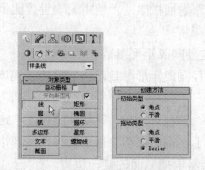

图5-8　选择【线】工具并选择创建方法

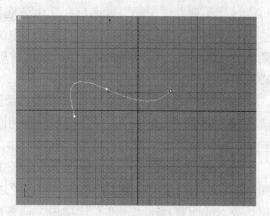

图5-9　绘制线段

（3）继续单击或拖动鼠标，可以添加样条线上的更多点，以便绘制出其他线段。

（4）完成绘制后，单击鼠标右键可创建一条开口的样条线，如图5-10所示。

提示　如果不单击鼠标右键，而是单击第一个顶点，将出现"样条线"对话框（如图5-11所示），单击【是】按钮，即可创建一个闭合的样条线。

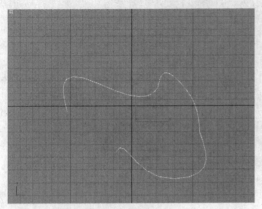

图5-10　创建开口的样条线　　　　　　　图5-11　"样条线"对话框

选择【线】工具后，其命令面板上除"名称和颜色"卷展栏和"键盘输入"卷展栏外，还将出现"渲染"卷展栏、"插值"卷展栏和"创建方法"卷展栏。其中，"渲染"卷展栏和"插值"卷展栏将出现在所有基于样条线的图形中。

1．"渲染"卷展栏

利用如图5-12所示的"渲染"卷展栏，可以启用和禁用样条线或NURBS曲线的渲染性、在渲染场景中指定其厚度并应用贴图坐标。下面简要介绍其中的主要选项：

- "在渲染中启用"复选项：选中该选项，会采用专门为渲染器设置的径向或矩形参数来将图形渲染为3D网格。

- "在视口中启用"复选项：选中该选项，会采用专门为渲染器设置的径向或矩形参数来将图形作为3D网格显示在视口中。

- "使用视口设置"复选项：选中该选项，将允许设置不同的渲染参数，并显示"视口"设置所生成的网格。

- "生成贴图坐标"复选项：选中该选项，可以对图形应用贴图坐标。

- "真实世界贴图大小"复选项：选中该选项，可以控制应用在该对象上的纹理贴图材质所使用的缩放方法。缩放值由位于应用材质的"坐标"卷展栏中的"使用真实世界比例"设置控制。

- "视口"单选项：选择该选项，将为该图形指定径向或矩形参数。

- "渲染"单选项：选择该选项，将为该图形指定径向或矩形参数，当启用"在视口中启用"时，渲染或查看后它将显示在视口中。

- "径向"单选项：选择该选项，会将3D网格显示为圆柱形对象。其中，"厚度"选项用于指定视口或渲染样条线网格的直径；"边"选项用于在视口或渲染器中为样条线网格设置边数（或面数）；"角度"选项用于调整视口或渲染器中横截面的旋转位置。

- "矩形"单选项：选择该选项，会将样条线网格图形显示为矩形。其中，"长度"选项用于设置沿着局部Y轴的横截面大小；"宽度"选项用于指定沿着局部X轴的横截面大小；"角度"选项用于调整视口或渲染器中横截面的旋转位置；"纵横比"选项用于设置矩形横截面的纵横比（其后面的【锁定】按钮用来锁定纵横比）。

· "自动平滑"复选项：选中该选项，可以使用其下方的"阈值"选项设置指定的阈值，从而自动平滑该样条线。

· "阈值"选项：用于设置阈值角度。

2. "插值"卷展栏

利用如图5-13所示的"插值"卷展栏，可以控制样条线的生成方式。下面简要介绍其中的主要选项：

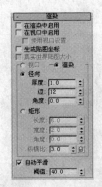

图5-12 "渲染"卷展栏

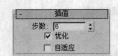

图5-13 "插值"卷展栏

· "步数"数值框：用于设置样条线的步数。样条线上的每个顶点之间的划分数量称为步数，使用的步长越多，显示的曲线越平滑。如果没有选中"自适应"复选项，可以用"步数"选项来设置每个顶点之间划分的数目。

· "优化"复选项：选中该选项，可以从样条线的直线线段中删除不需要的步数。

· "自适应"复选项：选中该选项，将自适应设置每个样条线的步数，以生成平滑曲线。

3. "创建方法"卷展栏

"创建方法"卷展栏如图5-14所示，下面简要介绍其中的主要选项：

1）"初始类型"组

"初始类型"组中的选项用于设置所创建顶点的类型：

· "角点"选项：用于产生一个尖端，使样条线在顶点的任意一边都是线性的。

· "平滑"选项：通过顶点产生一条平滑的、不可调整的曲线。

2）"拖动类型"组

"拖动类型"组中的选项用于设置所创建顶点的类型。顶点位于第一次按下鼠标键的光标所在位置，拖动的方向和距离仅在创建Bezier顶点时产生作用，各选项的含义如下：

· "角点"选项：产生一个尖端。

· "平滑"选项：通过顶点产生一条平滑的、不可调整的曲线。

· "Bezier"选项：通过顶点产生一条平滑的、可调整的曲线。

5.2.2　绘制矩形

矩形是一种基于样条线的图形。选择【矩形】工具后，在任意视口中拖动鼠标，就能绘制出标准矩形，如图5-15所示。如果在拖动鼠标时，按住【Ctrl】键，则绘制的是正方形。

在"矩形"命令面板中，"渲染"和"插值"卷展栏中的参数及含义与样条线相同；"创建方法"卷展栏中提供了使用"中心"或"边"两种标准创建方法。下面重点介绍如图5-16所示的"参数"卷展栏中的选项：

- 长度：指定矩形沿着局部*Y*轴的大小。
- 宽度：指定矩形沿着局部*X*轴的大小。
- 角半径：创建矩形的圆角。

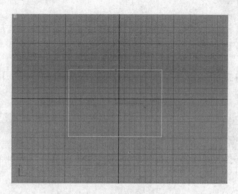

图5-14　【线】工具的"创　　　　　图5-15　创建矩形　　　　　图5-16　"参数"卷展栏
　　　　建方法"卷展栏

5.2.3　绘制圆

圆形仍然是一种样条线。从"创建"面板中选择【圆】工具后，在任意视口中拖动鼠标，就能绘制出由4个顶点组成的闭合圆形样条线，如图5-17所示。在如图5-18所示的【圆】工具的"参数"卷展栏中只有"半径"一个选项，该选项用于精确设置圆形的半径。

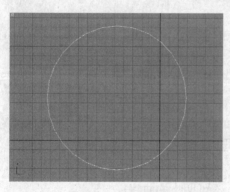

图5-17　绘制圆　　　　　　　　　　图5-18　"参数"卷展栏

5.2.4 绘制椭圆

椭圆形也是一种基于样条线的图形。从"创建"面板中选择【椭圆】工具，在任意视口中拖动鼠标，就能绘制出椭圆样条线，如图5-19所示。如果在拖动鼠标时按住【Ctrl】键，则可以将样条线约束为圆形。在如图5-20所示的椭圆工具的"参数"卷展栏中，提供了以下两个选项：

- "长度"选项：用于指定椭圆沿着局部Y轴的大小。
- "宽度"选项：用于指定椭圆沿着局部X轴的人小。

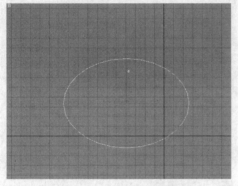
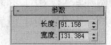

图5-19　绘制椭圆　　　　　　　　图5-20　【椭圆】工具的"参数"卷展栏

5.2.5 绘制弧形

圆弧形也是一种基于样条线的图形。从"创建"面板中选择【弧】工具，在任意视口中拖动鼠标，就能绘制出由3个顶点（两个端点和一个中央点/中间点）组成的圆弧形，如图5-21所示。【弧】工具的"参数"卷展栏如图5-22所示，其中主要的选项有：

- "半径"选项：用于指定弧形的半径。
- "从"选项：在从局部正X轴测量角度时指定起点的位置。
- "到"选项：在从局部正X轴测量角度时指定终点的位置。
- "饼形切片"复选项：选中该选项后，将以饼形的形式创建闭合样条线。
- "反转"复选项：选中该选项后，将反转弧形样条线的方向，并将第1个顶点放置在打开弧形的相反末端。

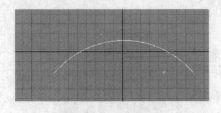

图5-21　绘制弧形　　　　　　　　图5-22　"参数"卷展栏

5.2.6 绘制圆环

圆环形是一种由两个同心圆组成的样条线。从"创建"面板中选择【圆环】工具，在任意视口中先拖动出第1个同心圆形，再移动鼠标定义第2个同心圆形的半径，最后单击鼠标即可绘制出圆环，如图5-23所示。【圆环】工具的"参数"卷展栏如图5-24所示，其中两个选项的含义如下：

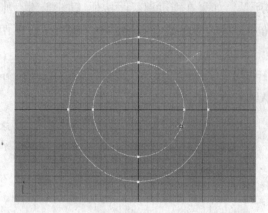

图5-23　绘制圆环　　　　　　　　　　图5-24　【圆环】工具的"参数"卷展栏

- "半径1"选项：用于设置第1个圆的半径。
- "半径2"选项：用于设置第2个圆的半径。

5.2.7　绘制多边形

多边形也是一种基于样条线的图形。从"创建"面板中选择【多边形】工具，在任意视口中拖动并释放鼠标按键，就可以绘制出具有任意面数或顶点数的闭合平面或圆形样条线，如图5-25所示。【多边形】工具的"参数"卷展栏如图5-26所示，其中各个选项的含义如下：

- "半径"选项：用于指定多边形的半径，选择"内接"方式，将设置从中心到多边形各个角的半径；选择"外接"选项，将设置从中心到多边形各个面的半径。
- "边数"选项：用于指定多边形使用的面数和顶点数，其范围为3～100。
- "角半径"选项：用于指定应用于多边形角的圆角度数。
- "圆形"复选项：选中该选项后，将绘制"圆形"多边形。

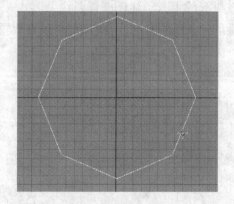

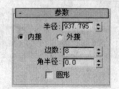

图5-25　绘制多边形　　　　　　　　　图5-26　【多边形】工具的"参数"卷展栏

5.2.8 绘制星形

从"创建"面板中选择【星形】工具，可以绘制出具有很多个点的闭合星形样条线，星形样条线使用两个半径来设置外点和内谷之间的距离。创建时，先拖动出第1个星形的半径，再移动鼠标确定第2个星形的半径，如图5-27所示。【星形】工具的"参数"卷展栏如图5-28所示，其中各个选项的含义如下：

- "半径1"选项：用于指定星形内部顶点（内谷）的半径。
- "半径2"选项：用丁指定星形外部顶点（外点）的半径。
- "点"选项：用于指定星形上的点数，其范围为3～100。
- "扭曲"选项：用于围绕星形中心旋转顶点（外点），从而生成锯齿形效果。
- "圆角半径1"选项：用于设置圆化星形的内部顶点（内谷）。
- "圆角半径2"选项：用于设置圆化星形的外部顶点（外点）。

5.2.9 创建文本对象

从"创建"面板中选择【文本】工具，可以创建出文本图形的样条线。创建文本时，可以先在"创建"面板中编辑文本，也可以先使用默认的文本，然后再在"修改"面板中编辑这些文本。创建文本对象的方法如下：

（1）从"创建"面板中选择【文本】工具。

（2）在面板的文本框中输入需要添加的文本，如图5-29所示。

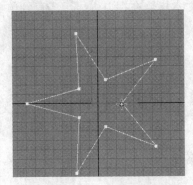
图5-27　绘制星形

图5-28　【星形】工具的"参数"卷展栏

图5-29　在文本框中输入文本

（3）在视口中单击鼠标，即可以将文本放置在场景中，如图5-30所示。

【文本】工具的"参数"卷展栏如图5-31所示，利用这些选项可以设置字体、大小、字间距、行间距、对齐方式等参数，其中各个选项的含义如下：

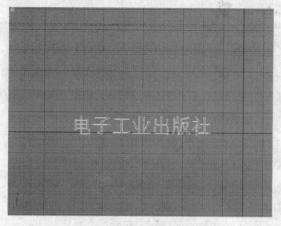

图5-30　单击放置文本

图5-31　【文本】工具的"参数"卷展栏

- 【斜体】按钮：用于切换斜体文本。
- 【下画线】按钮：用于切换下画线文本。
- 【左侧对齐】按钮：用于将文本对齐到边界框左侧。
- 【居中】按钮：用于将文本对齐到边界框的中心。
- 【右侧对齐】按钮：用于将文本对齐到边界框右侧。
- 【对正】按钮：用于分隔所有文本行以填充边界框的范围。
- "大小"选项：用于设置文本高度。
- "字间距"选项：用于调整字间距（字母间的距离）。
- "行间距"选项：用于调整行间距（行间的距离），该选项只有图形中包含多行文本时才起作用。
- "文本"编辑框：用于输入文本。
- 【更新】按钮：单击该按钮，可以更新视口中的文本来匹配编辑框中的当前设置。
- "手动更新"选项：选中此选项后，键入编辑框中的文本不会在视口中显示，直到单击【更新】按钮时才会显示。

5.2.10　绘制螺旋线

从"创建"面板中选择【螺旋线】工具，可以创建开口平面或3D螺旋形。创建时，先定义螺旋线起点圆的第1个点，再移动鼠标定义螺旋线的高度，最后移动鼠标定义螺旋线末端的半径，效果如图5-32所示。

【螺旋线】工具的"参数"卷展栏如图5-33所示，其中各个选项的含义如下：

- "半径1"选项：用于指定螺旋线起点的半径。
- "半径2"选项：用于指定螺旋线终点的半径。
- "高度"选项：用于指定螺旋线的高度。
- "圈数"选项：用于指定螺旋线起点和终点之间的圈数。
- "偏移"选项：用于强制在螺旋线的一端累积圈数。
- "顺时针/逆时针"单选项：用于设置螺旋线的旋转是顺时针还是逆时针。

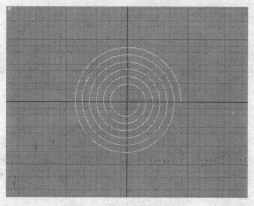

图5-32 绘制螺旋线　　　　　　　　　　图5-33 "参数"卷展栏

5.2.11 绘制截面

从"创建"面板中选择【截面】工具，可以创建一种特殊类型的对象。截面可以通过网格对象基于横截面切片生成其他形状。创建截面图形时，先在视口中拖动出一个矩形，然后使用移动和旋转工具移动并旋转截面，使其平面与场景中的网格对象相交，效果如图5-34所示。

【截面】工具的"截面参数"卷展栏如图5-35所示，其中各个选项的含义如下：

- 【创建图形】按钮：单击该按钮，可以基于当前显示的相交线创建图形。

- "更新"组：提供了3个用于指定何时更新相交线的选项。其中，"移动截面时"选项用于在移动或调整截面图形时更新相交线；"选择截面时"选项用于在选择截面图形，但是未移动时更新相交线；"手动"选项则在单击【更新截面】按钮时更新相交线。

- "截面范围"组：提供了3个用于指定截面对象生成的横截面的范围的选项。其中，选择"无限"选项，截面平面在所有方向上都是无限的，从而使横截面位于其平面中的任意网格几何体上；选择"截面边界"选项，将只在截面图形边界内或与其接触的对象中生成横截面；选择"禁用"选项，将不显示或生成横截面。

- "色样"选项：单击此选项可设置相交的显示颜色。

此外，【截面】工具还有一个"截面大小"卷展栏，如图5-36所示。其中，"长度/宽度"选项用于调整截面矩形的长度和宽度。

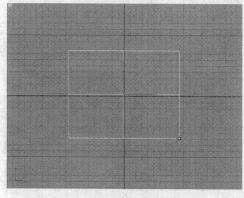

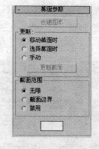

图5-34 绘制截面　　　　图5-35 "截面参数"　　　图5-36 "截面大小"
　　　　　　　　　　　　　　 卷展栏　　　　　　　　卷展栏

5.3　二维图形的编辑修改

绘制二维图形后，可以利用相应的修改器来编辑和修改图形的属性及外观。本节将介绍一些最常用的二维图形修改器及其应用方法。

5.3.1　创建复合二维图形

使用"编辑样条线"修改器，可以将需要结合的图形组合成复合二维图形。下面举例说明具体创建方法：

（1）先在"顶"视口中绘制两个独立的二维图形，如图5-37所示。

（2）选中"矩形"，然后进入"修改"命令面板，从"修改器列表"中选择"编辑样条线"选项，打开相应的堆栈和卷展栏。也可以从菜单栏中选择【修改器】|【面片/样条线编辑】|【编辑样条线】命令来打开"编辑样条线"修改器，如图5-38所示。

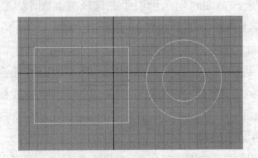

图5-37　绘制两个独立的二维图形　　　　图5-38　打开"编辑样条线"修改器

（3）展开"几何体"卷展栏，单击其中的【附加】按钮，再移动光标到"顶"视口上的圆环上，此时视图中的光标变为由4个小圆圈连接在一起的形状，如图5-39所示。

（4）单击鼠标选择该椭圆，两个图形便可以结合为一个复合二维图形，如图5-40所示。

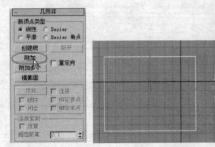

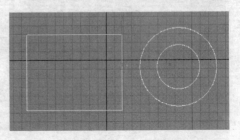

图5-39　附加图形　　　　　　　　　　图5-40　结合后的图形

5.3.2　分离复合二维图形

如果要分解一个已经通过【附加】命令结合在一起的复合二维图形，可以利用分离功能来实现。具体方法如下：

（1）先取消"几何体"卷展栏中对【附加】按钮的选择，然后单击堆栈中"编辑样条线"左侧的加号，展开修改器对象，在树形列表中选择"样条线"选项。

（2）选中复合图形中的矩形，此时选中的对象会以红色显示。

（3）单击"几何体"卷展栏中的【分离】按钮，如图5-41所示。

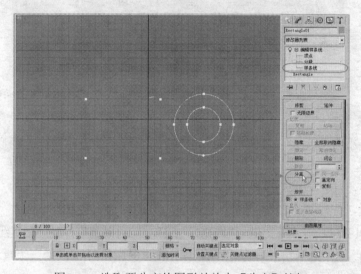

图5-41　选取要分离的图形并单击【分离】按钮

（4）在出现的"分离"对话框中输入分离对象的名称，单击【确定】按钮，矩形对象便脱离开原来复合二维图形而成为一个独立的图形，如图5-42所示。

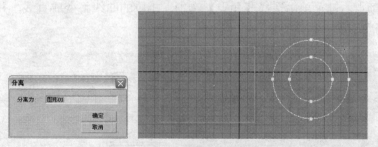

图5-42　分离效果

5.3.3　图形顶点的编辑

使用"编辑样条线"修改器，可以调整图形的顶点、线段以及曲线的曲度。具体修改过程中，由于顶点的变化将直接影响到线段的外观和弯曲的程度，所以顶点的调整是编辑的重点。

比如，绘制一个圆环后，从"修改器列表"中选择"编辑样条线"选项，再从堆栈列表中选择子对象类型为"顶点"，单击图形的一个顶点将其选中，将出现如图5-43所示的调整标志。

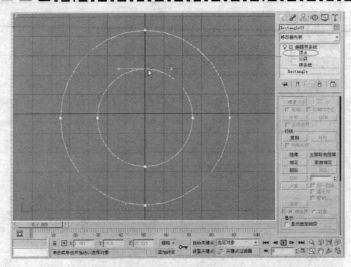

图5-43　顶点标志

1. 不同顶点类型

视图中红色小方框代表可以调整顶点的位置，而每个顶点在同样的图形中可用4种不同的形态表现出来：

- 线性方式：让顶点两旁的线段能呈现任何的角度。
- 平滑方式：强制把线段变成圆滑的曲线，但仍和顶点成相切状态。
- Bezier（贝赛尔）方式：提供两根角度调整杆，但两根调整杆成一条直线并和顶点相切。
- Bezier角点（贝赛尔角点）方式：顶点上的两根调整杆不再是一条直线，可以随意更改它们的方向以产生任何的角度。

2. 更改顶点类型

要更改顶点的类型，可以在选中的顶点上单击鼠标右键，弹出如图5-44所示的快捷菜单。

- 在顶点右键菜单中选择【角点】选项，相应的曲线将变成直线，并保持和顶点相切，如图5-45所示。

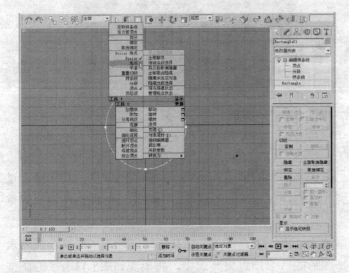

图5-44　顶点快捷菜单

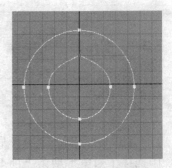

图5-45　将顶点转换为角点

· 从顶点快捷菜单中选择【Bezier角点】选项，选择的顶点上将出现绿色的调整杆。选择【移动】工具，即可通过移动其中的控制点来更改图形的外观，如图5-46所示。

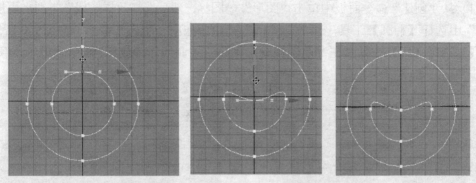

图5-46 移动"Bezier角点"的控制点

· 从顶点快捷菜单中选择【Bezier】选项，顶点两侧的调整杆将变为一条直线，且强制性地将其中一条直线改变成曲线，如图5-47所示。Bezier模式的顶点和平滑顶点很相似，前者在顶点上多了两根调整杆，可以改变顶点的和线段的曲度。Bezier顶点和Bezier角点的顶点不同，其上的调整杆呈一条直线，并且保持和顶点相切的状态。

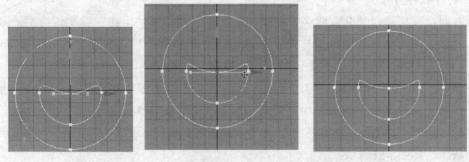

图5-47 Bezier顶点

处理Bezier顶点时，可以按住【Shift】键将其改变成"Bezier角点"。当按住【Shift】键移动选择的调整杆时，相切的状态被打破，并且只影响选择的调整杆一端的线段，而未被选择的调整杆维持不变。

5.4 放样建模

放样是指将一个截面沿着一条路径进行伸展，从而生成复杂的三维物体的过程。既可以沿直线或曲线的路径进行放样，也可以在不同的层中设置不同的横截面形状来进行放样。

5.4.1 放样的基本方法

进行放样操作时，至少要先创建两个或以上的二维图形，其中一个图形作为放样路径，另一个作为放样的截面。用做放样的截面可以是多个，但用做放样的路径只能有一条。放样路径可以是封闭的，也可以是不封闭的。

1. 创建放样路径和截面

在进行放样前，先要创建放样对象的路径与截面图形。

（1）从"创建"命令面板中单击"图形" 图标，然后选择"样条线"类别，再从"对象类型"中选择【椭圆】工具，然后在"前"视口中拖出一个椭圆截面，如图5-48所示。

（2）选择【线】工具，在"前"视图中创建一条曲线作为放样路径，如图5-49所示。

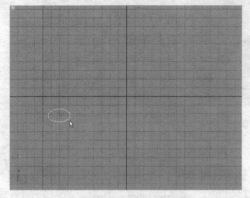
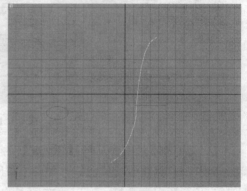

图5-48　创建放样截面　　　　　　　　　　图5-49　绘制放样路径

2. 制作放样对象

放样时，可以通过"获取路径"和"获取图形"两种方法生成三维实体造型。即可以选择物体的截面图形后获取路径放样对象，也可通过选择路径后获取图形的方法放样对象。

（1）先选择作为路径的线条。

（2）从"创建"命令面板的"几何体"下拉列表中选择"复合对象"选项，再从"复合对象"的"对象类型"卷展栏中选择【放样】工具，如图5-50所示。

（3）从"创建方法"卷展栏中单击【获取图形】按钮，然后将光标移至视口点取椭圆形状的截面，如图5-51所示。

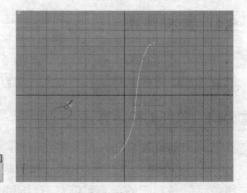

图5-50　选择【放样】工具　　　　　　　　图5-51　点取椭圆截面

（4）释放鼠标，即可完成放样操作，并产生如图5-52所示的三维造型。

（5）单击窗口右下角的【所有视图最大化显示】图标 ，效果如图5-53所示。

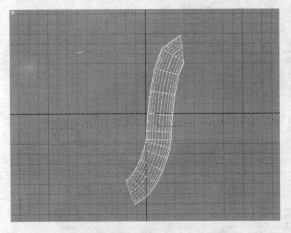

图5-52　放样获得的三维造型

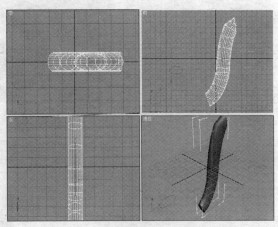

图5-53　最大化显示的效果

5.4.2　增加放样截面

可以利用一条放样路径对多个不同的截面进行放样。下面通过一个实例说明增加放样截面，然后进行放样的具体方法。

（1）选择【圆】工具，在"顶"视口中建立一个作为上截面的圆形，如图5-54所示。

（2）选择【星形】工具，在"顶"视口中创建中一个星形作为下截面，参数设置和效果如图5-55所示。

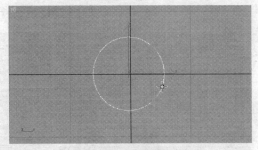

图5-54　绘制上截面

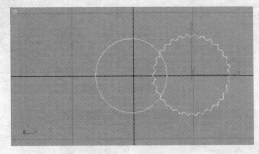

图5-55　星形参数设置和效果

（3）选择【线】工具，在"前"视口中绘制一条作为放样路径的直线，如图5-56所示。

（4）选中直线路径，在"复合对象"类别中选择【放样】工具，从"创建方法"卷展栏中单击【获取图形】按钮，然后将光标移向"顶"视口中的圆形，如图5-57所示。

（5）单击鼠标，即可放样生成一个圆柱形，如图5-58所示，

（6）在"路径参数"卷展栏中将"路径"参数设置100，如图5-59所示。

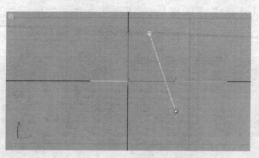

图5-56　绘制直线路径

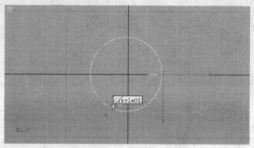

图5-57　将光标移向顶面的圆形

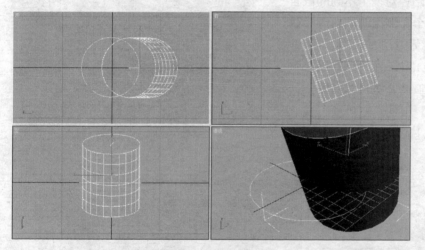

图5-58　放样效果　　　　　　　　　图5-59　设置"路径"参数

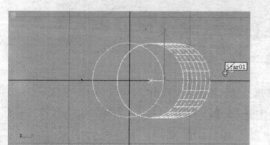

图5-60　获取底面图形

（7）再从"对象类型"卷展栏中单击【获取图形】按钮，将光标移至"顶"视口中获取底面图形，如图5-60所示。

（8）通过两次获取截面，可以放样产生如图5-61所示的造型。

5.4.3　放样对象的变形

对于放样生成的三维对象，可以通过对路径和截面的调整或变形来进行修改。

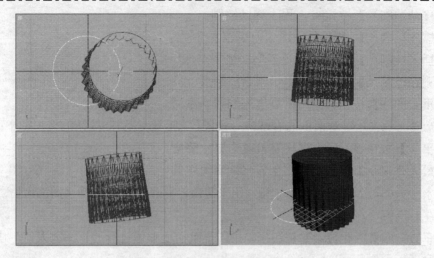

图5-61　两次放样生成的造型

1. 变比变形

要对放样对象进行变比变形，应先选定放样对象，进入"修改"命令面板，展开命令面板最下方的"变形"卷展栏，出现5个放样变形工具按钮，如图5-62所示。

单击"变形"卷展栏中的【缩放】按钮，出现"缩放变形（X）"对话框，如图5-63所示。"缩放变形（X）"对话框中的水平红线代表放样对象的路径。直线的左端表示路径的起始顶点，编辑窗上方的标尺以百分比作为计量单位，左方标尺的数字代表变比的百分比。

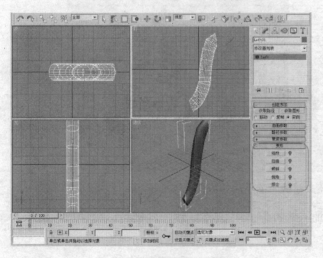

图5-62　"变形"卷展栏

图5-63　"缩放变形（X）"对话框

"缩放变形（X）"对话框的最上部是工具栏，其工具图标分别为：

- 【均衡】按钮：用于锁定XY轴。
- 【显示 X轴】按钮：用于控制X轴变比控制。
- 【显示 Y轴】按钮：用于控制Y轴变比控制。
- 【显示 XY轴】按钮：用于控制XY轴变比控制。
- 【交换变形曲线】按钮：用于交换X、Y轴控制线。

- 【移动控制点】按钮：用于移动控制点。
- 【缩放控制点】按钮：用于上下缩放控制点。
- 【插入控制点】按钮：用于增加控制点。
- 【删除控制点】按钮：用于删除控制点。
- 【重置曲线】按钮：用于复位控制线状态。

"缩放变形（X）"对话框的右下部是视图控制区，各功能按钮的作用如下：

- 【平移】按钮：用于推移编辑窗的显示部位。
- 【最大化显示】按钮：用于显示编辑窗中的全部设置曲线。
- 【水平方向最大化显示】按钮：用于更改沿路径长度进行的视图放大值，使得整个路径区域在对话框中可见。
- 【垂直方向最大化显示】按钮：用于更改沿变形值进行的视图放大值，使得整个变形区域在对话框中显示。
- 【水平缩放】按钮：更改沿路径长度进行的放大值。
- 【垂直缩放】按钮：更改沿变形值进行的放大值。
- 【缩放】按钮：更改沿路径长度和变形值进行的放大值，保持曲线纵横比。
- 【缩放区域】按钮：在变形栅格中拖动区域。区域会相应放大，以填充变形对话框。

默认情况下，【移动控制点】按钮处于激活状态，单击编辑窗中红线右端代表控制点的黑色小方框，向下拖动鼠标到0%的位置，视口中的图形将变形为尖状，如图5-64所示。

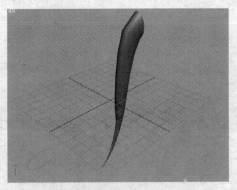

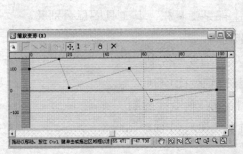

图5-64　将路径末端截面缩小后的放样对象

单击按钮，在编辑窗中红线上增加一些控制点并调整红线，同样可以变换放样对象，如图5-65所示。

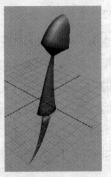

图5-65　增加控制点并进行调整

2. 扭曲变形

扭曲变形用于将路径上的截面以路径为轴线做不同角度的扭曲。选定放样对象后，单击"变形"卷展栏中的【扭曲】按钮，出现"扭曲变形"对话框，如图5-66所示。"扭曲变形"对话框和"缩放变形"对话框相似，但该对话框中的红线代表旋转的度数。

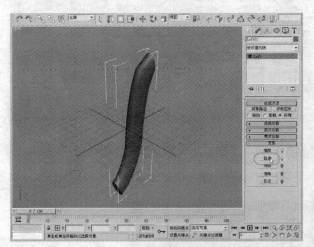

图5-66　打开"扭曲变形"对话框

单击【移动控制点】按钮，再单击编辑窗中最右边的控制点，并将其向上移动，可以通过对话框下方中间的两个文本框查看激活控制点的位置和旋转的角度。比如，在第二个文本框中输入360，再单击视图控制区的▣按钮，显示出整条红线，效果如图5-67所示。

单击▪按钮增加一些控制点并对其进行调整，放样对象便可以根据调整的情况进行扭曲，如图5-68所示。

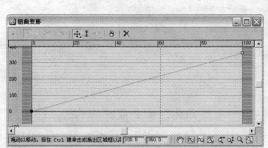
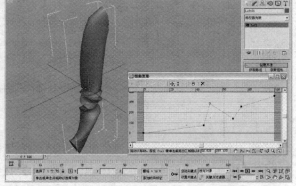

图5-67　设置右侧控制点的角度　　　　　图5-68　扭曲放样对象

3. 倾斜变形

倾斜变形用于将路径中的截面绕*X*或*Y*轴旋转。选中放样对象后，单击"变形"卷展栏中的【倾斜】按钮，出现"倾斜变形（*X*）"对话框，如图5-69所示。

单击▪按钮增加一些控制点并对其进行调整，放样对象便可以根据调整的情况进行倾斜，如图5-70所示。

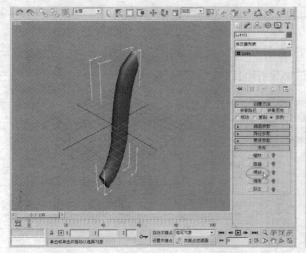

图5-69 打开"倾斜变形"对话框

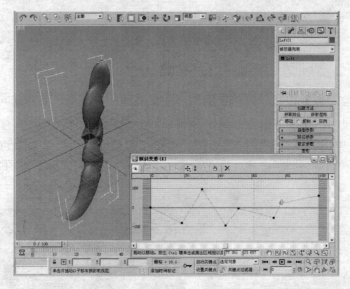

图5-70 增加控制点倾斜对象

4. 倒角变形

使用倒角变形功能，可以使放样生成的三维对象产生切角化、倒角或减缓的边。选中放样对象后，单击"变形"卷展栏中的【倒角】按钮，出现"倒角变形"对话框，如图5-71所示。倒角变形以作图单位来进行计量。由于倒角变形造成截面内外边界以相反的方向改变倒角的大小，因此在进行倒角变形时，需要首先确定一下内外边界之间的距离。

单击【插入角点】按钮，插入一些控制点，并对各个控制点进行调整，放样对象便根据调整的情况生成如图5-72所示的倒角效果。

5. 拟合变形

使用拟合变形功能，可以使用两条"拟合"曲线来定义对象的顶部和侧剖面。想要通过绘制放样对象的剖面来生成放样对象时，便可以使用拟合变形。

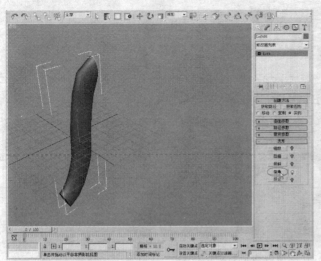

图5-71　打开"倒角变形"对话框

　　创建放样对象后，在"前"视口中绘制一个二维图形。例如，绘制如图5-73所示的五角星形。

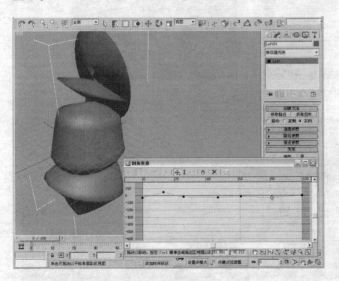

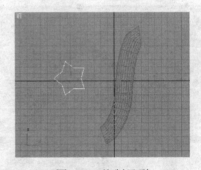

图5-72　倒角变形效果　　　　　　　　　　　　图5-73　绘制星形

　　选取放样对象，进入"修改"命令面板，单击"变形"卷展栏中的【拟合】按钮，出现"拟合变形"对话框，如图5-74所示。

　　单击"拟合变形"对话框的工具栏中的【获取图形】按钮 ，然后单击视图中的星形，如图5-75所示。

　　单击星形后，将产生如图5-76所示的拟合变形效果。在"拟合变形"对话框中单击视图控制区的【最大化显示所有物体】按钮 ，"拟合变形"对话框中的编辑窗中便显示要用的星形，如图5-77所示。

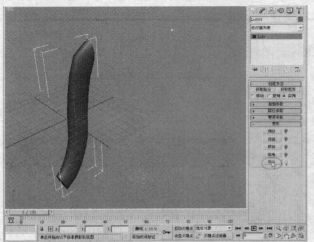

图5-74 打开"拟合变形"对话框

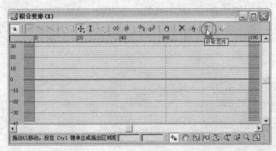

图5-75 获取图形

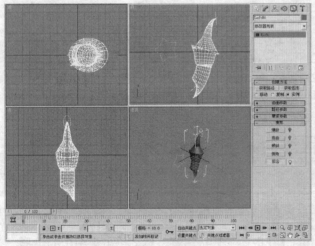

图5-76 拟合变形效果

图5-77 "拟合变形"对话框中显示的星形

选取星形的各个点，移动控制点对其进行调整，即可对拟合变形效果产生影响，如图5-78所示。

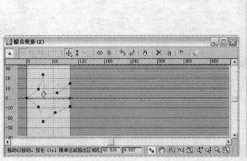

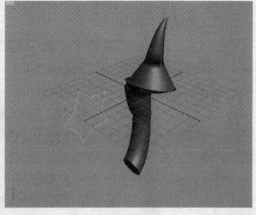

图5-78　编辑拟合造型

5.5　使用修改器建模

使用修改器中提供的二维变三维修改器，可以将二维图形变换为复杂的三维图形。二维变三维修改器的种类很多，本节主要介绍通过挤出、车削、倒角和倒角剖面等方法建模的方法和技巧。

5.5.1　挤出建模

对于二维图形，可以使用"挤出"的方法来产生厚度，从而生成实体模型。具体方法是，先绘制出对象的二维截面，然后挤出一定的厚度。下面举例说明挤出建模的具体方法：

（1）选择【圆环】工具，在"前"视口中绘制如图5-79所示的圆环。

（2）切换到"修改器"面板。

（3）选择"修改器列表"中的"挤出"选项，在其"参数"卷展栏中设置挤出的数量，即可将二维的圆环变换为三维的圆管，如图5-80所示。

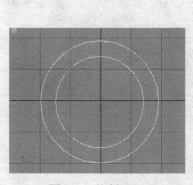

图5-79　绘制圆环

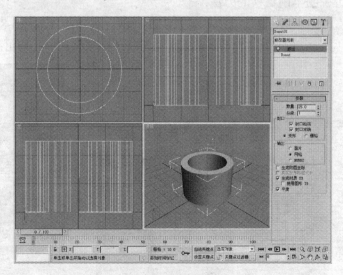

图5-80　挤出效果

在"挤出"修改器的"参数"卷展栏中，主要的选项有：

· 数量：用于设置挤出的深度。

· 分段：用于指定将要在挤出对象中创建线段的数目。

· 封口始端：用于在挤出对象始端生成一个平面。

· 封口末端：用于在挤出对象末端生成一个平面。

· 变形：在一个可预测、可重复模式下安排封口面，这是创建渐进目标所必要的。渐进封口可以产生细长的面，而不像栅格封口需要渲染或变形。如果要挤出多个渐进目标，主要使用渐进封口的方法。

· 栅格：在图形边界上的方形修剪栅格中安排封口面。此方法将产生一个由大小均等的面构成的表面，这些面可以被其他修改器很容易地变形。当选中"栅格"封口选项时，栅格线是隐藏边而不是可见边。

· 面片：产生一个可以折叠到面片对象中的对象。

· 网格：产生一个可以折叠到网格对象中的对象。

· NURBS：产生一个可以折叠到NURBS对象中的对象。

· 生成贴图坐标：将贴图坐标应用到挤出对象中。启用此选项时，"生成贴图坐标"将独立贴图坐标应用到末端封口中，并在每一封口上放置一个1×1的平铺图案。

· 真实世界贴图大小：控制应用于该对象的纹理贴图材质所使用的缩放方法。

· 生成材质ID：将不同的材质ID指定给挤出对象侧面与封口。

· 使用图形ID：将材质ID指定给在挤出产生的样条线中的线段，或指定给在NURBS挤出产生的曲线子对象。

· 平滑：平滑挤出图形。

5.5.2　车削建模

"车削"修改器通过绕轴旋转的方法，将图形或NURBS曲线转换为三维对象。下面举例说明车削建模的方法：

（1）选择【线】工具，在"前"视口绘制如图5-81所示的二维图形。

（2）从"修改器列表"中选择"车削"选项，即可绕Y轴生成如图5-82所示的三维对象。

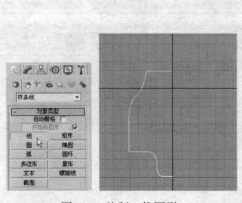

图5-81　绘制二维图形

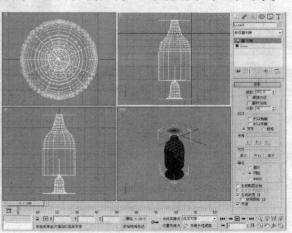

图5-82　车削效果

（3）要更改车削模型的效果，可以更改"参数"卷展栏中的参数，如图5-83所示。

"车削"修改器面板的"参数"卷展栏中主要有以下参数：

· 度数：确定对象绕轴旋转多少度（默认值是360）。

· 焊接内核：通过将旋转轴中的顶点焊接来简化网格。如果要创建一个变形目标，应禁用此选项。

· 翻转法线：依赖图形上顶点的方向和旋转方向，旋转对象可能会内部外翻，此时可以切换"翻转法线"复选框来修正它。

· 分段：在起始点之间，确定在曲面上创建多少插值线段。

· 封口始端：封口设置的"度"小于360度的车削对象的始点，并形成闭合图形。

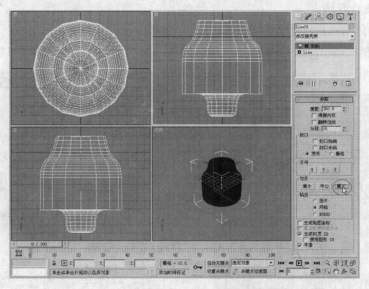

图5-83　设置"参数"卷展栏中的参数

· 封口末端：封口设置的"度"小于360度的车削对象的终点，并形成闭合图形。

· 变形：按照创建变形目标所需的可预见且可重复的模式排列封口面。渐进封口可以产生细长的面，而不像栅格封口需要渲染或变形。如果要车削出多个渐进目标，主要使用渐进封口的方法。

· 栅格：在图形边界上的方形修剪栅格中安排封口面。

· X/Y/Z：相对对象轴点，设置轴的旋转方向。

· 最小/中心/最大：将旋转轴与图形的最小、中心或最大范围对齐。

· 面片：产生一个可以折叠到面片对象中的对象。

· 网格：产生一个可以折叠到网格对象中的对象。

· NURBS：产生一个可以折叠到NURBS对象中的对象。

· 生成贴图坐标：将贴图坐标应用到车削对象中。当"度"的值小于360并启用"生成贴图坐标"时，应启用此选项，将另外的图坐标应用到末端封口中，并在每一封口上放置一个1×1的平铺图案。

· 真实世界贴图大小：控制应用于该对象的纹理贴图材质所使用的缩放方法。

· 生成材质ID：将不同的材质ID指定给车削对象侧面与封口。特别是，侧面ID为3，封口ID为1和2（当"度"的值小于360且车削对象是闭合图形时）。

· 使用图形ID：将材质ID指定给在车削产生的样条线中的线段，或指定给在NURBS车削产生的曲线子对象。

· 平滑：平滑车削图形。

5.5.3 倒角建模

"倒角"修改器用于将一个二维图形作为一个三维对象的基部，然后在此基础上挤出一种具有4个层次的立体图形对象，这4个层次可以通过参数设置来指定轮廓量。下面先举例说明倒角建模的一般方法：

（1）选择文本工具，输入如图5-84所示的文本。

（2）从"修改器列表"中选择"倒角"选项，即可通过倒角生成如图5-85所示的模型。

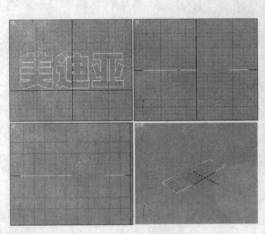
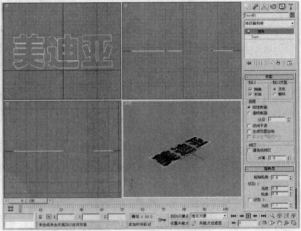

图5-84　输入文本　　　　　　　　　　　图5-85　倒角建模效果

（3）要更改倒角参数，可以在"倒角值"卷展栏中进行，如图5-86所示。

（4）要更好地观察倒角效果，可以选择窗口右下角的【弧形旋转】工具 ，然后在视口中拖动鼠标调整视角，如图5-87所示。

在"倒角"修改器面板的"参数"卷展栏中主要的选项有：

· 始端：用对象的最低局部Z值（底部）对末端进行封口。

· 末端：用对象的最高局部Z值（底部）对末端进行封口。

· 变形：为变形创建合适的封口曲面。

· 栅格：在栅格图案中创建封口曲面。

· 线性侧面：激活此项后，级别之间会沿着一条直线进行分段插值。

· 曲线侧面：激活此项后，级别之间会沿着一条Bezier曲线进行分段插值。对于可见曲率，使用曲线侧面的多个分段。

· 分段：在每个级别之间设置中级分段的数量。

· 级间平滑：控制是否将平滑组应用于倒角对象侧面。

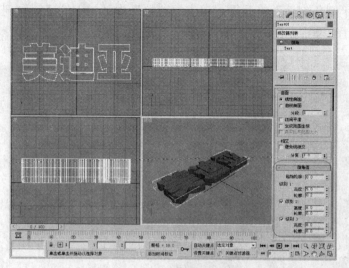

图5-86　设置倒角参数

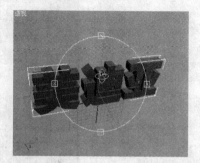

图5-87　调整视角

· 避免线相交：防止轮廓彼此相交。它通过在轮廓中插入额外的顶点并用一条平直的线段覆盖锐角来实现。

· 分离：设置边之间所保持的距离。

在"倒角值"卷展栏中包含设置高度和4个级别的倒角量的参数，主要选项有：

· 起始轮廓：设置轮廓到原始图形的偏移距离。

· 级别1的高度：设置级别1在起始级别之上的距离。

· 级别1的轮廓：设置级别1的轮廓到起始轮廓的偏移距离。

· 级别2的高度：设置级别1之上的距离。

· 级别2的轮廓：设置级别2的轮廓到级别1的轮廓的偏移距离。

· 级别3的高度：设置到前一级别之上的距离。

· 级别3的轮廓：设置级别3的轮廓到前一级别的轮廓的偏移距离。

5.5.4　倒角剖面建模

与"倒角"修改器完全不同，"倒角剖面"修改器是使用另一个图形的路径作为"倒角截剖面"，从而挤出一个图形。下面也举例说明倒角剖面建模的一般方法：

（1）在"顶"视口中绘制一个用于倒角剖面建模的图形，如图5-88所示。

（2）在"前"视口中，再绘制一个用于倒角剖面的图形，如图5-89所示。

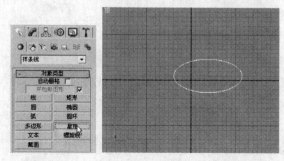

图5-88　绘制图形

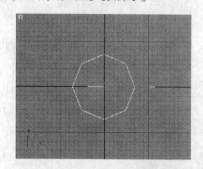

图5-89　用于倒角剖面的图形

（3）选择八边形图形，选择"倒角剖面"修改器，单击"参数"卷展栏上的【拾取剖面】按钮，拾取图中的椭圆形，如图5-90所示。

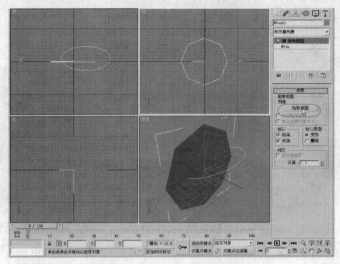

图5-90　选择修改器并拾取图形

（4）释放鼠标，即可生成倒角剖面模型，如图5-91所示。

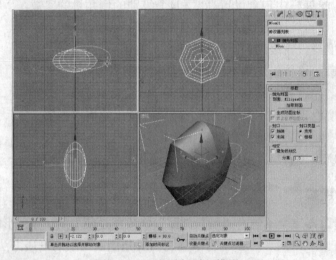

图5-91　生成倒角剖面模型

（5）在"参数"卷展栏中修改倒角剖面参数，即可改变模型的形状，如图5-92所示。

在"倒角剖面"修改器的"参数"卷展栏中，主要提供了以下参数：

· 拾取剖面：选中一个图形或NURBS曲线来用于剖面路径。

· 生成贴图坐标：指定UV坐标。

· 真实世界贴图大小：控制应用于该对象的纹理贴图材质所使用的缩放方法。

· 始端：对挤出图形的底部进行封口。

· 末端：对挤出图形的顶部进行封口。

· 变形：选中一个确定性的封口方法，为对象间的变形提供相等数量的顶点。

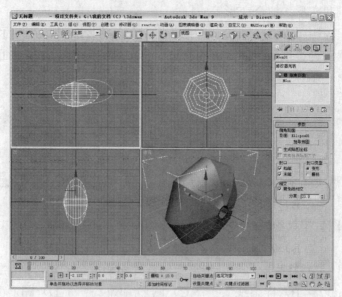

图5-92　更改参数效果

- 栅格：创建更适合封口变形的栅格封口。
- 避免线相交：防止倒角曲面自相交。
- 分离：设定侧面为防止相交而分开的距离。

本章要点小结

本章介绍了由二维图形生成三维模型的相关概念和具体操作方法，下面简要对本章的重点内容进行小结：

（1）二维图形是一种由曲线或直线组成的平面对象，调整图形的顶点，就能使曲线的某条线段产生形变。3ds Max 2009提供了11种基本样条线图形对象和两种NURBS曲线，还提供了5种扩展样条线图形对象。

（2）选择样条线创建工具，可以绘制出由一条或多条样条线组合而成的图形。绘制图形后，可以通过放样等方法来生成三维模型，也可以使用挤出、车削、倒角或倒角剖面等修改器来创建三维模型。

（3）标准图形绘制工具包括【线】、【矩形】、【圆】、【椭圆】、【弧】、【圆环】、【多边形】、【星形】、【文本】、【螺旋线】和【截面】11种。

（4）绘制二维图形后，可以利用相应的修改器来编辑和修改图形的属性及外观。比如，使用"编辑样条线"修改器，可以将需要结合的图形组合成复合二维图形。此外，使用"编辑样条线"修改器，可以调整图形的顶点、线段以及曲线的曲度。

（5）放样是指将一个截面沿着一条路径进行伸展，从而生成复杂的三维物体的过程。进行放样操作时，至少要先创建两个或以上的二维图形，其中一个图形作为放样路径，另一个作为放样的截面。用做放样的截面可以是多个，但用做放样的路径只能有一条。对于放样生成的三维对象，可以通过对路径和截面的调整或变形来进行修改，包括变比变形、扭曲变形、倾斜变形、倒角变形、拟合变形等。

（6）使用修改器中提供的二维变三维修改器，可以将二维图形变换为复杂的三维图形。二维变三维修改器的种类很多，最常用的有挤出、车削、倒角和倒角剖面等。

习题

选择题

（1）二维图形实际上是由多条曲线通过（　　）的连接组合而成的。

A）点　　　　　　　B）线段　　　　　　C）点和线段　　　　D）节点

（2）使用【圆】工具绘制的闭合圆形样条线由（　　）个顶点组成。

A）1　　　　　　　　B）2　　　　　　　　C）3　　　　　　　　D）4

（3）使用（　　）修改器，可以将需要结合的图形组合成复合二维图形。

A）编辑样条线　　　B）样条线　　　　　C）图形编辑　　　　D）图形变形

（4）将一个截面沿着一条路径进行伸展，从而生成复杂的三维物体的过程称为（　　）。

A）延伸　　　　　　B）复合　　　　　　C）放样　　　　　　D）倒角

（5）"车削"修改器通过（　　）的方法，将图形或NURBS曲线转换为三维对象。

A）倾斜　　　　　　B）变换角度　　　　C）变更视图　　　　D）绕轴旋转

（6）（　　）修改器使用另一个图形的路径作为"倒角截剖面"，从而挤出一个图形。

A）倒角剖面　　　　B）倒角　　　　　　C）剖面　　　　　　D）倒角截剖面

填空题

（1）二维图形是一种由＿＿＿＿组成的平面对象。在3ds Max中，可以绘制和编辑处理由＿＿＿＿、扩展样条线和＿＿＿＿组成的二维图形，然后再通过特殊的方法，将这些二维图形转换为三维模型。

（2）自由式的样条线包括＿＿＿＿及其组合。

（3）二维绘图工具的命令面板上除"名称和颜色"卷展栏和"键盘输入"卷展栏外，还有"＿＿＿＿"卷展栏、"＿＿＿＿"卷展栏和"＿＿＿＿"卷展栏。

（4）截面可以通过＿＿＿＿对象基于横截面切片生成其他形状。

（5）如果要分解一个已经通过【附加】命令结合在一起的复合二维图形，可以利用＿＿＿＿功能来实现。

（6）使用"编辑样条线"修改器，可以调整图形的＿＿＿＿以及曲线的曲度。

（7）进行放样操作时，至少要先创建两个或以上的二维图形，其中一个图形作为＿＿＿＿，另一个作为＿＿＿＿。

（8）对于放样生成的三维对象，可以通过对路径和截面的调整或变形来进行修改，包括＿＿＿＿变形、扭曲变形、＿＿＿＿变形、倒角变形、＿＿＿＿变形等。

（9）对于二维图形，可以使用＿＿＿＿的方法来产生厚度，从而生成实体模型。

（10）"倒角"修改器用于将一个二维图形作为一个三维对象的_____，然后在此基础上挤出一种具有4个层次的立体图形对象，这4个层次可以通过参数设置来指定_____。

简答题

（1）在三维设计过程中，绘制二维图形的目的是什么？

（2）如何通过二维图形进行建模？

（3）常用的二维图形绘制工具有哪些？举例说明二维图形绘制工具的用法。

（4）如何创建和分离二维图形？如何对二维图形的顶点进行编辑？

（5）什么是放样？如何通过放样的方法进行建模？

（6）如何修改和变形放样生成的模型？试举例说明。

（7）举例说明挤出、车削、倒角和倒角剖面建模的特点及具体建模方法。

第6章 曲面建模初步

曲面是一种由很多小平面"拼接"而成的没有厚度的平面。与几何体建模方式相比，曲面建模方式显得更加自由，能够通过对各种曲面的调整实现复杂模型的精确建模。本章将介绍曲面建模的初步知识。通过学习，可以掌握以下应知知识和应会技能：

- 掌握网格建模的基本方法。
- 初步面片建模的基本方法。
- 初步掌握多边形建模的基本方法。
- 初步掌握NURBS建模的基本方法。

6.1 网格建模

可编辑网格是一种特殊的可变形对象，可以通过对网格的点、边线、面、多边形和元素的调整来控制对象的外观。可以将普通实体对象、NURBS或面片曲面转换为可编辑网格，常用于精度要求不高的对象建模。

6.1.1 网格建模的一般方法

网格建模的过程比较简单，下面通过一个简单的实例说明。

（1）绘制如图6-1所示的圆柱体。

（2）右击圆柱体对象，从出现的快捷菜单中选择【转换为】|【转换为可编辑网格】命令，将圆柱体对象转换为可编辑网格，如图6-2所示。

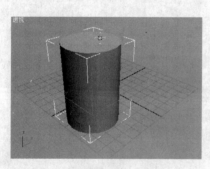

图6-1 圆柱体

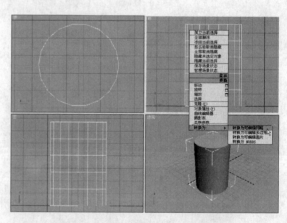

图6-2 将圆柱体转换为可编辑网格

（3）将圆柱体转换为可编辑网格后，将自动在编辑修改器中添加一个"可编辑网格"修改器，如图6-3所示。利用其中的选项，可以很方便地更改对象的外观。

（4）选中"顶点"子层级，对象上将显示出如图6-4所示的网格顶点。

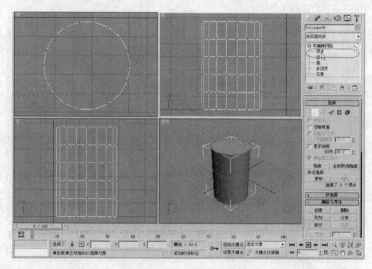

图6-3　"可编辑网格"修改器　　　　　　　　　　　图6-4　网格顶点

（5）选择【移动】工具，可以对顶点进行移动，从而更改对象的外观，如图6-5所示。

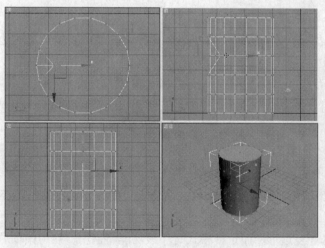

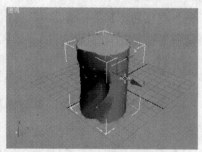

图6-5　移动顶点

（6）在修改器堆栈中选择"边"选项后，可以使用【移动】工具来移动网格的边，从而实现对象的调整，如图6-6所示。

（7）用同样的方法可以调整网格的面、多边形和元素。

6.1.2　可编辑网格的主要操作命令

在"可编辑网格"修改器面板中提供了"选择"、"软选项"、"编辑几何体"和"曲面属性"等卷展栏，可以利用其中的选项来编辑网格。

1. "选择" 卷展栏

如图6-7所示的"选择"卷展栏中提供了子对象层级选择按钮，以及控制柄、显示设置和与选定条目相关的信息。

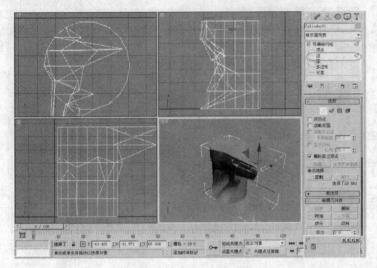

图6-6　调整网格的边　　　　　　　　　　图6-7　"选择"卷展栏

主要的选项有：

· 【顶点】按钮：用于选择"顶点"子对象层级。

· 【边】按钮：用于选择"边"子对象层级，以便选择光标下的面或者多边形的边。在"边"子对象层级中选定的隐藏边将显示为虚线，可以做更精确的选择。

· 【面】按钮：用于启用"面"子对象层级，从而选择对象的三角面。

· 【多边形】按钮：用于启用"多边形"子对象层级，以便选择所有共面的面（由"平面阈值"微调器中的值定义）。

· 【元素】按钮：用于启用"元素"子对象层级，从而选择对象中所有的相邻面。

· "按顶点"复选项：选中该项后，在单击顶点时将选中任何使用此顶点的子对象。

· "忽略背面"复选项：选中该项后，选定子对象只会选择视口中显示其法线的那些子对象。

· "忽略可见边"复选项：选择"多边形"面选择模式时，该功能将启用。启用该项后，面选择将忽略可见边。

· "平面阈值"选项：用于设置阈值的值，该值决定对于"多边形"面选择来说哪些面是共面。

· "显示法线"复选项：选中该项，在视口中显示出蓝色的法线。

· "比例"选项：用于设置视口中显示的法线比例。

· "删除孤立顶点"复选项：选中该项，在删除子对象的连续选择时，将消除任何孤立顶点。孤立顶点是指没有与之相关的面几何体的顶点。

· 【隐藏】按钮：单击该按钮，可隐藏任何选定的子对象。

· 【全部取消隐藏】按钮：取消对任何对象的隐藏。

2."软选择"卷展栏

如图6-8所示的"软选择"卷展栏可以将选定区域与对象的其他区域混合。在对子对象进行变换时,场景中被部分选定的子对象就会平滑衰减,变换效果主要取决于"边距离"、"衰减"等参数。其中主要的选项有:

· "使用软选择"复选项:用于决定是否开启软选择功能。启用该选项后,会自动为当前选择旁边的未选择的子对象指定部分选择值。

· "边距离"选项:启用该选项,可以将软选择限制到指定的面数。

· "影响背面"选项:启用该选项,那些法线方向与选定子对象平均法线方向相反的、取消选择的面就会受到软选择的影响。

· "衰减"选项:用于设置影响区域的距离,它是用当前单位表示的从中心到球体的边的距离。

· "收缩"选项:沿着垂直轴提高并降低曲线的顶点。

· "膨胀"选项:沿着垂直轴展开和收缩曲线。

· 软选择曲线图:用图形方式显示"软选择"的工作过程。

3."编辑几何体"卷展栏

如图6-9所示的"编辑几何体"卷展栏中提供了对网格几何体进行编辑和修改的控件,其中的可用控件取决于当前处于活动状态的层级。其中主要的选项有:

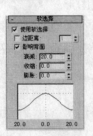

图6-8 "软选择"卷展栏

图6-9 "编辑几何体"卷展栏

· 【创建】按钮:用于将子对象添加到单个选定的网格对象中。

· 【删除】按钮:用于删除选定子对象及附加在其上面的任何面。

· 【附加】按钮:用于将场景中的另一个对象附加到选定的网格对象。

· 【分离】按钮:用于将选定子对象作为单独的对象或元素进行分离。

· 【断开】按钮:用于为每个附加到选定顶点的面创建新的顶点。

· 【改向】按钮:用于在边的范围内对边进行旋转。

· 【挤出】按钮及数值框:用于挤出边或面。

· 【切角】按钮及数值框:用于对对象角进行倒角。

- "法线"选项组：用于选择挤出多于一条边的选择集的方式。选择"组"选项，将沿每个边的连续组（线）的平均法线执行挤出操作；选择"局部"选项，将沿着每个选定面的法线方向进行挤出处理。
- 【切片平面】按钮：用于创建切片平面。
- 【切片】按钮：用于在切片平面位置处执行切片操作。
- 【剪切】按钮：用于通过切分边来创建新边。
- "分割"选项：选中该项，将通过"切片"和"切割"操作在划分边的位置处的点创建两个顶点集。
- "优化端点"选项：选中该项，由附加顶点切分剪切末端的相邻面，以使曲面保持连续性。
- 【选定项】按钮及数值框：用于焊接在"焊接"数值框中指定的公差范围内的选定顶点。
- 【目标】按钮及数值框：用于进入焊接模式，"目标"数值框可以设置鼠标光标与目标顶点之间的最大距离。
- 【细化】按钮及选项：用于细化选定的面。选择按"边"选项，可以在每边的中心处插入顶点，还可以绘制连接这些顶点的三条直线；选择按"面中心"选项，可以向每个面的中心处添加顶点，还可以绘制三条从该顶点到三个原始顶点的连线。
- 【炸开】按钮及选项：用于根据边所在的角度将选定面炸开为多个元素或对象。其右侧的角度阈值用于指定面与面之间的角度；到"对象"或到"元素"选项用于指定炸开的面是否变成当前对象的单独对象或元素。
- 【删除孤立顶点】按钮：用于删除对象中所有的孤立顶点。
- 【选择开放边】按钮：用于选择所有只有一个面的边。
- 【从边创建图形】按钮：用于从选定的边创建样条线图形。
- 【视图对齐】按钮：用于将选定对象或子对象中的所有顶点与活动视口平面对齐。
- 【栅格对齐】按钮：用于将选定对象或子对象中的所有顶点与当前视口平面对齐。
- 【平面化】按钮：用于强制所有选定的子对象共面。
- 【塌陷】按钮：用于将选定子对象塌陷为平均顶点。

6.2 面片建模

面片是根据样条线边界形成的Bezier表面，面片建模也是一种将二维图形结合起来形成三维几何体的方法，它主要针对基本的三角形面片和四边形面片进行编辑修改来实现复杂造型的建模。

6.2.1 创建面片表面

创建面片的方法很简单，只需在"创建"面板中选择"几何体"类型，再从下拉列表中选择【面片栅格】选项，即可出现如图6-10所示的面片创建面板。

在"对象类型"卷展栏中提供了3个选项：

- "自动栅格"复选项：选中该项，将使用曲面法线作为平面来创建面片。
- 【四边形面片】按钮：用于创建带有默认36个可见的矩形面的平面栅格。
- 【三角形面片】按钮：用于创建具有72个三角形面的平面栅格。

1. 创建四边形面片

在"对象类型"卷展栏中选择【四边形面片】工具，在任意视口中拖动鼠标，即可创建四边形面片，如图6-11所示。

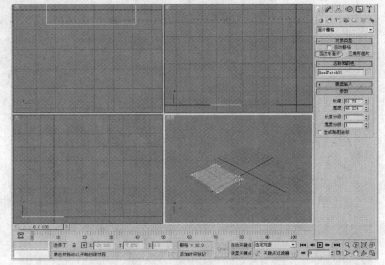

图6-10　面片创建面板　　　　　　　　　图6-11　创建四边形面片

四边形面片的主要参数有：

- "名称和颜色"卷展栏：用于为对象重命名，更改其线框颜色。
- "长度"/"宽度"选项：用于以当前单位设置栅格尺寸。
- "长度分段"/"宽度分段"选项：用于沿栅格的长度和宽度确定面数。增加分段，"四边形面片"的密度将增加。
- "生成贴图坐标"复选项：用于创建贴图坐标，以便应用贴图材质。

2. 创建三角形面片

在"对象类型"卷展栏中选择【三角形面片】工具，在任意视口中拖动鼠标，即可创建三角形面片，如图6-12所示。

其参数选项主要有：

- "长度"选项：用于设置面片长度。
- "宽度"选项：用于设置面片宽度。

6.2.2　编辑面片

可以将使用【四边形面片】和【三角形面片】工具创建的基本面片栅格转化为可编辑面片对象。可编辑面片具有各种控件，使用这些控件可以直接控制面片和其子对象。选中要编辑的面片后，选择【修改器】|【面片/样条线编辑】|【编辑面片】命令，即可将当前面片转化为可编辑面片对象，并出现如图6-13所示的修改器。

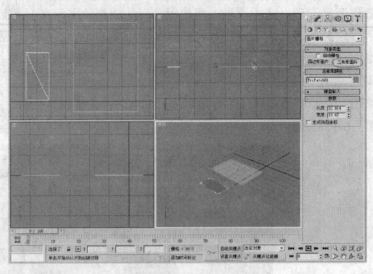

图6-12　创建三角形面片

1. "选择"卷展栏

展开"选择"卷展栏，将出现如图6-14所示的选项。其中，主要的选项有：

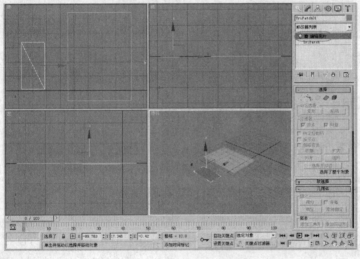

图6-13　"编辑面片"修改器

图6-14　"选择"卷展栏

· 【顶点】按钮：用于选择面片对象中的顶点控制点及其向量控制柄。选择"顶点"层级，可以对顶点执行焊接和删除操作。

· 【控制柄】按钮：用于选择与每个顶点有关的向量控制柄。选择"控制柄"层级，可以对控制柄进行操作。

· 【边】按钮：用于选择面片对象的边界边。选择"边"层级，可以细分边，还可以向开放的边添加新的面片。

· 【面片】按钮：用于选择整个面片。选择"面片"层级，可以分离或删除面片，还可以细分其曲面。

- 【元素】按钮 ：用于选择和编辑整个元素。
- 【复制】按钮：用于将命名子对象选择置于复制缓冲区。
- 【粘贴】按钮：用于从复制缓冲区中粘贴命名的子对象选择。
- "顶点"复选项：选中该项，可以选择和移动顶点。
- "向量"复选项：选中该项，可以选择和移动向量。
- "锁定控制柄"选项：选中该项，能将切线向量锁定在一起。锁定后，在移动一个向量时，其他向量会随之移动。
- "按顶点"选项：选中该项，将会选中使用该顶点的所有控制柄、边或面片。
- "忽略背面"选项：选中该项，在选定子对象时只会选择视口中显示其法线的那些子对象。
- 【收缩】按钮：通过取消选择最外部的子对象缩小子对象的选择区域。
- 【扩大】按钮：向所有可用方向外侧扩展选择区域。
- 【环形】按钮：通过选择所有平行于选中边的边来扩展边选择。
- 【循环】按钮：在与选中边相对齐的同时，尽可能远地扩展选择。
- 【选择开放边】按钮：选择只由一个面片使用的所有边。

2. "软选择"卷展栏

如图6-15所示的"软选择"卷展栏用于部分选择邻接处的子对象。其中的主要选项有：

- "使用软选择"复选项：选中该选项，会将样条线曲线变形应用到进行变化的选择周围的未选定子对象上。
- "边距离"选项：选中该选项，可以将软选择限制到指定的面数。
- "影响背面"选项：选中该选项，法线方向与选定子对象平均法线方向相反的、取消选择的面将会受到软选择的影响。
- "衰减"选项：用于定义影响区域的距离。
- "收缩"选项：用于沿垂直轴提高并降低曲线的顶点。
- "膨胀"选项：用于沿垂直轴展开和收缩曲线。
- 软选择曲线图：以图形的方式显示"软选择"的工作方式。
- 【明暗处理面切换】按钮：用于显示颜色渐变，它与软选择范围内面上的软选择权重相对应。

3. "几何体"卷展栏

如图6-16所示的"几何体"卷展栏提供的控件主要用于编辑面片对象及其子对象。可以在对象（最高）层级或子对象层级更改面片几何体。其中的多数选项与"可编辑网格"修改器的"编辑几何体"卷展栏相同。

4. "曲面属性"卷展栏

如图6-17所示的"曲面属性"卷展栏中的控件主要用于修改对象的渲染特性。

图6-15 "软选择"卷展栏　　　图6-16 "几何体"卷展栏　　　图6-17 "曲面属性"卷展栏

6.3 多边形建模

多边形建模与网格建模的过程相似，可以先将一个对象转化为可编辑的多边形对象，然后通过对多边形对象的顶点、边、边界、多边形面和元素等对象进行编辑和修改来实现建模。

6.3.1 将对象转换为可编辑多边形

创建任意三维对象后，右击要转换为可编辑多边形的对象，从出现的快捷菜单中选择【转换为】|【转换为可编辑多边形】命令，即可将对象转换为可编辑多边形对象。转换后，将自动添加"可编辑多边形"修改器，如图6-18所示。

利用"可编辑多边形"修改器面板，可以对顶点、边、边界、多边形和元素等子对象层级进行编辑和操作。与三角形面不同，多边形对象的面包含了任意数目的顶点。还可以任意变换或对选定内容执行克隆操作。

6.3.2 "可编辑多边形"修改器

"可编辑多边形"修改器中主要提供了"选择"卷展栏、"软选择"卷展栏、"编辑几何体"卷展栏、"细分曲面"卷展栏、"细分置换"卷展栏和"绘制变形"卷展栏。

- "选择"卷展栏：用于选择要访问的子对象层级。
- "软选择"卷展栏：用于在选定子对象和取消选择的子对象之间应用平滑衰减。

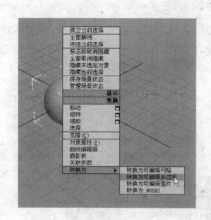
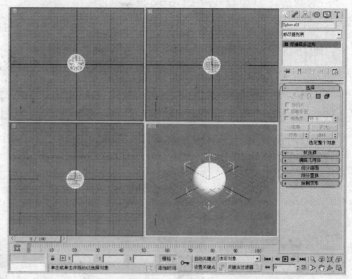

图6-18 将对象转换为可编辑多边形

- "编辑几何体"卷展栏：用于对可编辑的多边形对象及其子对象进行全局编辑。
- "细分曲面"卷展栏：用于将细分应用到"网格平滑"修改器格式的多边形网格。
- "细分置换"卷展栏：设置用于细分多边形网格的曲面近似设置。
- "绘制变形"卷展栏：用于将抬起和缩进的区域直接置入对象曲面。

6.4 NURBS建模

NURBS（非均匀有理数B-样条线）是一种非常优秀的建模方式，它比网格建模方式能够更好地控制物体表面的曲度，从而能够创建出更逼真、生动的造型。本节仅简要介绍NURBS建模的基本概念和基本建模方法。

6.4.1 创建NURBS对象

NURBS曲线和NURBS曲面在传统的制图领域是不存在的，是为使用计算机进行3D建模而专门建立的，在3D建模的内部空间用曲线和曲面来表现轮廓和外形。它们是用数学表达式构建的，NURBS数学表达式是一种复合体。创建NURBS模型的方法很多，常见的方法有以下几种：

- 利用"创建"面板的"图形"子面板创建NURBS曲线。
- 利用"创建"面板的"几何体"子面板创建NURBS曲面，然后利用"修改"面板对其进行更改。
- 将标准几何基本体转化为NURBS对象。
- 将环形结转化为NURBS对象。
- 将棱柱扩展基本体转化为NURBS对象。
- 将样条线对象（Bezier样条线）转化为NURBS对象。
- 将面片栅格对象（Bezier面片）转化为NURBS对象。

• 将放样对象转化为NURBS对象。

用以上方法创建的NURBS对象称为"开始"对象，可以利用"修改"面板来编辑这些对象，也可以使用NURBS工具箱来创建附加子对象。

下面先通过一个简单的示例说明使用NURBS曲线建模的方法。

（1）在"创建"面板中选择"图形"子面板，选择创建"NURBS曲线"，再从NURBS曲线的"对象类型"卷展栏中选择【点曲线】工具，如图6-19所示。

（2）在"前"视口中绘制如图6-20所示的线段，当出现"是否闭合曲线？"的提示后单击【是】按钮确认。

图6-19　选择【点曲线】工具

图6-20　绘制线段

（3）从NURBS工具箱中选择【创建车削曲面】工具，移动光标到视口中的曲线上，如图6-21所示。

（4）单击NURBS点曲线，即可生成如图6-22所示的模型。

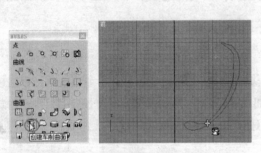

图6-21　选择工具并移动光标

图6-22　建模效果

6.4.2　创建NURBS曲面

NURBS曲面对象是NURBS模型的基础。使用"创建"面板创建的初始曲面是带有点或CV的平面。

1. 创建点曲面

创建点曲面的方法如下：

（1）在"创建"面板中选择"几何体"子面板，从下拉列表中选择"NURBS曲面"，如图6-23所示。

（2）选择【点曲线】工具，然后在视口中拖动鼠标，即可创建曲面，如图6-24所示。

（3）根据需要在"创建参数"卷展栏调整曲面的参数，如图6-25所示。

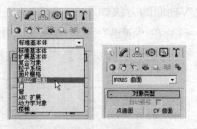

图6-23 调用NURBS曲面创建工具

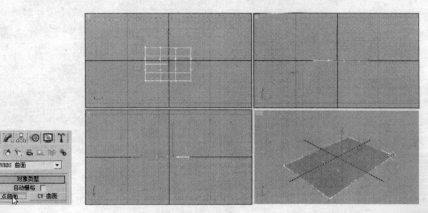

图6-24 绘制点曲面

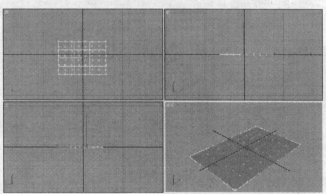

图6-25 调整曲面的参数

在"创建参数"卷展栏中主要有以下选项：

· 长度：曲面的长度。

· 宽度：曲面的宽度。

· 长度点数：曲面长度沿线的点数，也就是曲面中点列数的初始数。其范围为2～50。

· 宽度点数：曲面宽度沿线的点数，即曲面中点行数的初始数，其范围为2～50。

· 生成贴图坐标：选中该选项，可以将设置贴图的材质应用于曲面。

· 翻转法线：选中该选项，可以反转曲面法线的方向。

2. 创建CV曲面

CV曲面是NURBS曲面，它由控制顶点（CV）所控制。CV本身不在曲面上，但它们定义了一个控制晶格包住整个曲面。每个CV均有相应的权重，可以调整权重从而更改曲面形状。

创建CV曲面的方法如下：

（1）在"创建"面板中选择"几何体"子面板，从下拉列表中选择"NURBS曲面"。

（2）选择【CV曲面】工具，在视口中拖动鼠标即可创建曲面，如图6-26所示。

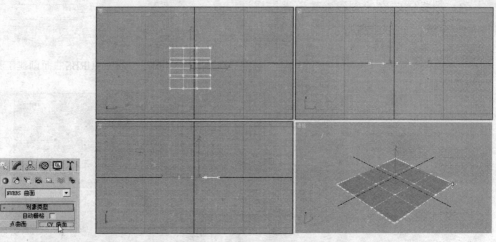

图6-26　创建CV曲面

（3）在"创建参数"卷展栏中调整曲面的创建参数，如图6-27所示。

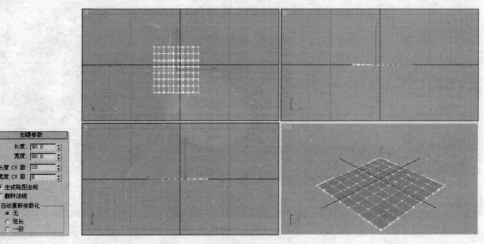

图6-27　调整曲面的创建参数

点曲面和CV曲面的"创建参数"卷展栏中的主要参数是相同的。但CV曲面新增了一个"自动重新参数化"组，该组参数用于进行自动重新参数化。选择重新参数化，曲面将在编辑时保持其参数化；不选择重新参数化，在编辑曲面时将不更改其参数化，而曲面可能变为非法。

· 无：不重新参数化。

· 弦长：选择重新参数化的弦长算法。

· 一致：均匀隔开各个结。

6.4.3　编辑NURBS对象

NURBS曲面创建完成后，可以在"NURBS曲面"修改器面板中进行修改，如图6-28所示为"NURBS曲面"修改器面板。

下面简要介绍其中两个卷展栏和子修改器面板。

1. "常规"卷展栏

如图6-29所示的"常规"卷展栏中提供了以下选项：

- 【附加】按钮：用于将另一个对象附加到NURBS对象上。
- 【附加多个】按钮：用于将多个对象附加到NURBS曲面上。
- "重新定向"复选项：用于移动并重新定向正在附加或导入的对象。
- 【导入】按钮：用于将另一个对象导入到NURBS对象上。
- 【导入多个】按钮：用于导入多个对象，该按钮与"附加多个"的操作相似，但导入对象时保留被导入对象原有的参数和修改器。

在"显示"组中提供了以下复选项：

- "晶格"选项：选中该选项，将以黄色线条显示控制晶格。
- "曲线"选项：选中该选项，将显示曲线。
- "曲面"选项：选中该选项，将显示曲面。
- "从属对象"选项：选中该选项，将显示从属子对象。
- "曲面修剪"选项：选中该选项，将显示曲面修剪。
- "变换降级"选项：选中该选项，将变换NURBS曲面，可以降级其着色视口中的显示以保存时间。

"曲面显示"组只对曲面有效，用于选择在视口中曲面的显示方式，其中提供了以下两个单选项：

- "分网格"选项：选中该选项后，NURBS曲面在着色视口中显示为细分非常精确的网格。
- "着色晶格"选项：选择该选项后，NURBS曲面在着色视口中显示为着色晶格。

2. "显示线参数"卷展栏

如图6-30所示的"显示线参数"卷展栏中提供了以下选项：

图6-28　"NURBS曲面"修改器面板　　　图6-29　"常规"卷展栏　　　图6-30　"显示线参数"卷展栏

• U向线数和V向线数：设置视口中用于近似NURBS曲面的线条树，分别沿着曲面的局部U向维度和V向维度。

• "仅等参线"选项：选中该选项，所有视口将显示曲面的等参线表示。

• "等参线和网格"选项：选中该选项，线框视口将显示曲面的等参线表示，而着色视口显示着色曲面。

• "仅网格"选项：选中该选项，线框视口将曲面显示为线框网格，而着色视口显示着色曲面。

3. NURBS工具箱

单击"NURBS曲面"修改器面板的"常规"卷展栏中的【NURBS创建工具箱】按钮，将出现如图6-31所示的工具箱。利用该工具箱可对点、曲线、曲面进行各种编辑。

4. 子物体修改器

在"NURBS曲面"修改器面板中还有对其子物体进行修改的修改器。NURBS的子物体包括曲面和点两个部分，在修改器堆栈中单击"曲面"选项，出现的是如图6-32所示的修改器；而单击"点"选项，则出现如图6-33所示的修改器。

图6-31　NURBS工具箱

图6-32　"曲面"修改器

图6-33　"点"修改器

本章要点小结

本章介绍了曲面建模初步的知识和基本建模方法，下面对本章的重点内容进行小结：

（1）网格建模、面片建模、多边形建模和NURBS建模等曲面建模方式比较自由，可以过对各种曲面的调整实现复杂模型的精确建模。

（2）可编辑网格可以通过对点、边线、面、多边形和元素的调整来控制对象的外观。可以将普通实体对象、NURBS或面片曲面转换为可编辑网格。在"可编辑网格"修改器面板中提供了"选择"、"软选项"、"编辑几何体"和"曲面属性"等卷展栏，可以利用其中的选项来编辑网格。

（3）面片是根据样条线边界形成的Bezier表面，面片建模也是一种将二维图形结合起来形成三维几何体的方法，它主要针对基本的三角形面片和四边形面片进行编辑修改来实现复杂造型的建模。"编辑面片"修改器面板中提供了"选择"、"软选项"、"几何体"和"曲面属性"等卷展栏，可以利用其中的选项来编辑面片。

（4）多边形建模与网格建模的过程相似，可以先将一个对象转化为可编辑的多边形对象，然后通过对多边形对象的顶点、边、边界、多边形面和元素等对象进行编辑和修改来实现建模。

（5）NURBS（非均匀有理数B-样条线）比网格建模方式能更好地控制物体表面的曲度，从而能够创建出更逼真、生动的造型。创建NURBS模型的方法很多，可以先创建"开始"对象，再利用"修改"面板来编辑这些对象，也可以使用NURBS工具箱来创建附加子对象。

习题

选择题

（1）曲面建模方式能够通过对各种曲面的调整实现（   ）模型的精确建模。

A）简单 　　　　　B）复杂 　　　　　C）建筑 　　　　　D）实体

（2）（   ）卷展栏用于将选定区域与对象的其他区域混合。

A）选择 　　　　　B）几何体 　　　　　C）软选择 　　　　　D）曲面属性

（3）面片是根据样条线边界形成的（   ）表面。

A）四边形 　　　　　B）三角形 　　　　　C）NURBS 　　　　　D）Bezier

（4）"编辑面片"修改器面板的"曲面属性"卷展栏中的控件主要用于修改对象的（   ）特性。

A）光照 　　　　　B）几何 　　　　　C）渲染 　　　　　D）栅格

填空题

（1）曲面是一种由很多_____而成的没有厚度的平面。

（2）可以将普通实体对象、NURBS或_____转换为可编辑网格。

（3）"可编辑网格"修改器面板的"选择"卷展栏中提供了_____选择按钮，以及控制柄、显示设置和与选定条目相关的信息。

（4）"可编辑网格"修改器面板的"编辑几何体"卷展栏中提供了对_____进行编辑和修改的控件，其中的可用控件取决于_____。

（5）四边形面片是一种默认为_____的平面栅格；三角形面片是一种具有_____的平面栅格。

（6）与三角形面不同，多边形对象的面包含了_____的顶点。

（7）NURBS建模方式比网格建模方式能够更好地控制物体表面的_____，从而能够创建出更逼真、生动的造型。

（8）CV曲面是一种NURBS曲面，它由_____所控制。

简答题

（1）什么是曲面建模？曲面建模有何优点？

（2）如何进行网格建模？

（3）"可编辑网格"修改器的主要选项有哪些？

（4）如何创建面片表面？如何编辑面片？

（5）如何将对象转换为可编辑多边形？

（6）"可编辑多边形"修改器提供了哪些主要选项？

（7）什么是NURBS？什么是NURBS建模？

（8）如何创建NURBS对象？如何创建NURBS曲面？

（9）举例说明NURBS对象的编辑方法。

第7章　配置材质和贴图

要使三维模型富有真实感和生气，必须为模型指定材质和贴图。其中，材质用于表现对象的表面特性，使对象呈现出不同的颜色、反光度和透明度，而指定到材质上的图形称为贴图，包含一个或多个图像的材质称为贴图材质。贴图可以模拟纹理、反射、折射和其他效果，也可以用做环境和投射灯光。本章将介绍材质与贴图的基础知识和具体应用。通过学习，可以掌握以下应知知识和应会技能：

- 熟练掌握"材质编辑器"的使用方法。
- 熟悉各种材质的参数设置方法。
- 初步掌握复合材质的应用方法。
- 掌握贴图的指定方法。
- 熟悉3ds Max 2009的贴图类型。

7.1 材质编辑器

材质是一种为对象的曲面或面指定的特殊数据，应用材质后，将对对象的颜色、光泽度和不透明度等产生重大影响。标准的材质主要由环境、漫反射和高光反射组件所组成。

7.1.1 材质编辑器的组成

材质编辑器用于创建和编辑材质与贴图。单击主工具栏上的【材质编辑器】图标 **33**，将出现如图7-1所示的"材质编辑器"对话框，其中提供了菜单栏、示例窗、工具栏和随材质/贴图类型的不同而不同的多个卷展栏。

1. 菜单栏

材质编辑器菜单栏中提供了调用各种材质编辑器工具的命令，包括以下4个：

- 【材质】菜单：提供了各种常用的"材质编辑器"工具。
- 【导航】菜单：提供了导航材质的层次的工具。
- 【选项】菜单：提供了一些附加的工具和显示选项。
- 【工具】菜单：提供贴图渲染和按材质选择对象工具。

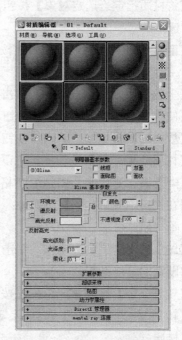

图7-1　"材质编辑器"对话框

2. 示例窗

示例窗用于保存和预览材质与贴图，每个窗口可以预览单个材质或贴图。材质编辑器提供了24个示例窗，右击示例窗的任意位置，可以从如图7-2所示的菜单中选择查看示例窗的方式。

默认情况下显示出6个示例窗，要一次查看15个示例窗，可以选择【5×3示例窗】选项；如果要查看全部24个示例窗，可以选择【6×4示例窗】选项。

3. 材质编辑器工具

材质编辑器工具是指材质编辑器示例窗下面和右侧的工具按钮及控件，如图7-3所示。使用这些工具，可以管理和更改贴图及材质。

图7-2 查看示例窗的方式

图7-3 材质编辑器工具

示例窗下方的工具按钮有：

· 【获取材质】按钮：单击该按钮，将出现"显示材质/贴图浏览器"对话框，使用该对话框可以选择材质或贴图。

· 【将材质放入场景】按钮：单击该按钮，可以在编辑材质之后更新场景中的材质。

· 【将材质指定给选定对象】按钮：单击该按钮，可将活动示例窗中的材质应用于场景中当前选定的对象。

· 【重置贴图/材质为默认设置】按钮：单击该按钮，可以重置活动示例窗中的贴图或材质的值。

· 【生成材质副本】按钮：单击该按钮，可以冷却当前的热示例窗。

· 【使唯一】按钮：单击该按钮，可以使贴图实例成为唯一的副本。

· 【放入库】按钮：单击该按钮，可以将选定的材质添加到当前库中。

· 【材质效果通道】按钮：可以从弹出的列表中选择选项，将材质标记为Video Post效果或渲染效果，或存储为RLA/RPF格式的渲染图像。

· 【在视口中显示贴图】按钮：单击该按钮，可以使用交互式渲染器来显示视口对象表面的贴图材质。

· 【显示最终结果】按钮：单击该按钮，可以查看所处级别的材质，而不查看所有其他贴图和设置的最终结果。

· 【转到父级】按钮：单击该按钮，可以在当前材质中向上移动一个层级。

· 【转到下一个同级项】按钮：单击该按钮，可以移动到当前材质中相同层级的下一个贴图或材质。

示例窗右侧的工具按钮有：

- 【采样类型】按钮◎：单击该按钮，可以选择要显示在活动示例窗中的几何体。
- 【背光】按钮◎：单击该按钮，可以将背光添加到活动示例窗中。
- 【图案背景】按钮▨：单击该按钮，可以将多颜色的方格背景添加到活动示例窗中。
- 【采样UV平铺】按钮▤：单击该按钮，可以在活动示例窗中调整采样对象上的贴图图案重复。
- 【视频颜色检查】按钮▦：单击该按钮，可以检查示例对象上的材质颜色是否超过安全NTSC或PAL阈值。
- 【生成预览、播放预览、保存预览】按钮▨：单击该按钮，可以在示例窗中预览动画贴图在对象上的效果。
- 【材质编辑器选项】按钮▣：单击该按钮，可以控制材质和贴图在示例窗中的显示方式。
- 【按材质选择】按钮▨：单击该按钮，可以基于材质编辑器中的活动材质选择场景中的对象。
- 【材质/贴图导航器】按钮▨：单击该按钮，可以通过材质中贴图的层次或复合材质中子材质的层次快速导航。

另外，使用【从对象拾取材质】按钮▨，可以从场景中的一个对象选择材质。

7.1.2 材质编辑器的使用

使用材质编辑器，可以很方便地为各种对象指定材质。为对象指定材质的方法如下：

（1）制作好对象模型，如图7-4所示。

（2）单击主工具栏上的【材质编辑器】图标▨，打开"材质编辑器"对话框，然后单击其中的【获取材质】按钮▨，如图7-5所示。

图7-4 创建对象

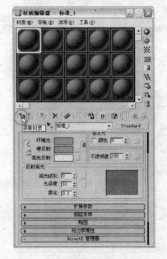

图7-5 单击【获取材质】按钮

（3）在出现的"材质/贴图浏览器"对话框中双击"光线跟踪"选项，使材质具有反射和折射效果，如图7-6所示。

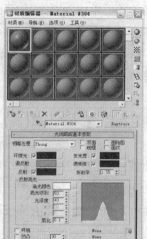

图7-6 设置"光线跟踪"材质

（4）单击"漫反射"选项后面的灰色小按钮，打开"材质/贴图浏览器"对话框，选中其中的"木材"选项，再单击【确定】按钮，为材质指定"木材"贴图，如图7-7所示。

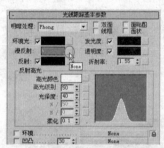

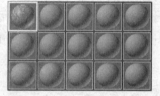

图7-7 为材质指定"木材"贴图

图7-8 选择要指定材质的对象

（5）在透视图中选中如图7-8所示的对象，其四周出现白色边框。

（6）确认材质编辑器中选中第1个示例窗，然后单击【将材质指定给选定对象】按钮，即可将当前激活的示例窗中的材质赋给所选取的场景对象，如图7-9所示。

（7）单击【在视口中显示贴图】按钮，使场景中的对象显示出对象表面的贴图，如图7-10所示。

（8）用同样的方法将同一材质指定给另一个对象，效果如图7-11所示。

（9）选择第1个示例窗，单击材质的"名称"域，将其名称修改为"木材"，如图7-12所示。

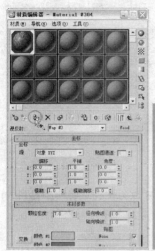

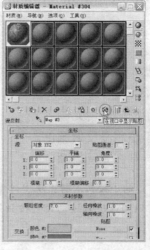

图7-9　指定材质　　　　　　　　　　　　　　　图7-10　显示贴图

材质分为热材质和冷材质两种类型。热材质是已经在场景中应用过的材质，在材质编辑器选中热材质示例窗时，示例窗四周会有一个白色小三角形标志，如图7-13所示。在改变热材质参数时，场景中的相应物体的材质会立即发生变化。而冷材质是指未应用于场景中的材质，改变冷材质时，场景对象不会发生相应的变化。

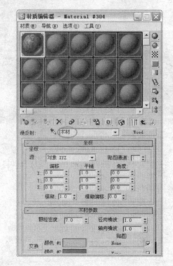
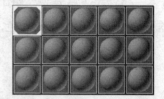

图7-11　为另一个对象指定材质　　　图7-12　改变材质名称　　　图7-13　热材质的标志

7.2　材质的参数设置

材质的参数选项很多，要精确配置和指定材质，就需要了解材质参数的含义，熟悉这些参数的设置方法。

7.2.1　标准材质的基本参数

材质编辑器在"Standard（标准）"模式下的"Blinn基本参数"卷展栏如图7-14所示。

该卷展栏提供了用于设置材质颜色、反光度、透明度等的控件，还可以指定用于材质的各种贴图。

1. 颜色控件

颜色控件用于设置颜色，只需单击"环境光"、"漫反射"或"高光反射"色样，即可在出现的"颜色选择器"对话框中设置颜色。

- 环境光：用于控制环境光颜色。
- 漫反射：用于控制漫反射颜色。
- 高光反射：控制高光反射颜色。

 提示 单击色样右边的小按钮，将出现"材质/贴图浏览器"对话框，可以为控件选择一个贴图。"漫反射"贴图选项右边的锁定按钮用于将"环境光"贴图锁定到"漫反射"贴图。

2. 自发光

"自发光"参数用于使材质从自身发光，为材质设置自发光效果的方法如下：

（1）选定要指定材质的对象，如图7-15所示。

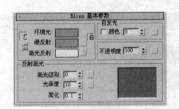

图7-14　"Blinn基本参数"卷展栏

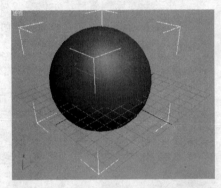

图7-15　原始对象

（2）在"自发光"组中，选中"颜色"选项，再单击色样图标，从出现的"颜色选择器"中，选择自发光的颜色，图7-16所示。

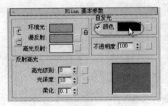

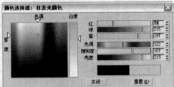

图7-16　设置自发光参数

（3）单击【将材质指定给选定对象】按钮 ，即可给对象指定自发光材质，如图7-17所示。

3. 不透明度

"不透明度"参数用于控制材质是不透明、透明还是半透明。降低材质的不透明度的方法很简单，只需选定对象后，在"不透明度"组中设置一个小于100%的参数，再将材质指定给选定对象即可，如图7-18所示。

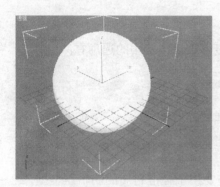

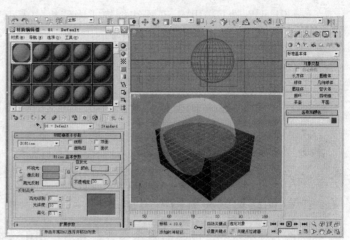

图7-17 指定自发光的效果 　　　　 图7-18 降低材质的不透明度

4. 高光控件

高光控件用于设置反射高光。其中，"高光级别"用于影响反射高光的强度；"光泽度"用于影响反射高光的大小；"柔化"用于柔化反射高光的效果，特别是由掠射光形成的反射高光；"高光图"使用曲线显式调整"高光级别"和"光泽度"值的效果。

例如，为一个对象指定材质后，更改"高光级别"值，对象的效果将发生明显的变化，如图7-19所示。

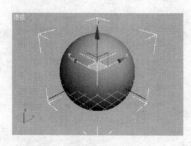

图7-19 设置高光

7.2.2 标准材质的扩展参数

使用如图7-20所示的"扩展参数"卷展栏，可对"Blinn基本参数"卷展栏中的参数做进一步的控制补充。

1. 高级透明参数设置

使用"高级透明"组中的参数，可以设置透明材质的不透明度衰减。其中各选项的含义如下：

- 衰减：选择在内部还是在外部进行衰减，以及衰减的程度。
- 类型：选择应用不透明度的方式。
- 折射率：设置折射贴图和光线跟踪所使用的折射率。

2. 线框参数设置

"线框"组中的参数可以设置线框的大小和度量方式。其中：

- "大小"选项：用于设置线框模式中线框的大小。
- "按"选项：用于选择度量线框的方式，可选择"像素"或"单位"两种方式来度量线框。

3. 反射暗淡参数设置

"反射暗淡"组中的参数用于使阴影中的反射贴图显得暗淡。其中的选项有：

- "应用"选项：启用该选项，可以反射暗淡。
- "暗淡级别"选项：用于设置阴影中的暗淡量。
- "反射级别"选项：用于设置不在阴影中的反射强度。

7.2.3 "明暗器基本参数"卷展栏

如图7-21所示的"明暗器基本参数"卷展栏用于选择要用于标准材质的明暗器类型。

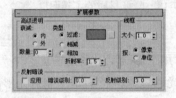

图7-20 "扩展参数"卷展栏

图7-21 "明暗器基本参数"卷展栏

1. 明暗器下拉列表

明暗器下拉列表中提供了以下8种明暗器：

- 各向异性：适用于椭圆形表面，这种情况有"各向异性"高光。如果为头发、玻璃或磨砂金属建模，这些高光很有用。
- Blinn：适用于圆形物体。
- 金属：适用于金属表面。
- 多层：适用于比各向异性更复杂的高光。
- Oren-Nayar-Blinn：适用于无光表面（如纤维或赤土）。
- Phong：适用于具有强度很高的、圆形高光的表面。
- Strauss：适用于金属和非金属表面。Strauss明暗器的界面比其他明暗器的简单。
- 半透明：与Blinn着色类似，"半透明"明暗器也可用于指定半透明，这种情况下光线穿过材质时会散开。

2. 其他复选项

"明暗器基本参数"卷展栏中还提供了以下几个复选项：

- 线框：以线框模式渲染材质。
- 双面：将材质应用到选定面的双面。
- 面贴图：将材质应用到几何体的各面。
- 面状：就像表面是平面一样，渲染表面的每一面。

7.2.4 "贴图"卷展栏

如图7-22所示的"贴图"卷展栏用于为材质的各个组件指定贴图。指定贴图的方法如下：

（1）在场景中创建一个对象，将后将第1个示例窗的材质指定给对象，再单击"材质编辑器"对话框中的【在视口中显示贴图】图标，如图7-23所示。

图7-22 "贴图"卷展栏

图7-23 为对象指定材质

（2）在"贴图"卷展栏中，单击一个贴图按钮，打开"材质/贴图浏览器"对话框，如图7-24所示。

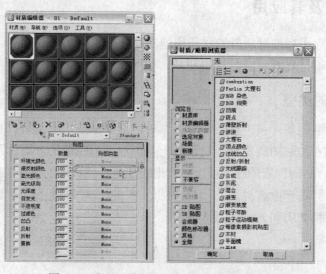

图7-24 打开"材质/贴图浏览器"对话框

（3）双击"灰泥"贴图，即可将该贴图应用于场景中的对象，如图7-25所示。

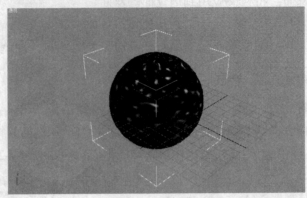

图7-25　指定贴图

7.2.5　"动力学属性"卷展栏

如图7-26所示的"动力学属性"卷展栏用于指定影响对象的动画与其他对象碰撞时的曲面属性，其效果由如下动力学参数控制：

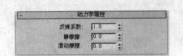

图7-26　"动力学属性"卷展栏

• "反弹系数"数值框：用于设置撞击曲面之后对象反弹的范围。设置的值越大，反弹越大。

• "静摩擦"数值框：用于设置对象沿着曲面移动时的难度。设置的值越大，移动的难度越大。

• "滑动摩擦"数值框：用于设置对象在曲面上保持移动状态的难度。设置的值越大，对象保持移动状态越难。

7.3　复合材质及其应用

复合材质是指除了标准材质外的材质类型。复合材质由两个或两个以上的子材质通过一定方法组合而成。子材质既可以是标准材质，也可以是复合材质。

7.3.1　复合材质的类型

复合材质的类型很多。在"材质编辑器"对话框中单击水平工具栏右侧的【获取材质】按钮，将出现"材质/贴图浏览器"对话框。在该对话框左侧的"显示"选项组中选中"材质"选项，取消对"贴图"选项的选择，所列出的便是系统预置的材质类型，如图7-27所示。其中，主要的复合材质有虫漆材质、顶/底材质、多维/子对象材质、光线跟踪材质、合成材质、混合材质、双面材质和无光/投影材质等。

7.3.2 虫漆材质

虫漆材质使用加法合成将一种材质叠加到另一种材质上，并可通过虫漆颜色对两者的混合效果做出调整。在"材质/贴图浏览器"对话框中双击"虫漆"选项即可在"材质编辑器"对话框中出现"虫漆基本参数"卷展栏，如图7-28所示。

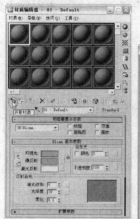   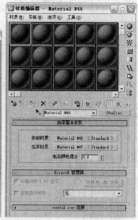

图7-27　材质类型　　　　　　　　　　　图7-28　"虫漆基本参数"卷展栏

"虫漆基本参数"卷展栏中主要选项的含义如下：

- "基础材质"选项：单击其右侧的按钮，可以进入标准材质编辑器。
- "虫漆材质"选项：单击其右侧的按钮，可以进入虫漆材质编辑器。
- "虫漆颜色混合"选项：通过百分比控制上述两种材质的混合度。

7.3.3 顶/底材质

顶/底材质用于为对象的顶部和底部指定不同的材质。在"材质/贴图浏览器"对话框中双击"顶/底"选项即可在"材质编辑器"对话框中出现"顶/底基本参数"卷展栏，如图7-29所示。

"顶/底基本参数"卷展栏中主要选项的含义如下：

- "顶材质"选项：单击其右侧的按钮将直接进入标准材质编辑器，可以对顶材质进行设置。
- "底材质"选项：单击其右侧的按钮将直接进入标准材质编辑器，可以对底材质进行设置。
- 【交换】按钮：单击该按钮可以把两种材质进行颠倒。即将顶材质置换为底材质，将底材质置换为顶材质。
- "坐标"选项组：用于选择坐标系，设定为"世界"，对象发生变化（如旋转）时，物体的材质将保持不变；设定为"局部"时，旋转变化等将带动物体的材质一起旋转。
- "混合"选项：用于决定上下材质的融合程度。数值为0时，不进行融合；为100时将完全融合。

• "位置"选项：用于决定上下材质的显示状态。数值为0时，只显示第1种材质；为100时，只显示第2种材质。

7.3.4 多维/子对象材质

多维/子对象材质使用子对象层级，根据材质的ID值，将多种材质指定给单个对象。在"材质/贴图浏览器"对话框中双击"多维/子对象"选项即可在"材质编辑器"对话框中出现"多维/子对象基本参数"卷展栏，如图7-30所示。

图7-29 "顶/底基本参数"卷展栏　　　　　图7-30 "多维/子对象基本参数"卷展栏

"多维/子对象基本参数"卷展栏中主要选项的含义如下：

• 【设置数量】按钮：用于设置对象子材质的数目，系统默认的数目为10个。

• "子材质"选项：用于设置子材质。设置时，单击下方参数区中的按钮进入子材质的编辑层级，对子材质进行编辑。单击按钮右边的颜色框，能够改变子材质的颜色，而最右边的复选框决定是否使当前子材质发生作用。

7.3.5 光线跟踪材质

光线跟踪材质具有标准材质的全部特点，并能真实反映光线的反射和折射效果。光线跟踪材质尽管效果很好但需要较长的渲染时间。在"材质/贴图浏览器"对话框中双击"光线跟踪"选项即可在"材质编辑器"对话框中出现"光线跟踪基本参数"卷展栏，如图7-31所示。

"光线跟踪基本参数"卷展栏中主要选项的含义如下：

• "着色"选项：光线跟踪材质提供了4种渲染方式。选择"双面"选项，光线跟踪材质将在内外表面上均进行渲染；选择"面贴图"选项，将决定是否将材质赋予对象的所有表面；选择"线框"选项，可以将对象设为线框结构；选中"面贴图"选项，就像表面是平面一样，渲染表面的每一面。

• "环境光"选项：用于控制环境光吸收系数，默认设置为黑色。

• "漫反射"选项：用于设置漫反射颜色。

• "反射"选项：用于设置反射颜色，默认设置为黑色（无反射）。

• "发光度"选项：与标准材质的"自发光"选项相似，但它不依赖于漫反射颜色。蓝色的漫反射对象可以具有红色的发光度。

• "透明度"选项：与标准材质的"不透明度"选项相似，类似于基本材质的透射灯光的过滤色。

• "折射率"选项：用于控制材质折射透射光的程度。

• "反射高光"组：用于影响反射高光的外观。其中，"高光颜色"选项用于设置高光的颜色，单击色样，可以显示颜色选择器并更改高光颜色，单击贴图按钮，可将贴图指定给高光颜色。

• "环境"选项：用于指定覆盖全局环境贴图的环境贴图。

• "锁定"按钮：用于对透明度环境贴图锁定环境贴图。

• "凹凸"选项：单击该按钮可指定贴图，使用微调器可更改凹凸量，使用复选框可启用或禁用该贴图。

7.3.6　合成材质

合成材质通过添加颜色、相减颜色或者不透明混合的方法将多种材质合成为一种材质，最多可以将10种材质混合在一起。在"材质/贴图浏览器"对话框中双击"合成"选项即可在"材质编辑器"对话框中出现"合成基本参数"卷展栏，如图7-32所示。

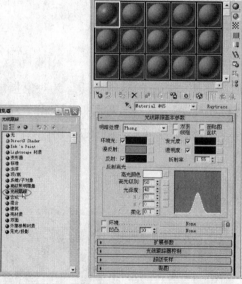
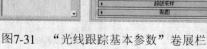

图7-31　"光线跟踪基本参数"卷展栏

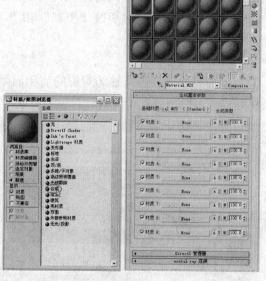

图7-32　"合成基本参数"卷展栏

"合成基本参数"卷展栏中各选项的含义如下：

• 基础材质：单击【基础材质】按钮，可以为合成材质指定一个基础材质，该材质可以是标准材质，也可以是复合材质。

• 材质1~材质9：合成材质最多可包括9种子材质。单击每个子材质旁的空白按钮，都会出现"材质/贴图浏览器"对话框，可为子材质选择材质类型。选择完毕后，材质编辑器的参数区卷展栏将从合成材质基础参数区卷展栏自动变为所选子材质的参数区卷展栏。

7.3.7 混合材质

混合材质是一种将两种材质混合使用到曲面的一个面上的材质。在"材质/贴图浏览器"对话框中双击"混合"选项即可在"材质编辑器"对话框中出现"混合基本参数"卷展栏，如图7-33所示。

"混合基本参数"卷展栏中主要选项的含义如下：

· 材质1：单击其长条按钮，将出现第1种材质的材质编辑器，可设定该材质的贴图、参数等。

· 材质2：单击其长条按钮，将出现第2种材质的材质编辑器，可以调整第2种材质的各种选项。

· 遮罩：单击其长条按钮，将出现"材质/贴图浏览器"对话框，可以从中选择一张贴图作为遮罩，对上面的材质1和材质2进行混合调整。

· 交互式：在材质1和材质2中选择一种材质展现在物体表面，主要在以实体着色方式进行交互渲染时运用。

· 混合量：用于调整两个材质的混合百分比。当数值为0时只显示第1种材质，为100时只显示第2种材质。

· 混合曲线：以曲线方式来调整两个材质混合的程度，其中的曲线将随时显示调整的状况。

· 使用曲线：以曲线方式设置材质混合的开关。

· 转换区域：通过更改"上部"和"下部"的数值来控制混合曲线。

7.3.8 双面材质

双面材质是一种能够为对象的前和后两个面设置不同质感的特殊材质。为对象指定双面材质后，可以很直观地观察到对象的背面。在"材质/贴图浏览器"对话框中双击"双面"选项即可在"材质编辑器"对话框中出现"双面基本参数"卷展栏，如图7-34所示。

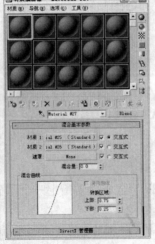

图7-33　"混合基本参数"卷展栏　　　　图7-34　"双面基本参数"卷展栏

"双面基本参数"卷展栏中主要选项的含义如下：

· "半透明"选项：用于设置表面、背面材质显现的百分比。当数值为0时，第2种材质不可见，当数值为100时第1种材质不可见。

· "正面材质"选项：单击其右侧的材质类型选择按钮，可以选择正面材质的类型。

· "背面材质"选项：用于设置背面材质的类型，设置方法与表面材质的设置方法相同。

7.3.9 无光/投影材质

无光/投影材质通过给场景中的对象增加阴影，来使物体真实地融入背景，造成阴影的物体在渲染时见不到，不会遮挡背景。在"材质/贴图浏览器"对话框中双击"无光/投影"选项即可在"材质编辑器"对话框中出现"无光/投影基本参数"卷展栏，如图7-35所示。

"无光/投影基本参数"卷展栏中主要的选项有：

· "无光"选项组中的"不透明 Alpha"复选项：设定是否将不可见的物体渲染到不透明的Alpha通道中。

· "大气"选项组："应用大气"复选项用于决定不可见物体是否受场景中的大气设置的影响；选中"以背景深度"单选项，场景中的雾不会影响不可见物体，但可以渲染它的阴影；选中"以对象深度"则雾会覆盖不可见物体表面。

· "阴影"选项组："接收阴影"选项用于决定是否显示所设置的阴影效果；"影响

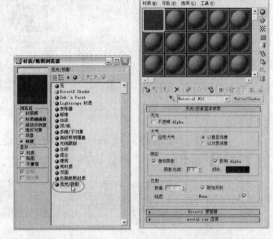

图7-35 "无光/投影基本参数"卷展栏

Alpha"复选项用于将不可见物体接受的阴影渲染到Alpha通道中产生一种半透明的阴影通道图像；"阴影亮度"数值框用于调整阴影的亮度，阴影亮度随数值增大而变得越亮越透明；"颜色"选项用于设置阴影的颜色。

· "反射"选项组：用于决定是否设置反射贴图，系统默认为关闭。需要打开时，单击"贴图"旁的空白按钮指定所需贴图即可。

7.4 贴图的指定

被指定了材质贴图的对象在渲染后，将表现特定的颜色、反光度和透明度等外表特性。

7.4.1 放置贴图

下面，先通过一个实例来说明如何将贴图放置在示例窗上。

（1）在主工具栏中单击【材质编辑器】按钮，打开"材质编辑器"对话框，确认其中的第1个示例窗处于激活状态。

（2）单击"材质编辑器"对话框的"基本参数"卷展栏中"漫反射"色块后面的灰色

小按钮，打开"材质/贴图浏览器"对话框，选择列表框中的"位图"选项，如图7-36所示。

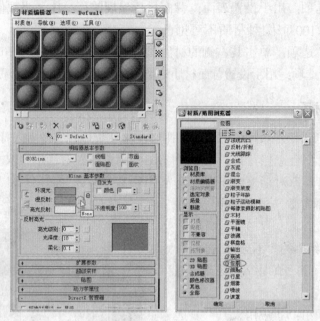

图7-36　选择"位图"选项

（3）单击【确定】按钮，从出现的"选择位图像文件"对话框中选择需要的图片，单击【打开】按钮，即可将其应用到示例窗中，如图7-37所示。

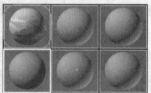

图7-37　选择并放置贴图

7.4.2 为对象指定贴图

在示例窗中放置好贴图后，可以将其指定给场景中的对象，具体方法如下：

（1）使用"创建"命令面板制作好模型，然后选中要指定贴图的对象。

（2）选中设置了贴图的示例窗，然后单击材质编辑器工具栏中的【将材质指定给选定对象】图标，如图7-38所示。

（3）单击【在视口中显示贴图】图标，场景中的物体便可以显示出贴图效果，如图7-39所示。

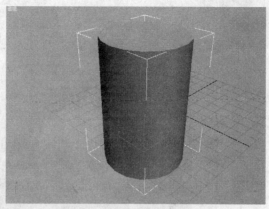

图7-38 将材质指定给对象

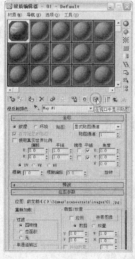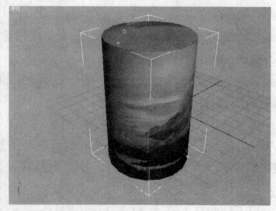

图7-39 放置贴图的对象

7.4.3 在视图中显示贴图

在"位图参数"卷展栏中,单击【查看图像】按钮,图像便显示在"指定裁剪/放置"窗口中,如图7-40所示。可以在其中对图像进行裁切等处理。

7.4.4 改变贴图坐标

一般情况下,使用系统默认的贴图坐标能较好地显示贴图的位置。但在某些特殊情况下,需要改变贴图的位置,比如进行平移、旋转、重复等操作。打开材质编辑器的"坐标"卷展栏,将出现如图7-41所示的选项。

- 纹理:将贴图作为纹理贴图对表面应用。
- 环境:使用贴图作为环境贴图。

图7-40　预览图像

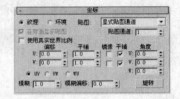

图7-41　"坐标"卷展栏

• "贴图"下拉列表：其中包含了多种贴图选项，这些选项因选择的纹理贴图或环境贴图而异。

• 在背面显示贴图：选中该选项后平面贴图将穿透投影，以便渲染在对象背面上。禁用此选项后，不能在对象背面对平面贴图进行渲染。

• 使用真实世界比例：选中该选项，使用真实"宽度"和"高度"值而不是UV值将贴图应用于对象。

• 偏移：用于在UV坐标中更改贴图的位置。

• UV/VW/WU：更改贴图使用的贴图坐标系。默认的UV坐标将贴图作为幻灯片投影到表面。VW坐标与WU坐标用于对贴图进行旋转使其与表面垂直。

• 平铺：用于决定贴图沿每个轴平铺（重复）的次数。

• 镜像：用于镜像从左至右（U轴）和/或从上至下（V轴）。

• 平铺：在U轴或V轴中启用或禁用平铺。

• 旋转：单击该按钮，会出现"旋转贴图坐标"对话框，通过在弧形球图上拖动来旋转贴图。

• 模糊：用于基于贴图离视图的距离影响贴图的锐度或模糊度。

• 模糊偏移：用于影响贴图的锐度或模糊度。

下面通过实例说明改变贴图坐标的方法：

（1）修改U偏移值和V偏移值，贴图便可以沿设置的方向移动。偏移值定义了贴图的移动距离在该方向上所占的百分比。设置偏移后的效果如图7-42所示。

（2）修改"平铺"参数，效果如图7-43所示。

（3）更改"角度"参数，可以更改贴图的角度，如图7-44所示。

（4）单击【旋转】按钮，出现"旋转贴图坐标"对话框，可以用来改变贴图坐标的角度，如图7-45所示。

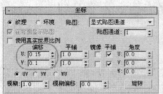

图7-42　设置偏移后的效果

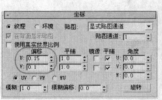

图7-43　修改"平铺"参数及其效果

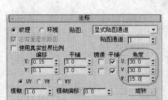
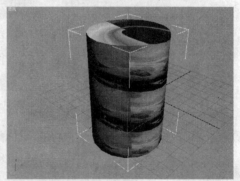

图7-44　调整贴图的角度

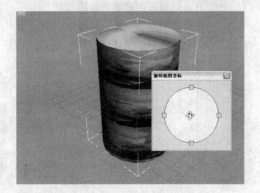

图7-45　改变贴图坐标的角度

7.5 贴图的类型

显然，使用贴图后，可以明显改善材质的外观，增加对象的真实感，也可以创建出环境和灯光投射。将贴图和材质一起使用，还可以为对象添加上必要的细节。

7.5.1 常见的贴图类型

单击主工具栏上的【材质编辑器】图标█，出现"材质编辑器"对话框，单击"Blinn基本参数"卷展栏中的"漫反射"选项后的灰色方块，打开"材质/贴图浏览器"对话框。在"材质/贴图浏览器"对话框左侧的"显示"组中，取消"材质"复选项的选择，保留对"贴图"选项的选择。然后在最后一组单选项按钮中，选择需要列出的贴图类别，或选择"全部"显示所有贴图类型，如图7-46所示。

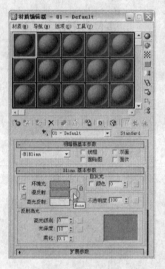

图7-46 全部贴图列表

单击工具栏上的工具按钮，可以更改贴图图标的显示方式，如图7-47所示。

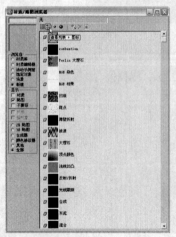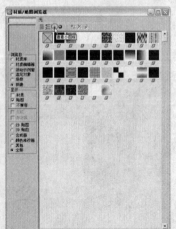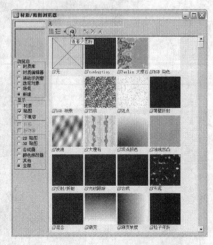

图7-47 更改贴图图标的显示方式

7.5.2　2D贴图

如图7-48所示的2D贴图都是二维图像，一般用于几何对象的表面，或用做环境贴图来为场景创建背景。最简单的2D贴图是位图，其他2D贴图都是按程序生成的。下面介绍一些常用的2D贴图。

图7-48　2D贴图

1. 渐变

渐变贴图用于创建3种颜色的线性或径向坡度，如图7-49所示为"渐变参数"卷展栏和贴图效果。

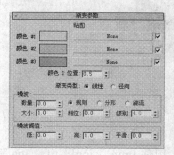
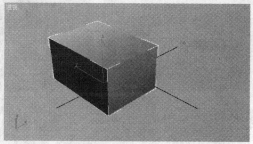

图7-49　"渐变参数"卷展栏和贴图效果

2. 渐变坡度

渐变坡度贴图使用许多颜色、贴图和混合来创建各种坡度，如图7-50所示为"渐变坡度参数"卷展栏和贴图效果。

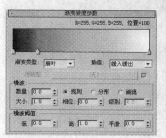
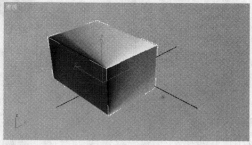

图7-50　"渐变坡度参数"卷展栏和贴图效果

3. 平铺

平铺贴图使用颜色或材质贴图创建砖或其他平铺材质，比如定义的建筑砖图案或自定义的图案，如图7-51所示为平铺的"坐标"卷展栏和贴图效果。

4. 棋盘格

棋盘格贴图将方格图案组合为两种颜色，可随机产生单元格、鹅卵石状的贴图效果，如图7-52所示为"棋盘格参数"卷展栏和贴图效果。

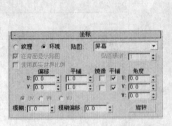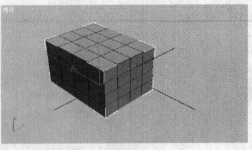

图7-51　"坐标"卷展栏和贴图效果

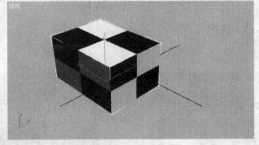

图7-52　"棋盘格参数"卷展栏和贴图效果

5. 位图

位图最常用的一种贴图类型，它支持多种格式，包括.bmp、.jpg、.tif、.tga等图像以及.avi、.flc、.fli、.cel等动画。如图7-53所示为"位图参数"卷展栏和贴图效果。

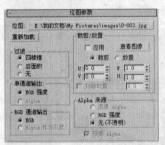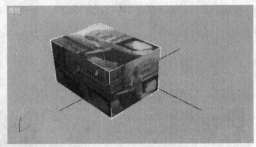

图7-53　"位图参数"卷展栏和贴图效果

6. 漩涡

漩涡贴图用于创建两种颜色或贴图的漩涡（螺旋）图案，如图7-54所示为"漩涡参数"卷展栏和贴图效果。

7.5.3　3D贴图

如图7-55所示的3D贴图利用程序，以三维的方式来生成图案，下面介绍常用3D贴图的功能和参数选项。

1. Perlin大理石

Perlin大理石贴图是一种带有湍流图案的备用程序大理石贴图，能制作出珍珠岩状的大理石效果贴图，如图7-56所示为"Perlin大理石参数"卷展栏和贴图效果。

图7-54 "漩涡参数"卷展栏和贴图效果

图7-55 3D贴图

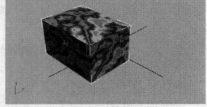

图7-56 "Perlin大理石参数"卷展栏和贴图效果

2. 凹痕

凹痕贴图用于在曲面上生成三维凹凸，从而表现出一种风化腐蚀的效果，如图7-57所示为"凹痕参数"卷展栏和贴图效果。

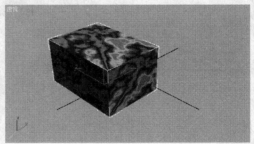

图7-57 "凹痕参数"卷展栏和贴图效果

3. 斑点

斑点贴图用于生成带斑点的曲面，可以创建出模拟花岗石和类似材质的带有图案的曲面，如图7-58所示为"斑点参数"卷展栏和贴图效果。

4. 波浪

波浪贴图通过生成许多球形波浪中心并随机分布生成水波纹或波形效果，如图7-59所示为"波浪参数"卷展栏和贴图效果。

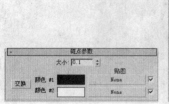
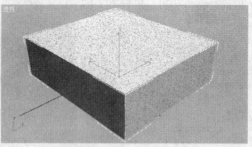

图7-58   "斑点参数"卷展栏和贴图效果

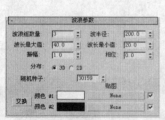

图7-59   "波浪参数"卷展栏和贴图效果

5. 大理石

大理石贴图使用两种颜色和第3个中间色来模拟大理石的纹理，如图7-60所示为"大理石参数"卷展栏和贴图效果。

图7-60   "大理石参数"卷展栏和贴图效果

6. 灰泥

灰泥贴图用于生成类似于灰泥的分形图案，如图7-61所示为"灰泥参数"卷展栏和贴图效果。

7. 木材

木材贴图用于创建3D木材纹理图案，如图7-62所示为"木材参数"卷展栏和贴图效果。

8. 泼溅

泼溅贴图用于生成类似于泼墨画的分形图案，如图7-63所示为"泼溅参数"卷展栏和贴图效果。

图7-61 "灰泥参数"卷展栏和贴图效果

图7-62 "木材参数"卷展栏和贴图效果

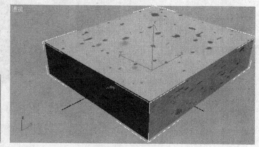

图7-63 "泼溅参数"卷展栏和贴图效果

9. 细胞

细胞贴图可以生成用于各种视觉效果的细胞图案，如马赛克平铺、鹅卵石表面和海洋表面等，如图7-64所示为"细胞参数"卷展栏和贴图效果。

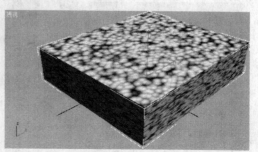

图7-64 "细胞参数"卷展栏和贴图效果

10. 行星

行星贴图用于模拟空间角度的行星轮廓，如图7-65所示为"行星参数"卷展栏和贴图效果。

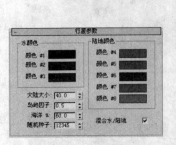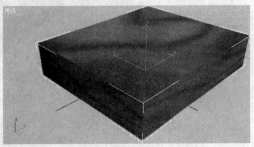

图7-65　"行星参数"卷展栏和贴图效果

11. 烟雾

烟雾贴图用于生成基于分形的湍流图案，从而模拟一束光的烟雾效果或其他云雾状流动贴图效果，如图7-66所示为"烟雾参数"卷展栏和贴图效果。

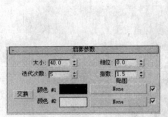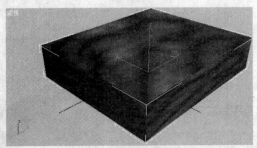

图7-66　"烟雾参数"卷展栏和贴图效果

12. 噪波

噪波贴图是三维形式的湍流图案，它基于两种颜色，每一种颜色都可以设置贴图，如图7-67所示为"噪波参数"卷展栏和贴图效果。

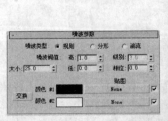

图7-67　"噪波参数"卷展栏和贴图效果

7.5.4　合成器贴图

如图7-68所示的合成器贴图用于合成其他颜色或贴图，下面简要介绍主要合成器贴图的功能和参数选项。

1. RGB相乘

RGB相乘贴图通过倍增其RGB和Alpha值来组合两个贴图，如图7-69所示为"RGB相乘参数"卷展栏和贴图效果。

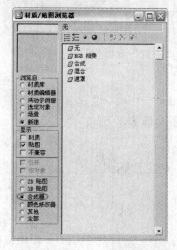

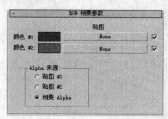

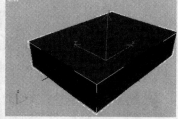

图7-68　合成器贴图　　　　　　　图7-69　"RGB相乘参数"卷展栏和贴图效果

2. 合成

合成贴图用于将多个贴图合成在一起。与"混合"不同，对于"混合"的量合成没有明显的控制，而"合成"基于贴图的Alpha通道上的混合量。如图7-70所示为"合成参数"卷展栏和贴图效果。

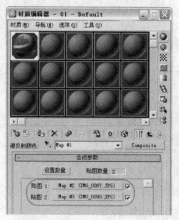

图7-70　"合成参数"卷展栏和贴图效果

3. 混合

混合贴图用于混合两种颜色或两种贴图，可以使用指定混合级别来调整混合的量，混合级别可以设置为贴图，如图7-71所示为"混合参数"卷展栏和贴图效果。

4. 遮罩

遮罩本身就是一个贴图，主要用于控制第2个贴图应用于表面的位置，如图7-72所示为"遮罩参数"卷展栏和贴图效果。

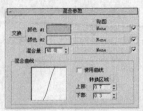
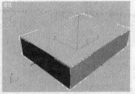

图7-71　"混合参数"卷展栏和贴图效果　　　　图7-72　"遮罩参数"卷展栏和贴图效果

7.5.5　颜色修改器贴图

如图7-73所示的几种"颜色修改器"贴图主要用于改变材质中像素的颜色。

1. RGB染色

RGB染色贴图基于红色、绿色和蓝色值来对贴图进行染色。选定该贴图类型后，将出现"RGB染色参数"卷展栏，应用该贴图的效果如图7-74所示。

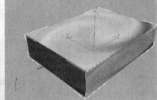

图7-73　"颜色修改器"贴图　　　　图7-74　"RGB染色参数"卷展栏和贴图效果

2. 顶点颜色

顶点颜色贴图用于显示渲染场景中指定顶点颜色的效果，可以从可编辑的网格中指定顶点颜色。如图7-75所示为"顶点颜色参数"卷展栏和贴图效果。

3. 输出

输出贴图用于将位图输出功能应用到没有这些设置的参数贴图中（如方格），从而调整贴图的颜色，如图7-76所示为"输出参数"卷展栏和贴图效果。

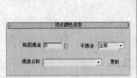
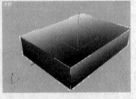

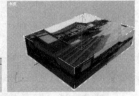

图7-75　"顶点颜色参数"卷展栏和贴图效果　　　　图7-76　"输出参数"卷展栏和贴图效果

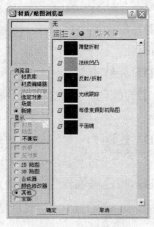

图7-77　"其他"贴图

7.5.6　其他贴图

归为"其他"类别的贴图如图7-77所示，主要包括以下几种：

• 薄壁折射贴图：用于模拟"缓进"或偏移效果，如模仿透镜变形的折射效果，还能制作透镜、玻璃、放大镜等效果。

• 法线凹凸贴图：用于向低多边形对象添加高分辨率细节。对于游戏引擎等实时显示设备，这种贴图非常有效，该贴图也常用于渲染场景和动画制作。

• 反射/折射贴图：用于生成反射或折射表面。

• 光线跟踪贴图：用于提供全部光线跟踪反射和折射。生成的反射和折射比反射/折射贴图的更精确。

• 每像素摄影机贴图：用于从特定的摄影机方向投射贴图。

• 平面镜贴图：平面镜贴图使用一组共面的表面来反射周围环境的对象物体，主要用于指定材质的反射贴图。平面镜贴图自动计算周围反射的对象，与生活中的镜子相似。

本章要点小结

本章介绍了3ds Max的材质和贴图功能及具体应用方法，下面简要对本章的重点内容进行小结：

（1）材质用于表现对象的表面特性，使对象呈现出不同的颜色、反光度和透明度，而指定到材质上的图形称为贴图，包含一个或多个图像的材质称为贴图材质。贴图可以模拟纹理、应用设计、反射、折射和其他效果，也可以用做环境和投射灯光。

（2）材质与贴图是利用材质编辑器来创建和编辑的。材质的参数选项很多，材质编辑器在"Standard（标准）"模式下的"Blinn基本参数"是最基本也是最常用的参数。

（3）复合材质是指除了标准材质外的材质类型。复合材质由两个或两个以上的子材质通过一定方法组合而成。主要的复合材质有虫漆材质、顶/底材质、多维/子对象材质、光线跟踪材质、合成材质、混合材质、双面材质和无光/投影材质等。

（4）被指定了材质贴图的对象在渲染后，将表现特定的颜色、反光度和透明度等外表特性。利用材质编辑器的"坐标"卷展栏，可以改变贴图的位置。

（5）贴图分为2D贴图、3D贴图、合成器贴图、颜色修改器贴图、其他贴图等类型。

习题

选择题

（1）材质是一种为对象的（　　）指定的特殊数据，应用材质后，将对对象的颜色、光泽度和不透明度等产生重大影响。

A）网格　　　　　B）面　　　　　C）曲面或面　　　D）曲面

（2)（　　　　）材质用于为对象的顶部和底部指定不同的材质。

A）混合　　　　　B）顶/底　　　　C）多维/子对象　D）光线跟踪

（3）被指定了材质贴图的对象在（　　　）后才能表现特定的颜色、反光度和透明度等外表特性。

A）渲染　　　　　B）变换　　　　　C）旋转　　　　　D）控制

（4)（　　　　）贴图主要用于改变材质中像素的颜色。

A）合成器　　　　B）2D　　　　　C）3D　　　　　D）颜色修改器

填空题

（1）材质用于表现对象的_____特性，使对象呈现出不同的颜色、反光度和透明度，而指定到材质上的图形称为_____，包含一个或多个图像的材质称为_____。

（2）"材质编辑器"对话框中提供了菜单栏、_____、工具栏和随_____的不同而不同的多个卷展栏。

（3）热材质是_____的材质，在材质编辑器中选中热材质示例窗时，示例窗四周会有一个白色_____标志。

（4）材质编辑器在"Standard（标准）"模式下的"Blinn基本参数"卷展栏提供了用于设置材质_____等的控件，还可以指定用于材质的各种贴图。

（5）_____材质由两个或两个以上的子材质通过一定方法组合而成。

（6）多维/子对象材质使用子对象层级，根据材质的_____，将多种材质指定给单个对象。

（7）在某些特殊情况下，需要改变贴图的位置，比如进行平移、_____等操作。

（8）2D贴图都是二维图像，一般用于几何对象的_____，或用做环境贴图来为场景创建_____。

简答题

（1）什么是材质？什么是贴图？它们有何用途？

（2）"材质编辑器"对话框由哪些控件组成？

（3）如何为对象指定材质？

（4）材质的主要参数有哪些？

（5）什么是复合材质？常用的复合材质有哪些？

（6）如何指定贴图？如何改变贴图坐标？

（7）贴图的类型有哪些？各有何特点？

第8章 配置灯光和摄影机

建模完成后，应在3ds Max场景中添加并配置好光源和摄影机。使用灯光，可以给场景中的对象提供照明效果，而摄影机能够从不同观察点和视角观看场景效果，还可以使用摄影机的移动来制作动画。本章将介绍灯光和摄影机的添加与配置方法。通过学习，可以掌握以下应知知识和应会技能：

- 了解灯光的基本知识。
- 熟练掌握光源的放置方法。
- 初步掌握光源的设置方法。
- 掌握摄影机的架设方法。
- 初步掌握摄影机的设置方法。

8.1 灯光基础

三维场景中的灯光既可以将物体照亮，也可以通过灯光效果来传达更丰富的信息，从而烘托场景气氛。由于现实世界的光源很多，包括阳光、烛光、白炽灯、荧光灯等，它们对物体的影响各不相同，要模拟场景的真实效果，就需要建立不同的灯光。灯光光源在3ds Max 2009中是一种特殊的对象模型，通常在渲染图中它是隐藏的，而只利用它发出的光线来产生效果。

8.1.1 灯光的主要功能

灯光用于模拟真实世界的光源，如普通照明灯具、舞台灯光设备和太阳光等。不同种类的灯光对象用不同的方法来投射灯光，从而模拟出真实世界中不同种类的光源。作为3ds Max 2009的一种特殊模型，光源在渲染图中是被隐藏起来的，只用它所发出的光线来产生效果。灯光的基本功能有：

- 改进场景照明。由于视口中的默认照明可能不够亮，或没有照到复杂对象的所有面上，设置其他灯光后才能改进场景照明。
- 使外观逼真，突出主题。因为模拟真实的照明效果可以增强场景的真实感，各种类型的灯光都可以投射阴影，也可以选择性地控制对象投射或接收阴影。
- 增强场景清晰度和三维效果。这是由于各种类型的灯光都可以投射静态或设置动画的贴图。
- 更好地表现模型的光泽度、饱和度，并能控制环境的表现。
- 使用制造商的IES、CIBSE或LTLI文件创建照明场景。通过基于制造商的光度学数据文件创建光度学灯光，可以形象化模型中商用的可用照明。通过尝试不同的设备，更改灯光强度和颜色温度，可以设置生成想要效果的照明系统。

8.1.2 灯光的类型

3ds Max提供了标准灯光和光度学灯光两种类型的灯光，它们在视口中均显示为灯光对象。

1. 标准灯光

在"创建"面板中单击 按钮（或者选择【创建】|【灯光】|【标准灯光】菜单命令），将出现如图8-1所示的"标准灯光"创建面板。

标准灯光是基于计算机的对象，用于模拟家用或办公室灯，舞台和电影工作时使用的灯光设备，以及太阳光本身。不同种类的灯光对象可用不同的方式投射灯光，用于模拟真实世界不同种类的光源。与光度学灯光不同，标准灯光不具有基于物理的强度值。

标准灯光分为"目标聚光灯"、"自由聚光灯"、"目标平行光"、"自由平行光"、"泛光灯"、"天光"、"mar区域泛光灯"和"mar区域聚光灯"8种类型。其中，泛光灯和聚光灯是最常用的光源。泛光灯具有很强的穿透力，可以同时照明场景中很多对象。而聚光灯能照射某个具体的目标，从而突出某些造型。

2. 光度学灯光

光度学灯光使用光度学（光能）值来精确地定义灯光，可以设置它们的分布、强度、色温和其他真实世界灯光的特性，也可以导入照明制造商提供的特定光度学文件以设计出基于商用灯光的照明效果。

在"创建"面板中单击 按钮，再从类型下拉列表中选择"光度学"选项（或者选择【创建】|【灯光】|【光度学灯光】菜单命令），将出现如图8-2所示的"光度学灯光"创建面板。

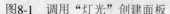

图8-1　调用"灯光"创建面板

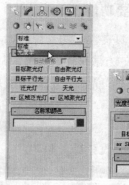

图8-2　调用"光度学灯光"创建面板

光度学灯光对象包括"目标灯光"、"自由灯光"和"mr Sky门户"3种类型。

默认情况下，系统在场景设置了两盏泛光灯。一盏位于场景的上前方，另一盏位于场景的下后方。在添加新的自定义灯光后，这两盏泛光灯会自动取消。因此，有时候给场景添加灯光后，会发现场景反而变暗了。

8.2 光源的放置

在场景中放置灯光对象时，应根据对象的特征和表现的需要，选择放置灯光的视口和位置。下面介绍具体的放置方法。

8.2.1 使用聚光灯

聚光灯可以突出显示被照射的物体，它是一种按照一定锥体角度投射光线的点光源。聚光灯分为"目标聚光灯"和"自由聚光灯"两种形式。

1. 目标聚光灯

目标聚光灯用于产生一束照射物体的光束。使用目标聚光，可以形成阴影效果，突出被照射的物体。下面举例说明目标聚光灯的放置方法：

（1）打开需要放置光源的场景，适当缩小除"透视"视口外的其他视口，以便放置光源，如图8-3所示。

（2）进入"灯光"创建面板，选择"目标聚光灯"，如图8-4所示。

图8-3 打开场景　　　　　　　　　　　　图8-4 选择"目标聚光灯"

（3）在"左"视口中拖动鼠标至合适的位置，即可放置一个聚光灯，如图8-5所示。

（4）选择"透视"视口为活动视口，单击主工具栏上的【快速渲染】图标 ，便可以观察到目标聚光灯的效果，如图8-6所示。

图8-5 创建目标聚光灯　　　　　　　　　图8-6 渲染效果

图8-7 "修改"命令面板中的灯光参数

（5）要更改灯光效果，可以在"修改"命令面板中设置目标聚光灯的参数。先选中场景中的目标聚光灯（默认的名称为Spot01），进入"修改"命令面板。

（6）在"常规参数"卷展栏中，可以更改灯光的类型和确定是否使用阴影，如图8-7所示。

（7）展开"强度/颜色/衰减参数"卷展栏，可以设置灯光的颜色和强度，也可以定义灯光的衰减。如图8-8所示为更改灯光颜色的过程及效果。

（8）展开"聚光灯参数"卷展栏，可以设置聚光灯的几何参数。如图8-9所示为更改聚光灯的聚光区/衰减区的过程及效果。

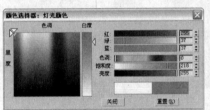

图8-8 更改灯光颜色的过程及效果

图8-9 更改聚光灯的聚光区/衰减区的过程及效果

2. 自由聚光灯

自由聚光灯和目标聚光灯的效果相似，都是通过一束光线来照亮对象的局部区域。但自由聚光灯是沿着固定的方向照亮对象，而不像目标聚光灯那样将照明目标定位在模型上。下面通过一个实例介绍自由聚光灯的使用和基本设置方法。

（1）打开如图8-10所示的场景，

（2）选择"自由聚光灯"，如图8-11所示。

（3）在对象的上方单击鼠标，放置一个自由聚光灯，如图8-12所示。

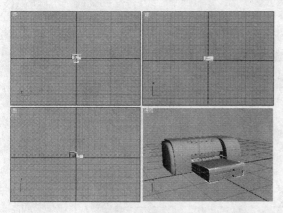

图8-10　打开场景

图8-11　选择"自由聚光灯"

（4）渲染场景，效果如图8-13所示。

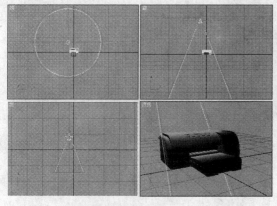

图8-12　放置自由聚光灯

图8-13　渲染效果

（5）从主工具栏中选择【选择并移动工具】，旋转自由聚光灯，效果如图8-14所示。

（6）选中自由聚光灯，进入"修改"面板，展开"强度/颜色/衰减"卷展栏，单击色样框，在出现的"颜色选择器"中设置光源颜色为黄色，并设置其"倍增"为3.43，参数设置和效果如图8-15所示。

（7）在"聚光灯参数"卷展栏中设置"聚光区/光束"参数和"衰减区/区域"参数，效果如图8-16所示。

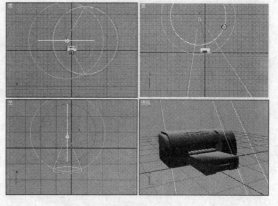

图8-14　旋转光源

8.2.2　使用泛光灯

泛光灯能均匀地向四周发光，但不能调整其光束。泛光灯常用做辅助光源，添加泛光灯后，可以增加场景的亮度。

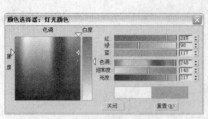

图8-15　设置光源

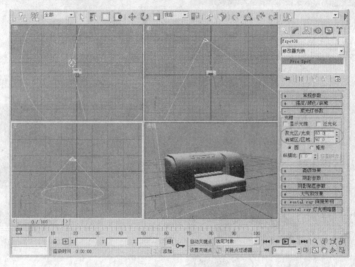

图8-16　调整聚光灯参数的效果

图8-17　打开场景

1. 添加泛光灯

泛光灯的参数较少，放置方法非常简单，下面举例说明具体放置方法。

（1）打开如图8-17所示的场景。

（2）进入"创建"面板，单击【灯光】按钮，在出现的"灯光"面板中选择"泛光灯"，在视口中单击鼠标创建一盏泛光灯，如图8-18所示。

（3）激活"摄影机"视口，然后按下【F9】键渲染场景，效果如图8-19所示。

（4）用同样的方法在场景中添加更多泛光灯，添加后的效果如图8-20所示。需要注意的是，泛光灯过多时，会造成场景过亮，效果并不一定好。

2. 美化灯光效果

要改变灯光的照射效果，可以通过修改灯光的参数来实现。泛光灯的参数主要集中在其"常规参数"卷展栏中，下面介绍泛光灯的参数修改方法。

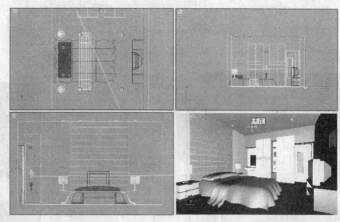

图8-18 创建泛光灯

图8-19 渲染效果

图8-20 添加多盏泛光灯的效果

（1）选中场景中的泛光灯Omni01，如图8-21所示。

（2）进入"修改"面板，展开"常规参数"卷展栏，选择"阴影"下的"启用"选项，参数设置如图8-22所示。

（3）按下【F9】键渲染场景，效果如图8-23所示。

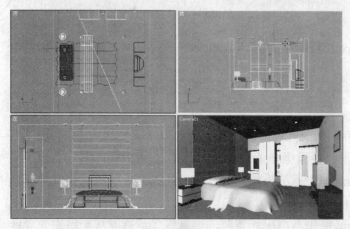

图8-21 选择泛光灯

图8-22 设置泛光灯参数

（4）展开"强度/颜色/衰减"卷展栏，单击其中的颜色块，在出现的"颜色选择器"对话框中设置灯光颜色为蓝色，然后关闭"颜色选择器"对话框，再次渲染场景，效果如图8-24所示。

图8-23　加上阴影后的渲染效果　　　　　图8-24　更改灯光颜色后的渲染效果

（5）展开"高级效果"卷展栏，选中"贴图"复选项，再单击其右侧的长条按钮，从出现的"材质/贴图浏览器"对话框中选择"大理石"贴图，单击【确定】按钮返回，再按【F9】键快速渲染，操作过程和效果如图8-25所示。

图8-25　添加贴图的过程和效果

8.2.3　其他标准灯光简介

除泛光灯和聚光灯外，3ds Max 2009还提供了其他几种灯光效果，下面简要介绍其主要功能。

· 目标平行光：平行光主要用于模拟太阳光，以一个方向投射平行光线，其照射区域呈圆柱或矩形。

· 自由平行光：也用于产生平行的照射区域，但它的投射点和目标点不可以分别调节。

· 天光：用于模拟日照效果，可以设置天空的颜色或将其指定为贴图。

· mr区域泛光灯：使用mental ray渲染器渲染场景时，区域泛光灯可以从球体或圆柱体体积发射光线，而不是从点光源发射光线。

· mr区域聚光灯：使用mental ray渲染器渲染场景时，区域聚光灯可以从矩形或碟形区域发射光线，而不是从点光源发射光线。

8.3 光源的设置

灯光的参数决定了灯光的各种效果，只有合理设置灯光的参数，才能获得满意的灯光。创建一种灯光后，单击灯源将其选中，便会在命令面板上出现控制参数的卷展栏。本节以目标聚光灯为例，介绍主要的参数设置选项。如图8-26所示分别为目标聚光灯在"创建"面板和"修改"面板中出现的参数卷展栏。

8.3.1 灯光的常规参数

所有类型的灯光都有"常规参数"卷展栏，其中的控件可以启用/禁用灯光，还能排除/包含场景中的对象。"创建"面板和"修改"面板上的"常规参数"卷展栏如图8-27所示，两者的参数选项略有区别。

1. "灯光类型"组和"阴影"组

"灯光类型"组中主要有以下参数：

· 启用：用于启用或禁用灯光。

· 灯光类型下拉列表：可以从下拉列表中选择灯光的类型。

· 目标：选中该选项，灯光将成为目标。

"阴影"组中主要提供了以下两个选项：

· 启用：用于选择当前灯光是否投射阴影，默认设置为启用。

· 阴影方法下拉列表：用于决定渲染器是否使用阴影贴图、光线跟踪阴影、高级光线跟踪阴影或区域阴影生成该灯光的阴影。

2. 【排除】按钮

【排除】按钮用于将选定对象排除于灯光效果之外，单击【排除】按钮，将出现如图8-28所示的"排除/包含"对话框。排除的对象仍在着色视口中被照亮，只有在渲染场景时排除才起作用。

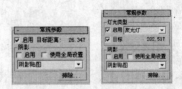

图8-27 "常规参数"卷展栏

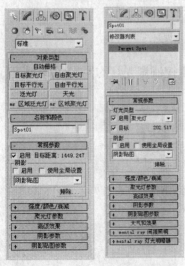

图8-26 目标聚光灯的参数

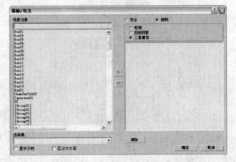

图8-28 "排除/包含"对话框

"排除/包含"对话框的主要控件有：

- "排除/包含"单选项：选择灯光是否排除/包含右侧列表中已命名的对象。
- "照明"单选项：排除或包含对象表面的照明。
- "投射阴影"单选项：排除或包含对象阴影的创建。
- "二者兼有"单选项：排除或包含上述两者。
- "场景对象"列表：选中左侧场景对象列表中的对象，然后将它们添加至右侧的列表中。
- "显示子树"复选框：根据对象层次缩进"场景对象"列表。
- "区分大小写"复选框：搜索对象名称时区分大小写。
- "选择集"下拉列表：显示命名选择集列表，从列表中选择一个选择集来选中"场景对象"列表中的对象。
- 【清除】按钮：从右侧的"排除/包含"列表中清除所有项。

8.3.2 阴影参数

除"天光"和"IES 天光"外的所有灯光类型和所有阴影类型都具有如图8-29所示的"阴影参数"卷展栏，使用该卷展栏，可以设置阴影颜色和其他常规阴影属性，该卷展栏也可以让灯光在大气中投射阴影。

"阴影参数"卷展栏中的主要选项有：

- "颜色"图标：单击该色样图标，将出现"颜色选择器"对话框，从中可以选择灯光投射的阴影的颜色。默认设置为黑色。
- "密度"数值框：用于设置阴影的密度。
- "贴图"复选框：选中该项，可以使用"贴图"按钮指定的贴图。
- "灯光影响阴影颜色"复选框：选中该项，可以将灯光颜色与阴影颜色混合起来。
- "大气阴影"组：提供了让大气效果投射阴影的选项。其中，"启用"选项用于启用大气阴影效果；"不透明度"选项用于调整阴影的不透明度；"颜色量"用于调整大气颜色与阴影颜色混合的量。

8.3.3 聚光灯参数

如图8-30所示的"聚光灯参数"卷展栏中的参数主要用于控制聚光灯的聚光区/衰减区。

图8-29 "阴影参数"卷展栏

图8-30 "聚光灯参数"卷展栏

"聚光灯参数"卷展栏中的主要参数有：

- 显示光锥：用于启用或禁用圆锥体的显示。
- 泛光化：在设置泛光化时，灯光将在各个方向投射灯光。

- 聚光区/光束：用于调整灯光圆锥体的角度。
- 衰减区/区域：用于调整灯光衰减区的角度。
- 圆/矩形：选择聚光区和衰减区的形状。
- 纵横比：设置矩形光束的纵横比。
- 位图拟合：如果灯光的投影纵横比为矩形，应设置纵横比以匹配特定的位图。

8.3.4 高级效果选项

可以通过选择要投射灯光的贴图，使灯光对象成为一个投影。投射的贴图可以是静止的图像或动画。如图8-31所示的"高级效果"卷展栏中提供了影响灯光影响曲面方式的控件和投影灯的设置。

- "对比度"选项：用于调整曲面的漫反射区域和环境光区域之间的对比度。
- "柔化漫反射边"选项：增加该选项的值，可以柔化曲面的漫反射部分与环境光部分之间的边缘，这样有助于消除在某些情况下曲面上出现的边缘。
- "漫反射"选项：选中该复选项，灯光将影响对象曲面的漫反射属性。
- "高光反射"选项：选中该复选项，灯光将影响对象曲面的高光属性。
- "仅环境光"选项：选中该复选项，灯光仅影响照明的环境光组件以便对场景中的环境光照明进行更详细的控制。
- "贴图"复选框：选中后可通过"贴图"按钮投射选定的贴图。

8.3.5 mental ray间接照明参数

"mental ray 间接照明"卷展栏只出现在"修改"面板中，如图8-32所示的"mental ray 间接照明"卷展栏中提供了使用mental ray渲染器照明行为的控件。

图8-31 "高级效果"卷展栏　　　　图8-32 "mental ray间接照明"卷展栏

"mental ray间接照明"卷展栏中的主要选项有：

- "自动计算能量与光子"选项：选中该复选项，灯光使用间接照明的全局灯光设置，而不使用局部设置。
- "能量"选项：用于增强全局"能量"值以增加或减少此特定灯光的能量。
- "焦散光子"选项：用于增强全局"焦散光子"值以增加或减少用此特定灯光生成焦散的光子数量。
- "GI光子"选项：用于增强全局"GI光子"值，从而增加或减少用此特定灯光生成全局照明的光子数量。

• "手动设置"组：当未选取"自动计算能量与光子"选项时，"手动设置"组中的选项可用。其中，选中"启用"选项灯光可以生成间接照明效果；"过滤色"选项用于设置过滤光能的颜色；"能量"选项用于设置光能；"衰退"选项用于指定光子能量衰退的方式；"焦散光子"选项设置用于焦散的灯光所发射的光子数量；"GI光子"选项设置用于全局照明的灯光所发射的光子数量。

8.3.6　mental ray灯光明暗器参数

如图8-33所示的"mental ray灯光明暗器"卷展栏也只在"修改"面板中出现，使用该卷展栏可以将mental ray明暗器添加到灯光中。

"mental ray 灯光明暗器"卷展栏的主要选项有：

• "启用"选项：选中该选项，渲染使用指定给此灯光的灯光明暗器。

• "灯光明暗器"选项：单击该按钮，将出现"材质/贴图浏览器"对话框，并选择一个灯光明暗器。

• "光子发射器明暗器"选项：单击该按钮，将出现"材质/贴图浏览器"对话框，并选择一个明暗器。

8.3.7　强度/颜色/衰减参数

使用如图8-34所示的"强度/颜色/衰减"卷展栏可以设置灯光的颜色和强度，也可以定义灯光的衰减。衰减是灯光的强度将随着距离的加长而减弱的效果。

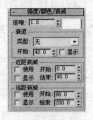

图8-33　"mental ray 灯光明暗器"卷展栏　　　　图8-34　"强度/颜色/衰减"卷展栏

"强度/颜色/衰减"卷展栏中主要的选项有：

• "倍增"选项：将灯光的功率放大。

• "色样"按钮：用于选择灯光的颜色。

• "衰退"组：用于使远处灯光强度减小，其中"类型"选项用于选择要使用的衰退类型；衰退开始的点取决于是否使用衰减，如果不使用衰减，则从光源处开始衰退，使用近距衰减，则从近距结束位置开始衰退。

• "近距衰减"组：其中"开始"选项用于设置灯光开始淡入的距离；"结束"选项用于设置灯光达到其全值的距离；"使用"选项用于启用灯光的近距衰减；"显示"选项用于在视口中显示近距衰减范围设置。

• "远距衰减"组：其中"开始"选项用于设置灯光开始淡出的距离；"结束"选项用于设置灯光减为0的距离；"使用"选项用于启用灯光的远距衰减；"显示"选项用于在视口中显示远距衰减范围设置。

8.4 架设摄影机

摄影机是沟通观众与作品之间的桥梁，在3ds Max 2009中，摄影机又称为动态图像摄影机，它主要通过对一系列静态图像（帧）的捕捉从不同的角度来观察模型和场景，从而增强场景的表现力。

8.4.1 架设摄影机的一般方法

3ds Max 2009的摄影机主要分为"目标摄影机"和"自由摄影机"两种类型。其中，目标摄影机主要用于跟踪拍摄、空中拍摄和静物照等；自由摄影机则主要用于流动游走拍摄、摇摄和制作基于路径的动画。

要在场景中架设摄影机，只需从"创建"面板上单击【摄影机】图标，然后单击"对象类型"卷展栏上的"目标"摄影机或"自由"摄影机，再单击放置摄影机的视口位置，然后在"创建"面板中设置创建参数，再使用【旋转】和【移动】工具调整摄影机的观察点即可。

8.4.2 架设目标摄影机

目标摄像机有目标点。如果确定了目标点，就确定了摄像机的观察方向。下面通过实例介绍设置目标摄影机的具体方法。

（1）选择【文件】|【打开】命令，打开如图8-35所示的场景文件。

（2）在"创建"命令面板上单击【摄影机】图标，然后从"对象类型"卷展栏中选择"目标"摄影机，如图8-36所示。

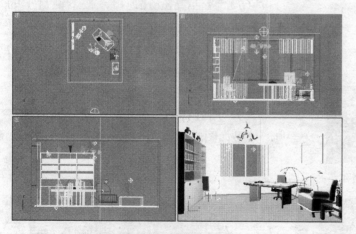

图8-35　打开场景　　　　　　　　　　图8-36　选择"目标"摄影机

（3）在"左"视口中单击鼠标确定摄影机的位置，然后拖动鼠标设置摄影机的目标位置，如图8-37所示。

（4）单击"透视"视口将其激活，按下键盘上的【C】键，即可将"透视"视口变为Camera视口（"摄影机"视口），如图8-38所示。

（5）按下【F9】键渲染场景，效果如图8-39所示。

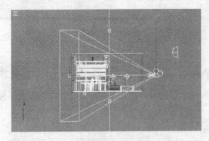

图8-37　确定摄影机的位置和目标位置

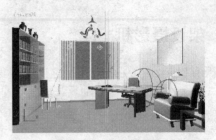

图8-38　Camera视口

（6）从主工具栏中选择 ✛ 工具，分别调整摄影机的位置和目标的位置（目标显示为一个小方形），调整后在Camera视口中能立即观察到所做的调整，如图8-40所示。

图8-39　Camera视口的渲染效果

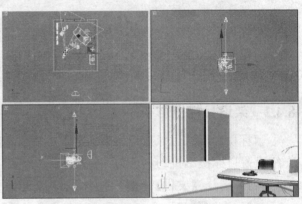

图8-40　调整摄影机的位置和目标的位置

（7）激活Camera视口，按下键盘上的【F9】键进行快速渲染，效果如图8-41所示。

（8）再次使用【移动】工具在视口中移动摄影机，可在Camera视口中观察到从另一个角度"摄影"的效果，如图8-42所示。

（9）用同样的方法可以变更不同的观察点，效果如图8-43所示。

图8-41　调整摄影机后的渲染效果

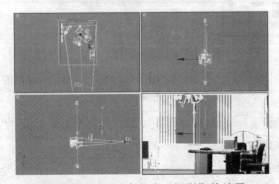

图8-42　从另一个角度"摄影"的效果

图8-43　另一个观察点

在3ds Max中，摄影机被视为一个对象，大多数对象处理工具和命令都可对摄影机进行处理。

8.4.3 架设自由摄影机

自由摄影机模拟真正的摄像机，能够推拉、倾斜和自由移动。下面也通过实例介绍设置自由摄影机的具体方法。

（1）选择【文件】|【打开】命令，打开一个场景文件。

（2）在"创建"命令面板上单击【摄影机】图标，然后从"对象类型"卷展栏中选择"自由"摄影机，如图8-44所示。

（3）为便于架设摄影机，将除"透视"视口外的其他视口缩小。

（4）在视口中单击鼠标，即可创建一台自由摄影机，如图8-45所示。

图8-44 选择摄影机类型

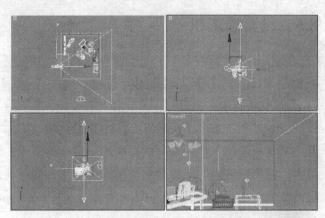

图8-45 创建自由摄影机

（5）单击"透视"视口将其激活，然后按下键盘上的【C】键，即可将"透视"视口变为Camera视口（"摄影机"视口）。此时，可以从"摄影机"视口中看到，刚才任意架设的摄影机并未对准目标对象，如图8-46所示。

（6）综合使用主工具栏中的工具和工具，调整摄影机对象的方向和位置，即可变换自由摄影机，直到理想的视角，如图8-47所示。

（7）激活Camera视口（"摄影机"视口），按下【F9】键渲染场景，效果如图8-48的所示。

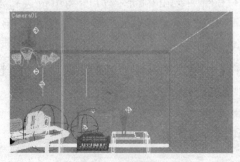

图8-46 切换到摄影机视口

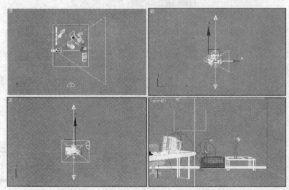

图8-47 调整自由摄影机的效果

图8-48　渲染效果

8.5　设置摄影机

摄影机的参数很多，下面主要介绍其最常用的公共参数。选择"目标"或"自由"摄影机创建工具，都将出现如图8-49所示的"参数"卷展栏。

1. 镜头设置

"镜头"选项以毫米为单位设置摄影机的焦距，可以使用"镜头"微调器来指定焦距值。和普通相机或摄影机相似，焦距描述了镜头的尺寸，镜头参数（焦距）越小，视野（FOV）越大，摄影机表现的范围离对象越远；镜头参数越大，视野越小，摄影机表现的范围离对象越近。焦距小于50mm的镜头叫广角镜头，大于50mm的叫长焦镜头。增加焦距后，观察到的对象越大。

2. 视野设置

视野（FOV）定义了摄影机在场景中所看到的区域，FOV参数的值是摄影机视锥的水平角。3ds Max中FOV的定义与现实世界摄影机的FOV不同，它所定义的摄影机视锥的左右边线所夹的角为FOV的值，而现实世界定义的视锥的左下角和右上角边线所夹的角为FOV的值。

当"视野方向"为水平时，视野参数直接设置摄影机的地平线的弧形，以度为单位进行测量，也可以设置"视野方向"来垂直或沿对角线测量FOV。

如图8-50所示的FOV方向弹出按钮用于选择应用视野（FOV）的方式，它们是：

· 水平⟷方式：水平应用视野，这是设置和测量FOV的标准方法。

图8-49　"参数"卷展栏

- 垂直 ：垂直应用视野。
- 对角线 ：在对角线上应用视野，即从视口的一角到另一角。

45°为默认的视野。

3. 正交投影

选中"参数"卷展栏中的"正交投影"选项，"摄影机"视口与"用户"视口相似，如图8-51所示。如果禁用"正交投影"选项，"摄影机"视口与标准"透视"视口相似。

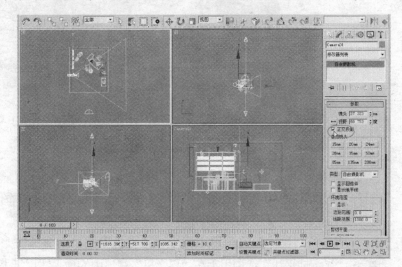

图8-50　FOV方向弹出按钮　　　　　　图8-51　选中"正交投影"选项的效果

4. "备用镜头"组

在"备用镜头"组中提供了15mm、20mm、24mm、28mm、35mm、50mm、85mm、135mm、200mm等预设焦距值。利用这些选项，可以快速设置摄影机的焦距。如图8-52所示是焦距为20mm的效果，如图8-53所示是焦距为35mm的效果。

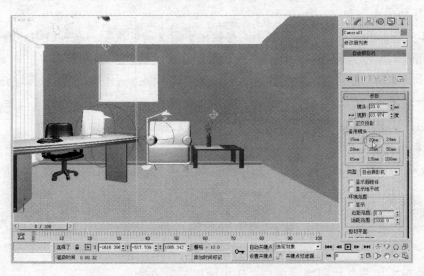

图8-52　焦距为20mm的效果

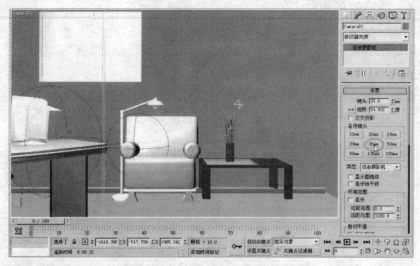

图8-53　焦距为35mm的效果

· 如图8-54所示的"类型"选项用于使摄影机类型在目标摄影机和自由摄影机之间变换。从目标摄影机切换为自由摄影机时，将丢失应用于摄影机目标的任何动画，因为目标对象已消失。

· "显示圆锥体"选项用于显示"摄影机"视野定义的锥形光线。

· "显示地平线"选项用于在"摄影机"视口中的地平线层级上显示一条深灰色的地平线。

5．"环境范围"组

如果在"环境范围"组中选中"显示"复选项，可以显示出在摄影机锥形光线内的矩形，出现矩形后可以显示出"近"距范围和"远"距范围的设置。

"近距范围"和"远距范围"选项用于确定在"环境"面板上设置大气效果的近距范围和远距范围限制。

6．"剪切平面"组

如图8-55所示的"剪切平面"组中的参数用于定义剪切平面。在视口中，剪切平面在摄影机锥形光线内显示为带有对角线的红色矩形。其中主要的选项有：

· "手动剪切"复选项：启用该选项可定义剪切平面，近距剪切平面可以接近摄影机0.1个单位；禁用"手动剪切"后，将不显示近于摄影机距离小于3个单位的几何体。

· "近距剪切"和"远距剪切"选项：用于设置近距和远距平面。

7．"多过程效果"组

如图8-56所示的"多过程效果"组中的选项用于指定摄影机的景深或运动模糊效果。

图8-54　"类型"选项　　　　图8-55　"剪切平面"组　　　　图8-56　"多过程效果"组

· "启用"选项：启用该选项后，使用效果预览或渲染。

· "预览"选项：单击该选项可在活动"摄影机"视口中预览效果。

· "效果"下拉列表：用于选择要生成的过滤效果的类型。

· "渲染每过程效果"复选项：启用"渲染每过程效果"选项，从"效果"下拉列表中指定任何一个选项，都会将渲染效果应用于多重过滤效果的每个过程（景深或运动模糊）；如果禁用"渲染每过程效果"可以缩短多重过滤效果的渲染时间。

本章要点小结

本章介绍了在场景中布局灯光和架设摄影机的方法，下面简要对本章的重点内容进行小结：

（1）灯光既可以将物体照亮，也可以通过灯光效果来传达更丰富的信息，从而烘托场景气氛。灯光光源在3ds Max 2009中是一种特殊的对象模型，通常在渲染图中它是隐藏的，而只利用它发出的光线来产生效果。

（2）3ds Max提供了标准灯光和光度学灯光两种类型的灯光。标准灯光又分为"目标聚光灯"、"自由聚光灯"、"目标平行光"、"自由平行光"、"泛光灯"、"天光"、"mr区域泛光灯"和"mr区域聚光灯"8种类型。光度学灯光对象则包括"目标灯光"、"自由灯光"和"ms Sky门户"3种类型。

（3）聚光灯可以突出显示被照射的物体，它是一种按照一定锥体角度投射光线的点光源。聚光灯分为"目标聚光灯"和"自由聚光灯"两种形式。

（4）泛光灯能均匀地向四周发光，但不能调整其光束。泛光灯常用做辅助光源，添加泛光灯后，可以增加场景的亮度。

（5）所有类型的灯光都有"常规参数"卷展栏，其中的控件可以启用/禁用灯光，还能排除/包含场景中的对象。除"天光"和"IES 天光"外的所有灯光类型和所有阴影类型都具有"阴影参数"卷展栏，使用该卷展栏，可以设置阴影颜色和其他常规阴影属性。

（6）摄影机又称为动态图像摄影机，它主要通过对一系列静态图像（帧）的捕捉从不同的角度来观察模型和场景，从而增强场景的表现力。3ds Max 2009的摄影机主要分为"目标摄影机"和"自由摄影机"两种类型。其中，目标摄影机主要用于跟踪拍摄、空中拍摄和静物照等；自由摄影机则主要用于流动游走拍摄、摇摄和制作基于路径的动画。

（7）摄影机的参数很多，其最主要的参数是"镜头"选项和"视野"选项。

习题

选择题

（1）灯光在3ds Max 2009中是一种特殊的对象模型，通常在（　　）中它是隐藏的，而只利用它发出的光线来产生效果。

A）前视图　　　　　B）顶视图　　　　　C）渲染图　　　　　D）透视图

（2）（　　）是一种按照一定锥体角度投射光线的点光源。

A）聚光灯　　　　B）目标线性光　　　C）目标区域灯　　　D）IES太阳光

（3）（　　）常用做辅助光源。

A）泛光灯　　　　B）聚光灯　　　　C）标准灯　　　　D）光度学灯

（4）"聚光灯参数"卷展栏中参数主要用于控制聚光灯的（　　）区。

A）范围　　　　　B）角度　　　　　C）视野　　　　　D）聚光区/衰减

（5）（　　）摄像机模拟真正的摄像机，能够推拉、倾斜和自由移动。

A）目标　　　　　B）自由　　　　　C）线性　　　　　D）标准

（6）视野参数的值是指摄影机（　　）的水平角。

A）视角　　　　　B）视线　　　　　C）视锥　　　　　D）视图

填空题

（1）使用灯光，可以给场景中的对象提供_____效果，而摄影机能够从不同_____观看场景效果，还可以通过摄影机的移动来制作动画。

（2）_____灯光用于模拟家用或办公室灯，舞台和电影工作时使用的灯光设备，以及太阳光本身。

（3）光度学灯光使用光度学值来精确地定义灯光，可以设置它们的_____和其他真实世界灯光的特性，也可以导入照明制造商提供的特定光度学文件以设计出基于商用灯光的照明效果。

（4）默认情况下，系统在场景设置了两盏泛光灯。一盏位于场景的_____，另一盏位于场景的_____。

（5）使用目标聚光，可以形成_____效果，突出被照射的物体。

（6）聚光灯通过一束光线来照亮对象的_____。

（7）除_____外的所有灯光类型和所有阴影类型都具有"阴影参数"卷展栏，使用该卷展栏，可以设置阴影颜色和其他常规阴影属性，该卷展栏也可以让灯光在大气中投射阴影。

（8）摄影机主要通过对一系列_____的捕捉从不同的角度来观察模型和场景，从而增强场景的表现力。

（9）_____摄影机主要用于跟踪拍摄、空中拍摄和静物照等；自由摄影机则主要用于流动游走拍摄、摇摄和制作_____的动画。

（10）和普通相机或摄影机相似，_____描述了镜头的尺寸。

简答题

（1）在场景中布局灯光的目的是什么？3ds Max的灯光有哪些功能？

（2）简要介绍常见灯光的类型及特点。

（3）如何在场景中添加聚光灯和泛光灯？

（4）灯光的常规参数有哪些？其他常用的参数还有哪些？各有何功能？

（5）什么是摄影机？如何架设摄影机？

（6）如何设置摄影机的镜头？如何设置摄影机的视野？

第9章 三维动画制作初步

动画基于人的视觉原理创建运动图像,当人眼在一定时间内连续快速观看一系列相关联的静止画面时,就会感觉为连续的动作。在动画中,每个单幅画面称为帧。电脑动画广泛应用在动画片制作、广告设计、电影特技、教学演示、训练模拟、产品试验和电子游戏等领域。使用3ds Max 2009,可以对场景中的任何对象进行动画设置,从而生成栩栩如生的三维动画画面。本章将简要介绍3ds Max的动画制作功能和具体应用。通过学习,可以掌握以下应知知识和应会技能:

- 了解三维动画的基础知识。
- 学会3ds Max的基本动画工具的使用。
- 掌握关键点动画的制作方法。
- 掌握利用路径制作动画的方法。

9.1 3D动画基础

在传统的手工动画制作方式下,动画制作人员需要绘制大量的帧。每分钟的动画大概需要720~1800个单独的图像,手绘图像的工作量相当大。为了提高效率,出现了一种名为"关键帧"的技术,只需绘制重要的帧(即关键帧),再计算出关键帧之间需要的帧(即中间帧),画完关键帧和中间帧之后,只需通过链接或渲染就能生成最终动画图像。

三维软件问世后,动画制作变得更加简单,只需首先创建每个动画序列起点和终点的关键帧(关键帧的值称为关键点),然后用软件来计算每个关键点的值之间的插补值,从而生成完整的动画。3ds Max 2009提供了多种创建动画的方法,可以为场景中的任何对象设置动画效果,还能根据需要灵活管理和编辑动画。下面先通过一个简单的实例来介绍"帧"和"关键帧"的含义。

(1)创建如图9-1所示的椅子模型。

(2)在动画控制区域单击【时间配置】按钮 ,在出现的"时间配置"对话框中设置"结束时间"为6,如图9-2所示。设置完成后单击【确定】按钮。

图9-1 创建模型

图9-2 配置动画时间

（3）单击【自动关键点】按扭打开自动关键点，然后拖动时间滑块到第6帧，如图9-3所示。

图9-3　打开自动关键点并拖动时间滑块

（4）按下【Ctrl】+【A】键全选对象，然后选择【组】|【成组】命令，将所有对象组合为一个组，如图9-4所示。

（5）单击工具栏上的【选择并旋转】工具，对对象进行旋转，如图9-5所示。

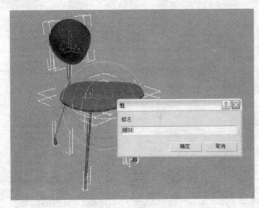

图9-4　组合对象

图9-5　旋转对象

（6）再次单击【自动关键点】按钮关闭自动关键点，如图9-6所示。

（7）此时，即可制作完成一段7帧的动画，单击【播放动画】按钮（如图9-7所示）即可在透视图中预览动画效果。

（8）选择【渲染】|【渲染】命令，在出现的"渲染场景"对话框中，展开"公用"卷展栏，选中"时间输出"组中的"活动时间段"选项，如图9-8所示。

图9-6　关闭自动关键点

图9-7　单击【播放动画】按钮

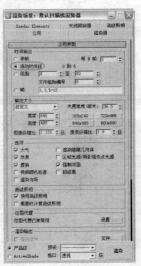

图9-8　选中"活动时间段"选项

（9）再单击"公用"卷展栏下的【文件】按钮，在出现的"渲染输出文件"对话框中设置好保存位置和文件名，并将"保存类型"设置为JPEG文件，如图9-9所示。

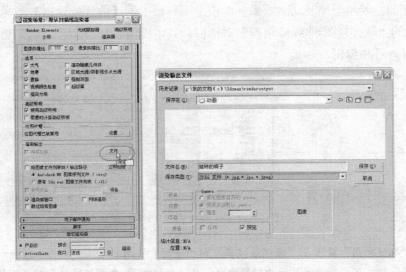

图9-9 设置渲染参数

（10）单击【保存】按钮，出现如图9-10所示的"JPEG图像控制"对话框，直接单击【确定】按钮返回"渲染场景"对话框。

（11）在"渲染场景"对话框中单击【渲染】按钮，即可将动画渲染成由7幅画面组成的图像序列，如图9-11所示。

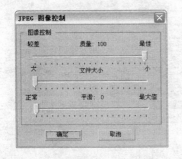

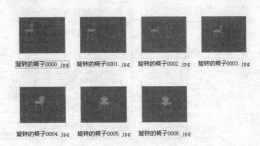

图9-10 "JPEG图像控制"对话框　　　　图9-11 渲染生成的图像序列

渲染生成的图像序列由7幅变化的图像组成，这7幅图像实际上就构成了一个简单的动画。每一幅图像便是对象的一帧，7幅图片连贯起来就会形成7帧的动画。

在上面的示例中的简单动画中，只有第1帧和第6帧是关键帧，其余帧均为中间帧。在制作动画时，只需创建起点和终点的关键帧（其值即为关键点），然后由系统自动计算出每个关键点值之间的插补值来生成完整动画。

9.2　3ds Max的基本动画工具

3ds Max 2009的用户界面中提供了一系列动画制作工具。使用这些工具，可以十分方便灵活地制作各种动画。

9.2.1 轨迹视图

轨迹视图主要用于控制动画效果。单击主工具栏上的【曲线编辑器】图标，将出现如图9-12所示的"轨迹视图-曲线编辑器"对话框。其中提供了细节动画的编辑功能，能对所有关键点进行查看和编辑。

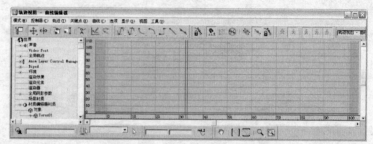

图9-12 "轨迹视图-曲线编辑器"对话框

 "轨迹视图"提供了"曲线编辑器"和"摄影表"两种模式。如图9-12所示的"曲线编辑器"模式可以将动画显示为功能曲线。从"轨迹视图-曲线编辑器"对话框的【模式】菜单中选择【摄影表】命令，可以进入如图9-13所示的"轨迹视图-摄影表"对话框。"摄影表"模式可以将动画显示为关键点和范围的电子表格。

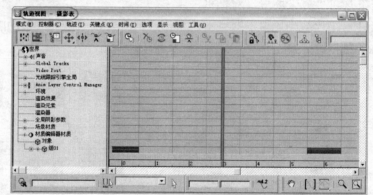

图9-13 "轨迹视图-摄影表"对话框

1. "轨迹视图"的主要功能

"轨迹视图"主要用于进行场景管理和动画控制，其具体功能有：

- 显示场景中对象及其参数的列表。
- 更改关键点的值。
- 更改关键点的时间。
- 更改控制器范围。
- 更改关键点间的插值。
- 编辑多个关键点的范围。
- 编辑时间块。
- 为场景中加入声音。

- 创建并管理场景的注释。
- 更改关键点范围外的动画行为。
- 更改动画参数的控制器
- 选择对象、顶点和层次。
- 在"轨迹视图层次"中单击修改器项，可以在"修改"面板中导航修改器堆栈。

2. "轨迹视图"的菜单栏

轨迹视图的菜单栏中提供了以下9个菜单项：

- 【模式】菜单：用于选择"曲线编辑器"和"摄影表"模式。
- 【控制器】菜单：用于指定、复制和粘贴控制器。
- 【轨迹】菜单：用于添加注释轨迹和可见性轨迹。
- 【关键点】菜单：用于添加、移动、滑动和缩放关键点。
- 【曲线】菜单（"曲线编辑器"模式）：用于应用或去除减缓曲线和增强曲线。
- 【时间】菜单（"摄影表"模式）：用于调整时间。
- 【选项】菜单：用于控制层次列表窗口的行为。
- 【显示】菜单：用于影响曲线、图标和切线显示。
- 【视图】菜单：用于进行"平移"和"缩放"等操作。
- 【工具】菜单：用于随机化或创建范围外关键点。

3. "轨迹视图"的工具栏

轨迹视图"的工具栏中主要提供了以下工具：

- 【过滤器】工具：用于过滤"控制器"窗口和"关键点"窗口中所显示的内容。
- 【移动关键点】工具：用于在函数曲线图上自由移动关键点。
- 【滑动关键点】工具：用于移动一组关键点并根据移动的情况滑动相邻的关键点。
- 【缩放关键点】工具：用于在两个关键帧之间压缩或扩大时间量。
- 【缩放值】工具：用于根据一定的比例增加或减小关键点的值。
- 【添加关键点】工具：用于在曲线上创建新的关键点。
- 【绘制曲线】工具：用于绘制新曲线或更改已有的曲线。
- 【减少关键点】工具：用于减少轨迹中的关键点总量。
- 【将切线设置为自动】工具：用于将选定关键点的切线设置为自动切线。
- 【将切线设置为自定义】工具：用于将关键点设置为自定义切线。
- 【将切线设置为快速】工具：用于将关键点切线设置为快速内切线、快速外切线或快速内外切线。
- 【将切线设置为慢速】工具：用于将关键点切线设置为慢速内切线、慢速外切线或慢速内外切线。
- 【将切线设置为阶跃】工具：用于将关键点切线设置为阶跃内切线、阶跃外切线或阶跃内外切线。
- 【将切线设置为线性】工具：用于将关键点切线设置为线性内切线、线性外切线或线性内外切线。

- 【将切线设置为平滑】工具 ：用于将关键点切线设置为平滑。
- 【锁定当前选择】工具 ：用于锁定选中的关键点。
- 【捕捉帧】工具 ：用于将关键点移动限制到帧中。
- 【参数超出范围曲线】工具 ：用于重复关键点范围之外的关键点移动。
- 【显示可设置关键点图标】工具 ：用于显示一个定义轨迹为关键点或非关键点的图标。
- 【显示所有切线】工具 ：用于在曲线上隐藏或显示所有切线控制柄。
- 【显示切线】工具 ：用于在曲线上隐藏或显示切线控制柄。
- 【锁定切线】工具 ：用于锁定选中的多个切线控制柄，然后可以一次操作多个控制柄。
- 【显示Biped位置曲线】工具 ：用于显示设置动画的两足动物选择的位置曲线。
- 【显示Biped旋转曲线】工具 ：用于显示设置动画的两足动物选择的旋转曲线。
- 【显示Biped X曲线】工具 ：用于切换当前动画或位置曲线的*X*轴。
- 【显示Biped Y曲线】工具 ：用于切换当前动画或位置曲线的*Y*轴。
- 【显示Biped Z曲线】工具 ：用于切换当前动画或位置曲线的*Z*轴。
- "命名框" ：用于命名"轨迹视图"。

图9-14 层次列表

4. "轨迹视图控制器"窗口

"轨迹视图控制器"窗口能以分层方式显示场景中的所有对象，如图9-14所示。在其中对物体名称进行选择，即可快速选择场景中的对象。

各个层次的含义如下：

- "世界"层次："世界"是场景层次的根，集中场景的所有关键点，主要用于快速进行全局操作。

- "Video Post"层次：用于为Video Post插件管理动画参数。
- "声音"层次：用于在动画中添加和管理声音文件。添加声音文件后，其"层次"列表中会显示"波形"轨迹，在编辑窗口中会显示出波形。
- "全局轨迹"层次：用于存储用于全局的控制器。
- "Anim Layer Control Manger"层次：用于显示动画控制管理层。
- "Biped"层次：设置两足动物动画时，可以使用"轨迹（Biped）"层次来显示路径和对象的跟随轨迹。
- "环境"层次：用于控制背景和场景环境效果。
- "渲染效果"层次：用于管理渲染效果，以便为光晕大小和颜色等效果参数设置动画。
- "渲染元素"层次：用于显示所选的渲染元素。
- "渲染器"层次：用于为渲染参数设置动画。
- "全局阴影参数"层次：启用"使用全局设置"选项后，可以通过对其参数的更改来设置动画。

　　·"场景材质"层次：用于管理场景中的所有材质。

　　·"材质编辑器材质"层次：用于管理全局材质，其分支中包含了材质编辑器中的24个材质的定义。

　　·"对象"层次：其中包含了场景中所有对象的层次，其对象的分支包括链接的子对象和对象的层级参数。

　　5. "轨迹视图"的编辑窗口

　　"轨迹视图"的编辑窗口显示的轨迹或功能曲线表示时间和参数值的变化情况。该窗口中使用浅灰色背景表示激活的时间段。

　　利用编辑窗口，可以查看动画运动的插值、软件在关键帧之间创建的对象变换，还可以使用曲线来查找关键点的切线控制柄，以及查看和控制场景中各个对象的运动和动画效果。

　　6. "轨迹视图"的时间标尺

　　时间标尺用于显示编辑窗口中的时间刻度。时间标尺上的标志反映了"时间配置"对话框所做的设置，可以拖动时间标尺来对齐轨迹。

　　7. "轨迹视图"的状态栏

　　状态栏中提供了用于显示提示信息、关键时间、数值栏和导航控制的区域。

9.2.2　轨迹栏

　　轨迹栏位于视口下面时间滑块和状态栏之间，如图9-15所示。使用轨迹栏，可以快速访问关键帧和插值控件。轨迹栏中提供了显示帧数的时间线，可以十分方便地移动、复制和删除关键点，还可以设置关键点属性。

图9-15　轨迹栏

9.2.3　"运动"面板

　　单击命令面板上的【运动】图标 ⊚，将出现如图9-16所示的"运动"面板，其中提供用了各种调整对象运动的工具。

　　如果指定的动画控制器具有参数，则在"运动"面板中显示其他卷展栏。如果"路径约束"指定给对象的位置轨迹，则"路径参数"卷展栏将添加到"运动"面板中。"链接"约束显示"链接参数"卷展栏，"位置 XYZ"控制器显示"位置 XYZ 参数"卷展栏等。

图9-16　"运动"面板

9.2.4　"层次"面板

　　如图9-17所示的"层次"面板用于调整和控制两个或多个对象链接的全部参数，包括反向运动学参数和轴点参数。

图9-17 "层次"面板

9.2.5 动画控件和时间控件

动画和时间控件中的时间控件包括时间滑块、控制自动关键点的按钮、【设置关键点】按钮、控制动画播放的按钮、"当前帧"选项、【关键点模式】按钮、【时间配置】按钮等。

1. 时间滑块

如图9-18所示的时间滑块用于显示当前帧和移动活动时间段中的任何帧。

2. 动画控件

主要的动画控件有：

· 【自动关键点】和【设置关键点】按钮

[图标]：【自动关键点】按钮处于启用状态时，所有运动、旋转和缩放的更改都将设置成关键帧。而禁用【自动关键点】状态时，这些更改只能应用到第0帧。【设置关键点】处于启用状态时，可以混合使用【设置关键点】按钮和关键点过滤器来为所选对象的独立轨迹创建关键点。

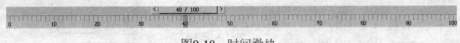

图9-18 时间滑块

图9-19 弹出按钮

· 新关键点的默认"内" / "外"切线 [图标]：该弹出按钮提供了使用"设置关键点"模式或"自动关键点"模式创建新动画关键点默认切线类型的快速方法，单击该按钮将出现如图9-19所示的弹出按钮。

· 【转至开头】按钮 [图标]：用于将时间滑块移动到活动时间段的第一帧。

· 【上一帧】按钮 [图标]：用于将时间滑块向后移动一帧。

· 【播放】 / 【停止】按钮 [图标]：【播放】按钮用于在活动视口中播放动画。在播放动画时，【播放】按钮将变为【停止】按钮。

· 【下一帧】按钮 [图标]：用于将时间滑块向前移动一帧。

· 【转至结尾】按钮 [图标]：用于将时间滑块移动到活动时间段的最后一帧。

· "当前帧"选项 [图标]：用于显示当前帧编号，表示时间滑块的位置，也可以在其中输入帧编号来转到该帧。

3. 时间控件

时间控件主要有以下两个：

· 【关键点模式】按钮 [图标]：可以在动画中的关键帧之间直接跳转。默认情况下，关键点模式使用在时间滑块下面的轨迹栏中可见的关键点。

· 【时间配置】按钮：单击该按钮，将出现"时间配置"对话框，其中提供了帧速率、时间显示、播放和动画的设置。

9.2.6 时间配置工具

单击时间控件中的【时间配置】按钮，出现如图9-20所示的"时间配置"对话框。

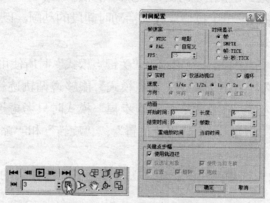

图9-20 "时间配置"对话框

1. "帧速率"组

"帧速率"组中提供了4个单选项和一个帧速率数值框。

· 帧速率选项：即NTSC、电影、PAL和自定义，可用于在每秒帧数（FPS）选项中设置帧速率。前3个选项可以强制按所选的选项使用标准FPS，使用"自定义"选项则可通过调整微调器自定义FPS。

· "FPS（每秒帧数）"数值框：采用每秒帧数来设置动画的帧速率。视频使用30fps的帧速率，电影使用24fps的帧速率，而Web和媒体动画则使用更低的帧速率。

2. "时间显示"组

"时间显示"组用于指定时间滑块及整个程序显示时间的方法。有帧数、分钟数、秒数和刻度数等选项供选择。

3. "播放"组

该组提供了以下选项：

· "实时"选项：用于使视口播放跳过帧，以便与当前"帧速率"设置保持一致。有5种播放速度可供选择：1x为正常速度，1/2x为半速，以此类推。速度设置只影响在视口中的播放。禁用"实时"选项时，将尽可能快地开始视口重放并显示所有帧。

· "仅活动视口"选项：用于使播放只在活动视口中进行。禁用该选项之后，所有视口都将显示动画。

· "循环"选项：用于控制动画是只播放一次还是重复播放。

· "方向"选项：用于将动画设置为向前播放、反转播放或往复播放（向前然后反转、重复）。

4. "动画"组

"动画"组中提供了以下选项：

- "开始时间/结束时间"数值框：用于设置在时间滑块中显示的活动时间段。
- "长度"选项：显示了活动时间段的帧数。
- "帧数"选项：显示了将渲染的帧数，即"长度"+1。
- "当前时间"选项：用于指定时间滑块的当前帧。
- 【重缩放时间】按钮：用于拉伸或收缩活动时间段的动画，以适合指定的新时间段。

5. "关键点步幅"组

"关键点步幅"组中的控件用来配置启用"关键点模式"时所使用的方法，主要选项有：

- "使用轨迹栏"选项：用于使"关键点模式"能够遵循轨迹栏中的所有关键点。
- "仅选定对象"选项：在使用"关键点步幅"模式时只考虑选定对象的变换。
- "使用当前变换"选项：用于禁用"位置"、"旋转"和"缩放"，并在"关键点模式"中使用当前变换。
- "位置/旋转/缩放"选项：用于指定"关键点模式"所使用的变换。

9.3 制作关键点动画

关键点动画是最简单也是最实用的一种动画方式，创建关键点动画的方法如下：

（1）单击【自动关键点】按钮，进入动画记录状态，如图9-21所示。此时，时间轴及当前视口的外框将变为红色。

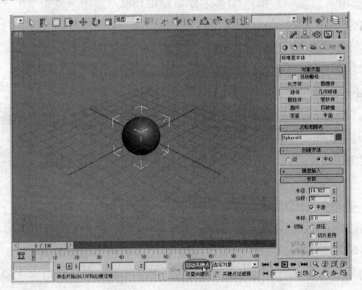

图9-21 进入动画记录状态

（2）拖动时间滑块到任意一个非0帧位置（如第80帧），如图9-22所示。

（3）使用【变换】工具或"修改"面板变更对象的参数，如图9-23所示。

（4）单击【自动关键点】按钮停止动画的记录。

（5）单击【播放】按钮播放动画，如图9-24所示。

图9-22　拖动时间滑块

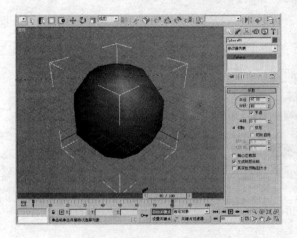

图9-23　变更对象的参数

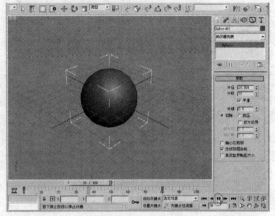

图9-24　播放动画

（6）选择【渲染】|【渲染】命令，打开"渲染场景"对话框渲染输出动画。在渲染参数中，可以将"时间输出"设置为"活动时间"段（如图9-25所示），也可以指定渲染输出的范围。

（7）要输出视频文件，应单击"渲染输出"组中的【文件】按钮，在出现的"渲染输出文件"对话框中将"保存类型"设置为AVI文件，如图9-26所示。

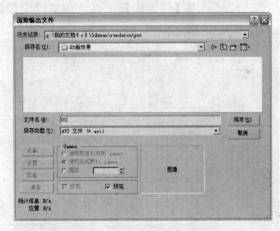

图9-26　设置动画文件类型

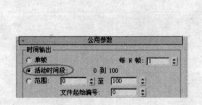

图9-25　设置时间输出选项

（8）最后，在"渲染场景"对话框中单击【渲染】按钮，即可根据所设置的动画参数，将场景渲染为AVI格式的视频文件，渲染过程如图9-27所示。

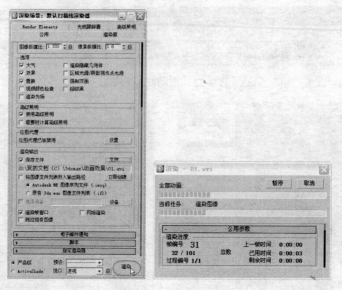

图9-27　渲染过程

9.4　制作路径动画

路径动画是通过路径来控制对象的运动轨迹。路径动画和关键帧动画是最常用的两种动画控制方式。使用路径来控制对象，可以使对象完成较为复杂的任意位移运动，这种方式比使用关键帧更加简单。下面通过一个简单实例介绍路径运动动画的基本制作方法。

（1）使用【线】工具，在视口中绘制如图9-28所示的运动路径。

（2）使用【圆锥体】工具，在视口中创建如图9-29所示的圆锥体。

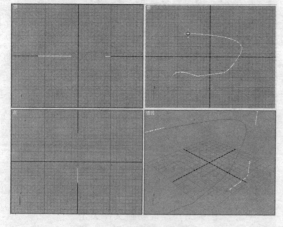

图9-28　创建运动路径

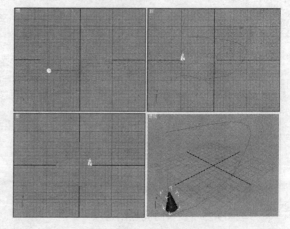

图9-29　绘制圆锥体

（3）选中圆锥体，进入"修改"命令面板，从修改器下拉列表中选择【路径变形（WSM）】选项，为圆锥体对象添加"路径变形"修改器，如图9-30所示。

（4）在修改器的"参数"卷展栏中单击【拾取路径】按钮，然后在任意视口中用鼠标单击路径，如图9-31所示。

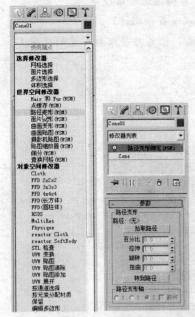

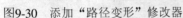

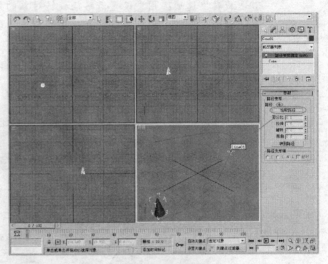

图9-30 添加"路径变形"修改器 图9-31 拾取路径

（5）拾取路径后，单击"修改器"面板下方的【转到路径】按钮，即可将选定的圆锥体移动路径上，如图9-32所示。

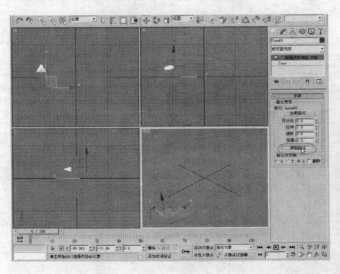

图9-32 将选定对象转到路径

（6）单击【自动关键点】按钮，进入动画记录状态，拖动时间滑块到第100帧，如图9-33所示。

（7）在"路径变形"修改器中修改变形参数，更改圆锥体对象的位置和外观，如图9-34所示。

主要的路径变形参数有：

① "路径"选项：用于显示选定路径对象的名称。

②【拾取路径】按钮：用于选择样条线或NURBS曲线作为动画运动路径使用。

③ "百分比"选项：用于设置运动对象在路径上的位置（以百分比计）。

④ "拉伸"选项：用于设置将对象的轴点作为缩放的中心，沿着路径缩放对象的程度。

⑤ "旋转"选项：用于设置沿路径旋转对象的角度。

⑥ "扭曲"选项：用于设置对象扭曲的角度。

⑦ "X/Y/Z"选项：用于选择旋转路径的轴。

⑧ "翻转"复选项：用于将路径沿指定轴反转180°。

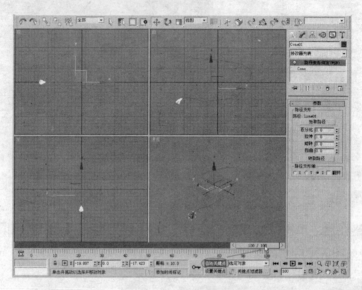

图9-33　定位关键点

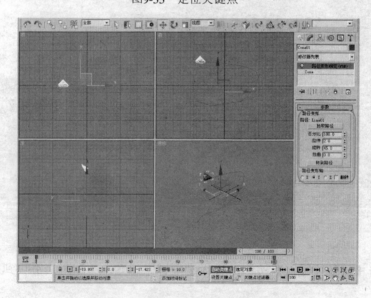

图9-34　设置第100帧的路径变形参数

（8）再次单击【自动关键点】按钮，结束动画记录。此时，单击【播放】按钮 ，即可在视口中播放动画。可以看到，圆锥体将沿路径移动，并逐渐变换形状，如图9-35所示。

（9）将动画渲染输出为视频文件，即可完成动画的制作。

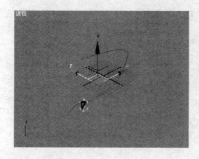

图9-35 动画预览效果

 此外，还可以使用移动摄影机、粒子系统和层级等方法来制作动画。

本章要点小结

本章结合实例简要介绍了3ds Max 2009的动画制作功能和动画的一般制作方法，下面对本章的重点内容进行小结：

（1）使用3ds Max 2009，可以对场景中的任何对象进行动画设置，从而生成栩栩如生的三维动画画面。3ds Max 2009制作动画的方法很多，常用的有关键点动画、路径动画、摄影机动画、粒子系统动画和层级动画等。

（2）使用"关键帧"技术，只需制作出重要的帧（即关键帧），然后计算出关键帧之间需要的帧（即中间帧），再通过链接或渲染就能生成动画图像。

（3）3ds Max的基本动画工具有轨迹视图、轨迹栏、"运动"面板、"层次"面板、动画控件与时间控件、时间配置工具等。

（4）要制作关键点动画，可先单击【自动关键点】按钮，进入动画记录状态，然后拖动时间滑块到任意一个非0帧位置，再使用对象编辑工具修改对象，停止动画的记录后即可渲染输出动画文件。

（5）路径动画是通过路径来控制对象的运动轨迹。用这种方法制作动画时，应先在场景中创建好运动对象和运动路径，然后为运动对象添加"路径变形"修改器，再将对象绑定到路径上，通过对不同关键点处对象的变形参数进行设置，即可完成动画制作。

习题

选择题

（1）在动画中，每个单幅画面称为（　　）。

A）帧　　　　　　B）关键帧　　　C）点　　　　　　D）关键点

（2）（　　）主要用于控制动画效果。

A）时间配置工具　B）轨迹视图　　C）轨迹栏　　　　D）"运动"面板

（3）使用轨迹栏，可以快速访问关键帧和（　　）控件。

Λ）渲染　　　　　B）变换　　　　　C）插值　　　　　D）时间

（4）（　　　）面板用于调整和控制两个或多个对象链接的全部参数。

A）层次　　　　　B）运动　　　　　C）动作　　　　　D）动画

填空题

（1）使用三维软件，只需先创建每个动画序列起点和终点的_____，其值称为_____。

（2）"轨迹视图控制器"窗口能以_____方式显示场景中的所有对象。在其中对物体名称进行选择，即可快速选择场景中的对象。

（3）"轨迹视图"的编辑窗口显示的轨迹或功能曲线表示_____。该窗口中使用浅灰色背景表示_____。

（4）轨迹栏中提供了显示帧数的_____，可以十分方便地移动、复制和删除关键点，还可以设置关键点的_____。

（5）"运动"面板中提供用了各种_____的工具。

简答题

（1）什么是动画？3D动画有何特点？

（2）什么是关键帧？什么是关键点？

（3）3ds Max 2009的基本动画工具有哪些？各有何用途？

（4）举例说明制作关键点动画的一般方法。

（5）举例说明制作路径动画的一般方法。

第10章 场景渲染与输出

创建好场景或动画后，一般都需要使用已经应用的全部效果进行渲染，以便输出各种格式的图像文件或视频文件。在渲染过程中，会自动将颜色、阴影、照明效果等加入到几何体中，从而定义环境并从场景中生成最终输出结果。本章将系统介绍场景渲染和输出的基础知识及具体操作方法。通过学习，可以掌握以下应知知识和应会技能：

- 掌握静态图像的渲染输出方法。
- 掌握动画的渲染输出方法。
- 初步掌握渲染参数的含义及其设置方法。
- 熟悉场景的其他输出方式。

10.1 渲染输出静态图像

渲染是将模型或场景输出为图像文件、视频信号、电影胶片的过程。其中，最常见的是渲染输出静态图像。渲染输出静态图像的方法如下：

（1）打开要渲染输出图像的场景，并激活要进行渲染的视口，如图10-1所示。

（2）单击主工具栏上的【渲染场景对话框】按钮，或者从菜单栏中选择【渲染】|【渲染】命令，出现如图10-2所示的"渲染场景"对话框。

图10-1 打开场景并激活视口

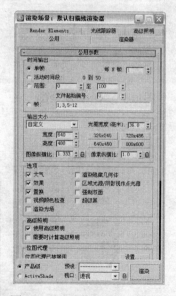

图10-2 "渲染场景"对话框

（3）在"公用"卷展栏的"时间输出"组中选中"单帧"选项。在"输出大小"组中将图像的大小设置为1280像素×1024像素，如图10-3所示。

（4）单击【渲染】按钮，即可在渲染帧窗口中出现渲染输出的图像，如图10-4所示。

图10-4 渲染效果

图10-3 设置图像的大小

如果在制作模型后更改了贴图文件的保存位置，打开"渲染场景"对话框时，可能会出现"缺少贴图/光度学文件"对话框。可单击【浏览】按钮。在出现的"配置位图/光度学路径"对话框中单击【添加】按钮，在"选择新位图路径"对话框中，导航到加载了原始文件的目录，再单击【使用路径】按钮返回"配置位图/光度学路径"对话框。最后，单击【确定】返回"缺少贴图/光度学文件"对话框，单击【继续】按钮即可。

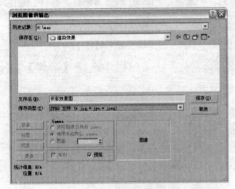

图10-5 保存参数设置

（5）要保存渲染生成的图像，只需单击渲染帧窗口工具栏中的【保存】按钮，打开"浏览图像供输出"对话框，设置好保存位置、文件名和图像文件格式，如图10-5所示。单击【保存】按钮，即可保存渲染输出的图像。

也可以在渲染时自动保存图像，其方法是：在"渲染场景"对话框中单击"渲染输出"组中的【文件】按钮，打开"渲染输出文件"对话框，如图10-6所示。设置好保存位置、文件名和图像文件格式后单击【保存】按钮，将会在渲染时自动保存图像文件。

图10-6 指定渲染输出文件

10.2 渲染输出动画

动画制作完成后，可以用.avi、.mov等视频文件格式渲染输出动画文件。动画是按各帧进行渲染的，其渲染过程一般较慢。渲染输出动画的方法如下：

（1）打开要渲染的包含三维动画的.max文件。

（2）选择【渲染】|【渲染】命令，打开"渲染场景"对话框。

（3）在"时间输出"组中，选中"活动时间段"选项，如图10-7所示。

（4）在"渲染场景"对话框的"输出大小"组中，根据需要设置视频显示分辨率的大小，如图10-8所示。

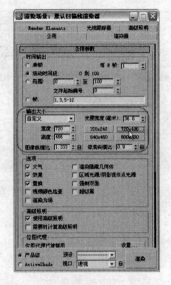

图10-7 选中"活动时间段"选项　　　　图10-8 设置视频显示分辨率的大小

（5）在"渲染输出"组中单击【文件】按钮，打开"渲染输出文件"对话框，为动画文件选择保存位置、文件名和文件格式，如图10-9所示。

图10-9 设置动画文件的输出参数

（6）单击【保存】按钮，出现"AVI文件压缩设置"对话框，可以从"压缩器"下拉列表中选择需要的压缩方式，然后设置一种压缩"质量"，如图10-10所示。设置完成后，单击【确定】按钮确认。

（7）返回"渲染场景"对话框中后，即可看到【文件】按钮下方出现保存参数，如图10-11所示。

（8）在"渲染场景"对话框的底部选择要渲染输出的视口，如"透视"视口，如图10-12所示。

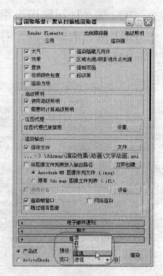

图10-10　压缩参数设置　　　　图10-11　保存参数　　　　图10-12　选择要渲染输出的视口

（9）单击【渲染】按钮，即可开始进行渲染，渲染时将打开如图10-13所示的两个窗口。其中"渲染"窗口用于显示渲染进度，并可通过"剩余时间"来估计渲染时间；"渲染帧"窗口用于显示各帧的渲染结果。

图10-13　渲染过程

（10）动画渲染完成后，只需在保存动画文件的文件夹窗口中双击动画文件，即可打开系统默认的视频播放器来播放动画，如图10-14所示。

图10-14 播放动画

10.3 渲染参数设置详解

"渲染场景"对话框中提供了"公用"、"渲染器"、"Render Elements"、"光线跟踪器"、"高级照明"5个选项卡,每个选项卡中又包含了多个卷展栏。在这些选项卡中设置好适当的参数后再进行渲染,可以满足不同的输出需要。

10.3.1 主要渲染参数简介

下面简要介绍"渲染场景"对话框中的主要参数。

1. "公用"选项卡

如图10-15所示的"公用"选项卡提供了4个卷展栏,其中包含了适用于所有渲染的公用选项和用于选择渲染器的选项。

各个卷展栏的功能如下:

· "公用参数"卷展栏:用于设置所有渲染器的公用参数。

· "电子邮件通知"卷展栏:用于发送渲染作业的电子邮件通知,通常用于网络协同渲染。

· "脚本"卷展栏:用于指定渲染前或渲染后要运行的脚本,包括MAXScript、宏脚本、批处理、可执行文件等脚本文件。

· "指定渲染器"卷展栏:用于指定产品级和ActiveShade类别的渲染器,并显示"材质编辑器"中的示例窗。

2. "渲染器"选项卡

"渲染场景"对话框的"渲染器"选项卡中提供了用于设置活动渲染器的主要选项,如图10-16所示。其中的卷展栏和选项取决于当前所使用的渲染器。系统默认的渲染器为"扫描线渲染器"。

3. "Render Elements"选项卡

"Render Elements"选项卡用于将渲染中的各种信息分割成单个图像文件，其设置选项如图10-17所示。

图10-15 "公用"选项卡　　图10-16 "渲染器"选项卡　　图10-17 "Render Elements"选项卡

4. "光线跟踪器"选项卡

如图10-18所示的"光线跟踪器"选项卡用于设置光线跟踪器的参数，可以影响场景中所有光线跟踪材质、光线跟踪贴图和高级光线跟踪阴影及区域阴影的生成。

5. "高级照明"选项卡

如图10-19所示的"高级照明"选项卡用于选择高级照明选项，默认扫描线渲染器提供了光跟踪器和光能传递两个选项。

10.3.2 设置公用参数

"公用"选项卡的"公用参数"卷展栏如图10-20所示，这是在渲染时最常用的卷展栏。该卷展栏用于设置所有渲染器的公用参数，如渲染场景的帧数，输出图像大小和输出文件格式等。

1. "时间输出"组

"时间输出"组用于选择要渲染的帧，其主要选项有：

· 单帧：只渲染当前帧。

· 每N帧：设置帧的规则采样。例如，输入5表示每隔5帧渲染一次。

· 活动时间段：渲染时间滑块内的当前帧范围。

· 范围：对用户指定的两个数字之间（包括这两个数）的所有帧进行渲染。

· 文件起始编号：指定起始文件编号。

图10-18 "光线跟踪器"选项卡　　图10-19 "高级照明"选项卡　　图10-20 "公用参数"卷展栏

　　• 帧：对用户所指定的非连续帧进行渲染，帧与帧之间用逗号隔开，连续的帧范围用连字符相连。

　　2. "输出大小"组

　　用于选择一个预定义的图像大小或在"宽度"和"高度"数值框（像素为单位）中输入自定义的图像大小。

　　• "输出大小"下拉列表：用于选择标准的电影和视频分辨率以及纵横比。

　　• 光圈宽度（毫米）：指定用于创建渲染输出的摄影机光圈宽度。

　　• 宽度和高度：以像素为单位指定图像的宽度和高度，从而设置输出图像的分辨率。

　　• 预设分辨率按钮（如320×240、640×480等）：用于选择一个预设分辨率。

　　• 图像纵横比：设置图像的纵横比。

　　• 像素纵横比：设置显示在其他设备上的像素纵横比。

　　3. "选项"组

　　"选项"组中提供了以下复选项：

　　• 大气：启用后可渲染大气效果。

　　• 效果：启用后可渲染模糊等渲染效果。

　　• 置换：启用后可渲染任一置换贴图。

　　• 视频颜色检查：启用后可检查超出NTSC或PAL安全阈值的像素颜色。

　　• 渲染为场：启用后，在创建视频时，将视频渲染为场，而不是渲染为帧。

　　• 渲染隐藏几何体：启用后可渲染场景中所有的几何体对象，包括隐藏的对象。

　　• 区域光源/阴影视作点光源：启用后可将所有的区域光源或阴影当做从点对象发出的进行渲染，从而加快渲染速度。

　　• 强制双面：启用后可双面渲染所有曲面的两个面。

　　• 超级黑：启用后可限制用于视频组合的渲染几何体的暗度。

4. "高级照明"组

"高级照明"组中提供了以下两个复选项：

· 使用高级照明：启用后在渲染过程中提供光能传递解决方案或光跟踪。

· 需要时计算高级照明：启用后，当需要逐帧处理时，系统自动计算光能传递。

5. "渲染输出"组

"渲染输出"组中提供了以下选项：

· "保存文件"复选项：启用后，会把渲染后的图像或动画保存到磁盘上。

· 【文件】按钮：单击该按钮，将出现如图10-21所示的"渲染输出文件"对话框，可在其中指定输出文件名、格式以及路径。

· "将图像文件列表放入输出路径"复选项：启用后，可以创建图像序列文件，并将其保存在与渲染相同的目录中。

· 【立即创建】按钮：单击该按钮，可以"手动"创建图像序列文件。

· "Autodesk ME 图像序列文件（.imsq）"单选项：选中后，将创建图像序列文件。

· "原有 3ds Max 图像文件列表（.ifl）"单选项：选中后，将创建由早期版本创建的各种图像文件列表 (IFL) 文件。

· "使用设备"复选项：用于将渲染输出到录像机等设备上。

· "渲染帧窗口"复选项：用于在渲染帧窗口中显示渲染输出。

· "网络渲染"复选项：用于启用网络渲染。

· "跳过现有图像"复选项：启用该选项且启用"保存文件"复选项后，渲染器将跳过序列中已经渲染到磁盘中的图像。

10.4 设置场景背景

3ds Max 2009提供了强大的环境设置功能，可以模拟现实中的大气所产生的各种特效，使场景真实而和谐。选择【渲染】|【环境】命令，将出现如图10-22所示的"环境和效果"对话框并默认显示"环境"选项卡，使用该选项卡可以设置背景颜色、背景颜色动画、背景图像，也可以全局设置染色和环境光，并设置它们的动画，还可以在场景中使用体积光等大气插件。

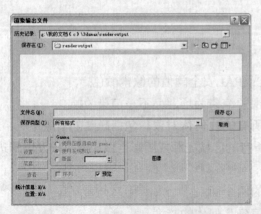

图10-21　"渲染输出文件"对话框

图10-22　"环境和效果"对话框

10.4.1 设置背景颜色

设置背景颜色的方法如下：

（1）激活要渲染的视口，如"透视"视口。

（2）选择【渲染】|【环境】命令，在出现的"环境和效果"对话框的"背景"组中单击色样，出现颜色选择器，如图10-23所示。

（3）选择颜色后，关闭"颜色选择器"和"环境和效果"对话框，再按【F9】键渲染场景，效果如图10-24所示。可以看到，已经将所设置的颜色作为渲染时的背景色。

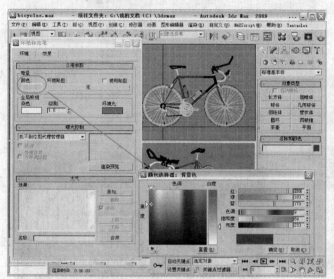

图10-23　设置背景色　　　　　　　　　　　图10-24　渲染效果

10.4.2 应用环境贴图

可以选择一幅图像作为环境贴图，具体方法如下：

（1）激活要渲染的视口，如"透视"视口。

（2）选择【渲染】|【环境】命令，在出现的"环境和效果"对话框的"背景"组中选中"使用贴图"选项，如图10-25所示。

（3）单击【环境贴图】长条按钮（默认显示"无"），出现"材质/贴图浏览器"对话框，从列表中选择贴图类型为"位图"，如图10-26所示。当然，也可以选择其他贴图类型。

（4）单击【确定】按钮，从出现的"选择位图图像文件"对话框中选择要作为背景的图像，如图10-27所示。

（5）单击【打开】按钮，即可完成设置。

（6）关闭"环境和效果"对话框，按【F9】键渲染场景，效果如图10-28所示。场景中的对象被置于一个自然环境中。

10.4.3 设置照明的颜色和染色

可以根据需要设置场景的颜色，还可以对对象进行染色。

图10-25 选中"使用贴图"选项

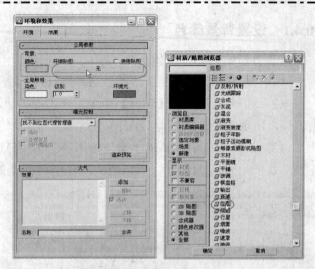

图10-26 选择"位图"作为环境贴图

图10-27 选择位图图像

图10-28 渲染效果

1. 设置全局照明的颜色和染色

可以更改全局照明的颜色和染色，具体方法如下：

（1）激活要渲染的视口，如"透视"视口。

（2）选择【渲染】|【环境】命令，在出现的"环境和效果"对话框的"全局照明"组中单击"染色"色样，在出现的"颜色选择器"中选择染色颜色，如图10-29所示。该颜色将应用于除环境光以外的所有照明装置。

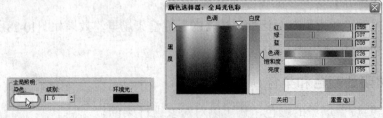

图10-29 选择染色颜色

（3）使用"级别"微调器可以调整场景的总体照明，此时视口将会更新，如图10-30所示。

（4）关闭"环境和效果"对话框，按【F9】键渲染场景，效果如图10-31所示。可以看到，在渲染场景时，使用了全局照明参数。

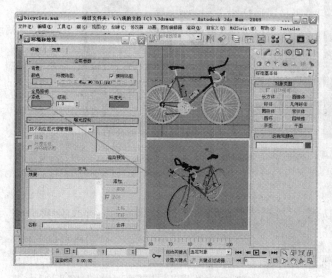

图10-30 设置"染色"参数及效果

图10-31 设置染色后的渲染效果

2. 设置环境光颜色

更改环境光颜色的方法如下：

（1）激活要渲染的视口，如"透视"视口。

（2）选择【渲染】|【环境】命令，在出现的"环境和效果"对话框的"全局照明"组中单击"环境"色样，在出现的"颜色选择器"中选择环境颜色，如图10-32所示。

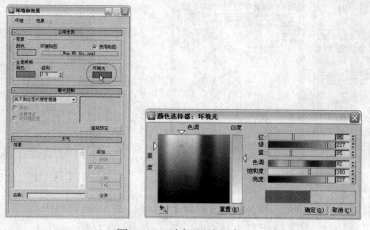

图10-32 选择环境颜色

（3）此时，在视口中将显示出环境光颜色的更改效果，渲染效果也会随之而变化，如图10-33所示。

图10-33　视口颜色和渲染颜色变化

3. 添加大气效果

大气是一种用于创建照明效果（例如雾、火焰等）的插件。下面先通过一个实例来介绍添加大气效果的一般方法。

（1）激活要渲染的视口，如"透视"视口。

（2）选择【渲染】|【环境】命令，在出现的"环境和效果"对话框的"大气"组中单击【添加】按钮，出现"添加大气效果"对话框，如图10-34所示。

（3）选择好要使用的效果类型（本例选择"火效果"）后，单击【确定】按钮，即可在"效果"列表中出现"火效果"选项，如图10-35所示。

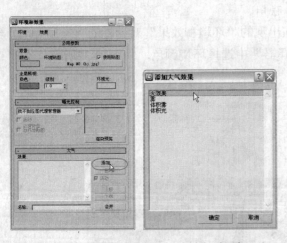

图10-34　打开"添加大气效果"对话框

图10-35　大气效果列表

（4）单击"创建"面板中的【辅助对象】图标，再从其类别中选择"大气装置"，再从"对象类型"卷展栏中选择"长方体Gizmo"，如图10-36所示。

（5）在场景中拖动鼠标创建一个长方体Gizmo，如图10-37所示。

（6）在"环境和效果"对话框中展开"火效果参数"卷展栏，单击其中的【拾取Gizmo】按钮，然后在场景中单击长方体Gizmo将其拾取，如图10-38所示。

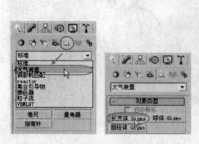

图10-36　选择"长方体Gizmo"

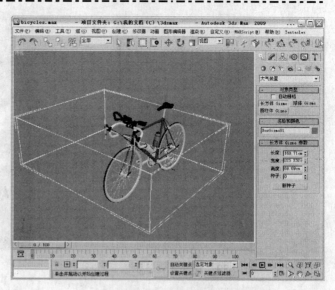

图10-37　创建长方体Gizmo

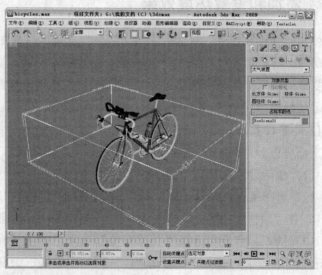

图10-38　拾取长方体Gizmo

（7）设置"火效果参数"卷展栏中的相关参数，如图10-39所示。

（8）按【F9】键渲染场景，即可看到如图10-40所示的火效果。

除"火"效果外，常用的大气效果还有以下几种：

· 雾：用于提供雾和烟雾的大气效果，使对象随着与摄影机距离的增加逐渐褪光（标准雾）。也可以提供分层雾效果，使所有对象或部分对象被雾笼罩。

· 体积雾：也用于提供雾效果，但雾的密度在3D空间中不是恒定的，而是一种吹动的云状雾效果。

· 体积光：根据灯光与大气（雾、烟雾等）的相互作用提供灯光效果。

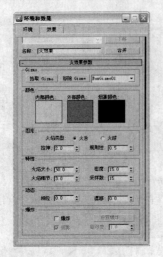

图10-39　设置火效果参数

图10-40　火效果

10.5　添加和设置环境效果

使用"环境和效果"对话框中的"效果"选项卡（如图10-41所示），可以在最终渲染图像或动画之前添加各种特殊的效果，常见的效果有：镜头渲染效果、模糊渲染效果、亮度与对比度渲染效果、颜色平衡渲染效果、景深渲染效果、文件输出渲染效果、胶片颗粒渲染效果和运动模糊渲染效果。

1. 设置效果的一般方法

下面先以胶片颗粒渲染效果为例，介绍利用"效果"选项卡设置特效的一般方法：

（1）激活要添加环境效果的视口。

（2）选择【渲染】|【效果】命令，在出现的"环境和效果"对话框中默认选中"效果"选项卡，在"效果"卷展栏中单击【添加】按钮，出现"添加效果"对话框，如图10-42所示。

（3）从效果列表中选择"胶片颗粒"选项，单击【确定】按钮，即可将其添加到"效果"选项卡的效果列表中，然后在"胶片颗粒"卷展栏中设置好相关参数，如图10-43所示。

图10-41　"效果"选项卡

图10-42　"添加效果"对话框

图10-43　胶片颗粒参数设置

（4）直接按【F9】键渲染场景，效果如图10-44所示。可以看到，图中的对象添加上了一种胶片颗粒效果。

图10-44　添加胶片颗粒效果

2. 各种效果简介

下面简单介绍主要效果的特点：

· 镜头渲染效果：用于创建真实效果的系统，如光晕、光环、射线、自动二级光斑、手动二级光斑、星形和条纹等。

· 模糊渲染效果：可以通过均匀型、方向型和放射型3种不同的方法使图像变模糊。

· 亮度和对比度渲染效果：可以调整图像的对比度和亮度。

· 颜色平衡渲染效果：可以通过独立控制RGB通道操纵相加/相减颜色。

· 文件输出渲染效果：可以根据"文件输出"在"渲染效果"堆栈中的位置，在应用部分或所有其他渲染效果之前，获取渲染的"快照"。

· 胶片颗粒渲染效果：在渲染场景中重新创建胶片颗粒的效果。

· 运动模糊渲染效果：使移动的对象或整个场景变得模糊。

· 景深渲染效果：模拟通过摄影机镜头观看时的效果，即前景和背景的场景元素的自然模糊。

本章要点小结

本章介绍了渲染和输出3ds Max 2009场景的具体方法，下面对本章的重点内容进行小结：

（1）渲染是将模型或场景输出为图像文件、视频信号、电影胶片的过程。在渲染过程中，会自动将颜色、阴影、照明效果等加入到几何体中，从而定义环境并从场景中生成最终输出结果。

（2）静态图像是最常见的是渲染输出方式，可以使用"渲染场景"对话框来设置渲染参数。

（3）要用.avi、.mov等视频文件格式渲染输出动画文件，可以在"渲染场景"对话框中选择"活动时间段"选项或"范围"选项，然后根据需要设置视频显示分辨率的大小，再为动画文件选择保存位置、文件名和文件格式即可。

（4）"渲染场景"对话框中提供了"公用"、"渲染器"、"Render Elements"、"光线跟踪器"、"高级照明"5个选项卡，每个选项卡中又包含了多个卷展栏。在这些选项卡中设置好适当的参数后再进行渲染，可以满足不同的输出需要。

（5）利用"环境和效果"对话框中的"环境"选项卡，可以设置背景颜色、背景颜色动画、背景图像，也可以全局设置染色和环境光，并设置它们的动画，还可以在场景中使用体积光等大气插件。

（6）使用"环境和效果"对话框中的"效果"选项卡，可以在最终渲染图像或动画之前添加上镜头渲染效果、模糊渲染效果、亮度与对比度渲染效果、颜色平衡渲染效果、景深渲染效果、文件输出渲染效果、胶片颗粒渲染效果和运动模糊渲染效果等特效。

习题

选择题

（1）渲染是指将（　　）输出为图像文件、视频信号、电影胶片的过程。

A）动画 　　　　　　B）色彩 　　　　　　C）对象 　　　　　　D）模型或场景

（2）动画是按（　　）进行渲染的。

A）场景 　　　　　　B）时间 　　　　　　C）帧 　　　　　　　D）过程

（3）系统默认的渲染器是（　　）渲染器。

A）扫描线 　　　　　B）VRay 　　　　　C）Final Render　D）帧扫描

（4）模拟通过摄影机镜头观看时的渲染效果称为（　　）渲染效果。

A）镜头 　　　　　　B）景深 　　　　　　C）运动模糊 　　　　D）文件输出

填空题

（1）在渲染过程中，会自动将_____等加入到几何体中，从而定义环境并从场景中生成最终输出结果。

（2）"渲染场景"对话框的"脚本"卷展栏用于_____。

（3）"渲染场景"对话框的_____选项卡中提供了用于设置活动渲染器的主要控件。

（4）"渲染场景"对话框的"光线跟踪器"选项卡用于设置_____的参数，可以影响场景中所有光线跟踪材质、光线跟踪贴图和高级光线跟踪阴影及区域阴影的生成。

（5）3ds Max 2009可以模拟现实中的_____所产生的各种特效，包括背景颜色、背景颜色动画、背景图像，也可以全局设置染色和环境光。

（6）使用"环境和效果"对话框中的_____选项卡，可以在最终渲染图像或动画之前添加上各种特殊的效果。

简答题

（1）3ds Max的场景可以以哪些方式输出？各有何特点？

（2）如何渲染输出静态图像？如何渲染输出动画？

（3）简述主要渲染参数的含义。

（4）如何设置场景背景？

（5）什么是环境效果？如何添加和设置环境效果？

第2篇 3ds Max 2009行业应用范例

3ds Max 2009的功能强大，应用范围也非常广泛。必须在掌握3ds Max基本功能和基本操作的基础上，通过一些范例学习，才能创作出满足实际需要的对象模型或制作出生动的三维动画。

本篇将通过一些比较典型的范例，从不同的侧面详细讲解3ds Max的具体应用。通过这些范例的学习，读者既能进一步掌握3ds Max软件主要功能的应用方法和技巧，又能将软件相关功能与实际应用结合起来，从而提升就业技能，积累三维设计的实践经验。

本篇安排了以下两章内容，其中的范例注重完整的建模过程和动画制作过程，可以帮助读者循序渐进、全面地培养综合利用3ds Max的各种功能和技巧完成设计任务的能力。

❖ 三维建模范例。
❖ 三维动画制作范例。

第11章 三维模型制作范例

模型制作是3ds Max 2009的基本功能和主要功能。利用3ds Max 2009强大的建模工具和命令，可以创建出几乎所有对象的实体模型。本章将通过以下3个范例介绍三维模型的创建方法和技巧：

- 制作足球模型。
- 制作小区鸟瞰效果图。
- 制作室内装饰效果图。

范例1　制作足球模型

造型也称为建模，即建立模型，就像是人们做一件产品的毛坯，做完了毛坯之后才能对其装饰美化。造型主要是利用三维软件在电脑上创造三维形体。一般来说，先要绘出基本的几何形体，再将它们变成需要的形状，然后通过不同的方法将它们组合在一起，从而建立复杂的形体。另一种常用的造型技术是先创造出二维轮廓，再将其拓展到三维空间。还有一种技术叫做放样技术，就是先创造出一系列二维轮廓，用来定义形体的骨架，再将几何表面附于其上，从而创造出立体图形。本例将使用3ds Max 2009制作如图11-1所示的足球模型。

图11-1　足球模型制作效果

范例分析

使用3ds Max制作实体模型时，应遵循一定的工作流程。一般来说，主要的工作包括场景设置、对象模型的创建和编辑、材质设计、灯光布置、摄影机架设和渲染输出等。

1. 设置场景

首先需要做好一些必要的准备工作，具体内容如下：

（1）新建场景。启动3ds Max 2009后，系统会自动创建一个未命名的新场景，也可以从【文件】菜单中选择【新建】或【重置】命令来创建一个新场景。

（2）选择单位显示。从菜单栏中选择【自定义】|【单位设置】命令，在打开的"单位设置"对话框中选择单位显示系统。

（3）设置系统单位。在"单位设置"对话框中单击【系统单位设置】按钮，从出现的"系统单位设置"对话框中确定系统单位。但是，一般只有创建非常大或者非常小的场景模型时才有必要更改系统单位。

（4）设置栅格间距。从菜单栏中选择【自定义】|【栅格和捕捉设置】命令，在出现的"栅格和捕捉设置"对话框中选择"主栅格"选项卡，在其中设置可见栅格的间距。

（5）保存场景。设置好基本参数后，从菜单栏中选择【文件】|【保存】命令，在出现

的"另存为"对话框中设置好参数，然后单击【保存】按钮保存场景。

2. 创建对象模型

接下来，就可以在视口中建立对象的模型并设置对象动画。创建时，可以从不同的3D几何基本体开始，也可以使用2D图形作为放样或挤出对象的基础，还可以将对象转变成多种可编辑的曲面类型，然后通过拉伸顶点和使用其他工具进一步建模。创建对象模型的一般方法如下：

（1）创建对象。在"创建"面板上单击对象类别和类型，然后在视口中单击或拖动来定义对象的创建参数。可以创建的对象包括标准基本体、扩展基本体、AEC对象、复合对象、粒子、面片栅格、图形、动态体、形状、灯光、摄影机、辅助对象、空间扭曲和系统对象等。

（2）选择和变换对象。可以在对象区域单击或拖动来选择该对象，也可以通过名称或其他属性来选择对象。选中对象后，可以使用"移动" ✛、"旋转" ↻和"缩放" ▣等变换工具来将它们定位到场景中。

（3）建立对象模型。从"修改"面板中选择修改器，可以将对象塑造和编辑成最终的形式。应用于对象的修改器将存储在堆栈中。

3. 配置材质

可以使用"材质编辑器"来配置材质，定义曲面特性的层次，创建出有真实感的对象。配置材质的一般方法如下：

（1）设置材质。单击主工具栏上的【材质编辑器】图标▩，在出现的"材质编辑器"对话框中进行材质和贴图的配置。

（2）设置材质属性。可以设置基本材质属性来控制曲面特性，常见的属性有颜色、反光度和不透明度级别等。

（3）使用贴图。贴图可以控制曲面属性，如纹理、凹凸度、不透明度和反射等，从而扩展材质的真实度。大多数基本属性都可以使用贴图进行增强。

4. 配置灯光和摄影机

可以在场景中创建带有各种属性的灯光来提供照明。灯光可以投射阴影、投影图像以及为大气照明创建体积效果。而摄影机能像在真实世界中一样控制镜头长度、视野和运动控制。设置灯光和摄影机的一般方法如下：

（1）放置灯光。在场景中设置特定的照明时，可以从"创建"面板的"灯光"类别中选择创建和放置灯光。标准灯光包括泛光灯、聚光灯和平行光等类型，可以为灯光设置各种颜色。此外，也可以应用光度学灯光来使用真实的照明单位，也可以应用将太阳光和天光结合起来的日光系统。

（2）放置摄影机。使用"创建"面板中的"摄影机"类别，可以创建和放置摄影机。摄影机定义了渲染的视口，还可以设置摄影机动画来产生电影的效果。

5. 渲染

在3ds Max中，渲染是指根据场景设置，赋予物体材质和贴图，计算明暗程度和阴影，由程序绘出一幅完整的画面或一段动画。3ds Max中的渲染器具有选择性光线跟踪、分析性抗锯齿、运动模糊、体积照明和环境效果等功能。渲染的一般方法如下：

（1）定义环境和背景。默认的渲染场景的背景颜色为黑色，可在"环境和效果"对话框的"环境"选项卡中定义场景的背景或设置效果。

（2）设置渲染选项。要设置最终输出的大小和质量，可以从"渲染场景"对话框的众多选项中进行选择。

（3）渲染图像和动画。将渲染器设置为渲染动画的单个帧，可以渲染生成单幅图像。除需要将渲染器设为渲染一系列帧以外，渲染动画与渲染单幅图像的方法相同，可以选择将动画渲染成多个单独帧文件或是渲染成常用的动画格式（如FLC或AVI格式）。

制作过程

下面介绍足球模型的具体制作过程。

（1）启动3ds Max 2009，从菜单栏中选择【自定义】|【单位设置】命令，打开"单位设置"对话框，将"显示单位比例"设置为"厘米"，如图11-2所示。

（2）在"创建"面板中选择【扩展基本体】选项，再从"扩展基本体"类别的"对象类型"中选择【异面体】工具，并在"参数"卷展栏中设置好如图11-3所示的异面体参数。

图11-2　设置显示单位

图11-3　异面体参数设置

（3）在"透视"视口中拖动鼠标，创建如图11-4所示的异面体。

（4）在"参数"卷展栏中将异面体的半径设置为标准足球的半径（11cm），效果如图11-5所示。

（5）直接按下键盘上的【M】键，打开"材质编辑器"对话框，选中第1个样本球，然后单击【Standard】按钮，打开"材质/贴图浏览器"对话框，选择其中的"多维/子对象"选项，如图11-6所示。

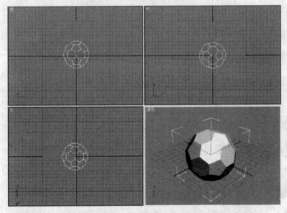

图11-4　创建异面体

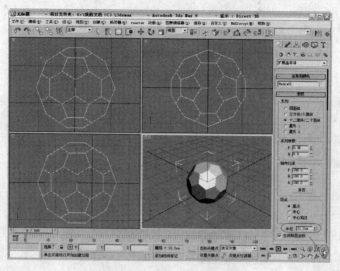

图11-5　更改异面体的半径

（6）单击【确定】按钮，出现如图11-7所示的"替换材质"对话框。

（7）单击【确定】按钮返回"材质编辑器"对话框，出现如图11-8所示的"多维/子对象基本参数"卷展栏。

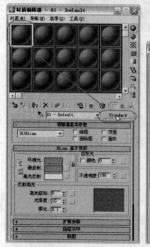

图11-6　选择材质

图11-7　"替换材质"
对话框

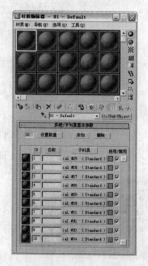

图11-8　"多维/子对象基
本参数"卷展栏

（8）单击【设置数量】按钮，在出现的"设置材质数量"对话框中将"材质数量"设置为2，如图11-9所示。

（9）单击【确定】按钮，"多维/子对象基本参数"卷展栏中将只剩下两个子材质。单击第1个子材质（编号为ID1）后面的颜色框，在出现的"颜色选择器"对话框中将子材质的颜色设置为纯黑色，如图11-10所示。

（10）用同样的方法将第2个子材质的颜色设置为白色，如图11-11所示。

（11）设置好两个子材质的颜色后，可以看到样本球的外观产生如图11-12所示的变化。

图11-9　更改材质数量

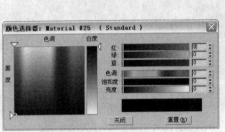

图11-10　设置第1个子材质

图11-11　设置第2个子材质的颜色　　　　图11-12　材质设置效果

（12）单击【将材质指定给选定对象】按钮，为异面体指定材质，效果如图11-13所示。

（13）在"透视"视口中右击异面体对象，从出现的快捷菜单中选择【转换为】|【转换为可编辑网格】命令（如图11-14所示），将异面体转换为可编辑的网格对象。

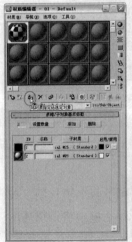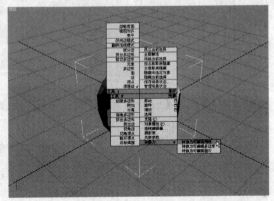

图11-13　指定材质效果　　　　　　图11-14　将异面体转换为可编辑的网格对象

（14）切换到"修改"面板，展开"编辑网格"修改器，选中"面"层级，然后在"编辑几何体"卷展栏中选中"元素"选项，再单击【炸开】按钮，将异面体炸开为分离的五边形面元素和六边形面元素，如图11-15所示。

（15）选择"编辑网格"层级，然后选择【修改器】|【细分曲面】|【网格平滑】命令，在"网格平滑"修改器的"细分量"卷展栏中将"迭代次数"设置为3，如图11-16所示。

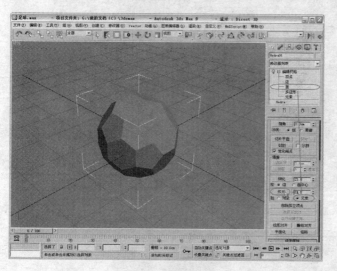

图11-15 炸开异面体　　　　　　　　图11-16 添加并设置"网格平滑"修改器

（16）选择【修改器】|【参数化变形器】|【球形化】命令，再添加一个"球形化"修改器，如图11-17所示。

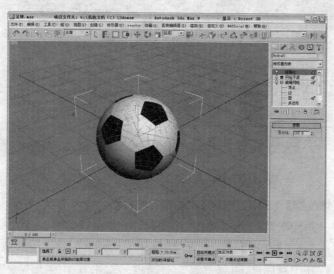

图11-17 添加"球形化"修改器

（17）再从修改器列表中选择【体积选择】选项，添加一个"体积选择"修改器，然后选中"参数"卷展栏中的"面"选项，如图11-18所示。

（18）再修改器列表中选择【面挤出】选项，添加一个"面挤出"修改器，并将"数量"设置为1，比例设置为100%，如图11-19所示。

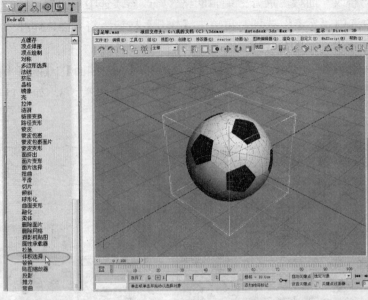

图11-18 添加"体积选择"修改器

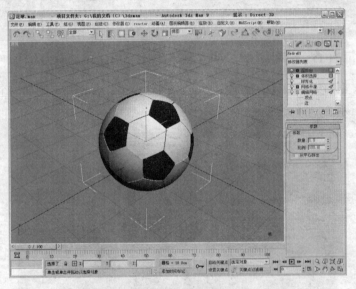

图11-19 添加"面挤出"修改器

（19）选择【修改器】|【细分曲面】|【网格平滑】命令，在"网格平滑"修改器的"细分量"卷展栏中将"迭代次数"设置为1，如图11-20所示。

（20）选择【渲染】|【环境】命令，打开"环境和效果"对话框，单击"背景"选项组中的【无】按钮，打开"材质/贴图浏览器"对话框，双击其中的"渐变"选项，如图11-21所示。

（21）单击主工具栏上的【快速渲染】按钮渲染场景，效果如图11-22所示。

（22）保存场景，完成足球的制作。

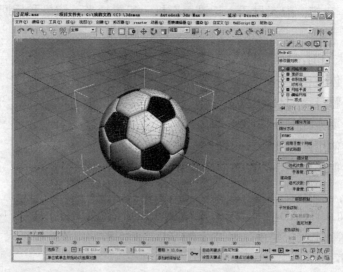

图11-20 再添加一个"网格平滑"修改器

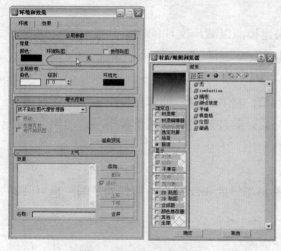

图11-21 设置背景颜色

图11-22 渲染效果

范例2 制作小区鸟瞰效果图

效果图就是在建筑、装饰施工之前，通过施工图纸，把施工后的实际效果用真实和直观的视口表现出来，让大家能够一目了然地看到施工后的实际效果。本章主要通过一个住宅小区鸟瞰效果图的制作范例来展示3ds Max 2009在建筑效果图制作中的应用，如图11-23所示为该效果图的渲染效果。

图11-23 住宅小区鸟瞰效果图

范例分析

利用3ds Max 2009绘制建筑效果图，一般分为前期准备、建模、配置材质、架设摄影机、配置灯光、渲染和后期处理等环境。

1. 前期准备

制作建筑效果图前，应做好以下准备工作：

（1）熟悉总体设计方案。

（2）深入了解设计的具体空间尺寸，构思建筑空间的布局与风格。

（3）构思表现方式和具体手段。

（4）规划要使用的材质。

（5）收集整理场景所需要的一些素材模型和贴图文件。

2. 建模

创建模型时如果有CAD图形，应先导入CAD平面图，然后将平面图中不需要的线框部分删除，然后在此基础上进行建模；如果没有CAD平面图形，应该按图纸尺寸进行建模。建模时，应注意以下事项：

（1）模型尺寸要精确。

（2）尽可能使用对齐工具来对齐模型。

（3）要尽量使用基本体和建筑专用工具来建模，以减小文件的容量并提高渲染速度。

（4）对于建筑细部，不要盲目追求其精细度。

3. 配置材质

材质是体现建筑模型的质感和效果的重要环节，应在"材质编辑器"中仔细设置材质参数，然后将材质赋予模型。对于有贴图纹理的材质，要注意将材质赋予模型后，为模型添加UVW贴图坐标。

4. 架设摄影机

摄影机用于模拟人的观察视角，应通过调整摄影机的焦距来调整取景的范围，也可以通过不同的角度来选择取景的角度。

5. 配置灯光

由于模型和材质需要通过光照才能表现出来，在调整灯光时，应不断总结经验，反复调试参数，直至灯光效果与真实效果相近。

6. 渲染

在渲染建筑效果图时，最好不要使用快速渲染的方式，而应通过"渲染"对话框详细设置各种渲染参数，以获得良好的渲染效果。

7. 后期处理

为优化和丰富建筑效果图的视觉效果，应在渲染输出图像后，对整体效果图的色彩进行调整，并添加上必要的配景。

制作过程

下面介绍住宅小区鸟瞰效果图的制作过程。

（1）启动3ds Max 2009，从菜单栏中选择【自定义】|【单位设置】命令，打开"单位设置"对话框，将"显示单位比例"设置为"毫米"，如图11-24所示。

本例中，为减小图形文件的容量，将真实对象的1cm视为1mm，即1m用100mm表示。

（2）在"创建"面板中单击【图形】图标，再从"对象类型"列表中选择【矩形】工具，在"顶"视口中拖动鼠标绘制一个长方形，再在"参数"卷展栏中将长方形的大小设置为2000mm×3000mm，如图11-25所示。

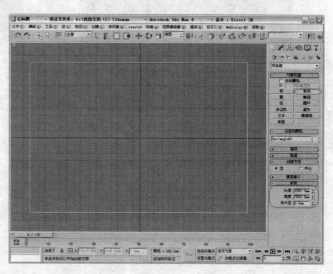

图11-24 设置显示单位　　　　　　　　图11-25 绘制长方形

（3）再绘制一个长方形，参数设置和效果如图11-26所示。

（4）选择【移动】工具，然后按下键盘上的【Shift】键，单击"顶"视口中的"小长方形"对象，出现"克隆选项"对话框，选中其中的"复制"选项，如图11-27所示。

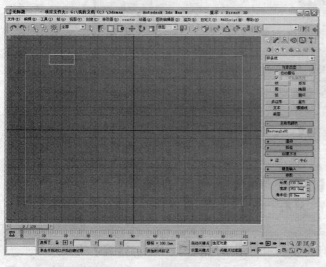

图11-26 绘制小长方形　　　　　　　　图11-27 克隆选项设置

（5）单击【确定】按钮复制出一个小长方形，然后将其向右移动200mm，效果如图11-28所示。

（6）用同样的方法复制出如图11-29所示的另外两个小长方形。

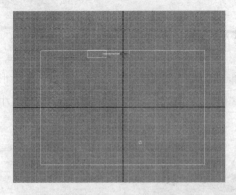

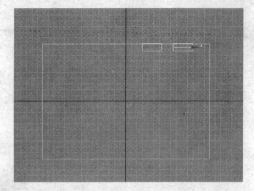

图11-28　移动小长方形的副本　　　　　　　图11-29　复制另外两个小长方形

（7）按下键盘上的【Shift】键，再单击"顶"视口中的所有"小长方形"对象（共4个），将其复制后移动到如图11-30所示的位置。

（8）利用【选择】工具，选中大的长方形（名称为Rectangle01），然后选择【修改器】|【面片/样条线编辑】|【编辑样条线】命令，添加一个"编辑样条线"修改器。

（9）展开"几何体"卷展栏，然后单击其中的【附加】按钮，如图11-31所示。

（10）在"顶"视口中依次单击8个小长方形，将它们都附加到大长方形上，如图11-32所示。

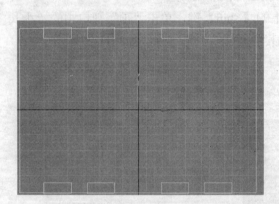

图11-30　复制多个小长方形的效果　　　　　　图11-31　单击【附加】按钮

（11）从修改器下拉列表中选择【修剪/延伸】选项，如图11-33所示。

（12）添加"修剪/延伸"修改器后，单击"修剪/延伸"卷展栏上的【拾取位置】按钮，如图11-34所示。

（13）在"顶"视口中单击要修剪的线条，将图形修剪为如图11-35所示的效果。

（14）在修改器中单击鼠标右键，从出现的快捷菜单中选择【塌陷全部】命令，如图11-36所示。

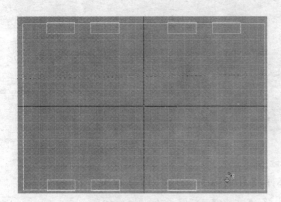

图11-32 在大长方形上附加8个小长方形

图11-33 选择【修剪/延伸】选项

图11-34 单击【拾取位置】按钮

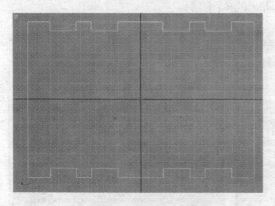

图11-35 图形修剪效果

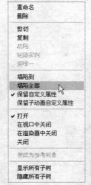

图11-36 塌陷对象

（15）展开"可编辑样条线"修改器，选择其中的"样条线"子层级，在"几何体"卷展栏中将"轮廓"选项设置为20mm，使图形向外扩20mm，生成建筑第一层的墙体图，如图11-37所示。

（16）从修改器下拉列表中选择【挤出】选项，出现"挤出"修改器后，将"数量"设置为300，生成一个3m高的墙体，如图11-38所示。

（17）选择【长方体】工具，绘制8个长方体，参数设置和效果如图11-39所示。

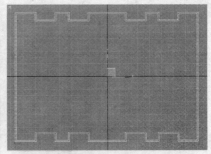

图11-37 生成建筑第一层的墙体图

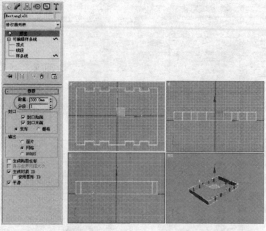

图11-38　挤出生成墙体　　　　　　　　　　图11-39　绘制长方体

（18）选中墙体对象，在"创建"面板中选择【几何体】选项，再从对象下拉列表中选择"复合对象"选项，从"对象类型"列表中选择【布尔】工具，如图11-40所示。

（19）在"拾取布尔"卷展栏中先选中"差集（A-B）"选项，再单击【拾取操作对象B】按钮，分别单击8个长方体，生成如图11-41所示的8个门洞。

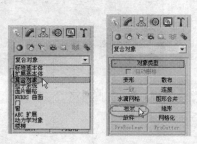

图11-40　选择【布尔】工具　　　　　　　　图11-41　生成门洞

（20）再绘制8个大小相同的长方体用于开窗洞，参数设置和效果如图11-42所示。

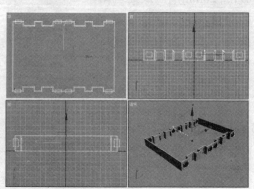

图11-42　绘制8个长方体

（21）使用【布尔】工具挖出窗洞，效果如图11-43所示。

（22）将当前唯一的对象选中，然后将其命名为"首层"，然后切换到"修改"面板，右击面板空白区域，从出现的快捷菜单中选择【可编辑网格】命令，如图11-44所示。

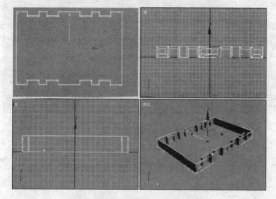

图11-43　窗洞制作效果　　　　　　　　　　图11-44　选择【可编辑网格】命令

（23）选择【编辑】|【克隆】命令，在出现的"克隆选项"对话框中选择"复制"选项，再将副本命名为"层02"，如图11-45所示。

（24）使用【移动】工具将"层02"上移到如图11-46所示的位置，制作出大楼的第2层。

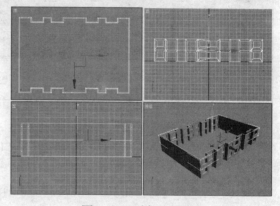

图11-45　"克隆选项"对话框　　　　　　　图11-46　对象移动效果

（25）在"首层"对象上绘制4个长方体，参数设置和效果如图11-47所示。

（26）再绘制4个长方体，参数设置和效果如图11-48所示。

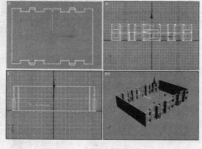

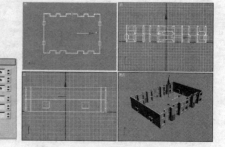

图11-47　绘制长方体　　　　　　　　　　　图11-48　绘制长方体

（27）使用【布尔】工具挖出门洞，效果如图11-49所示。

（28）在"层02"上绘制4个长方体，参数设置和效果如图11-50所示。

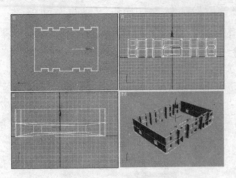

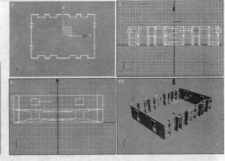

图11-49 挖出门洞　　　　　　　　　　　　　图11-50 绘制长方体

（29）再在"层02"上绘制4个长方体，参数设置和效果如图11-51所示。

（30）使用【布尔】工具挖出门洞，效果如图11-52所示。

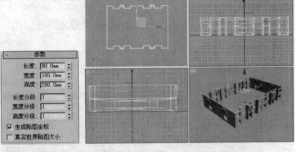

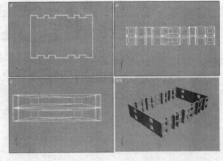

图11-51 绘制长方体　　　　　　　　　　　　图11-52 挖出门洞

（31）选中"层02"对象，在视口中单击鼠标右键，从出现的快捷菜单中选择【隐藏当前选择】命令，将"层02"暂时隐藏起来。

（32）选择【平面】工具，在"顶"视口中拖动鼠标绘制出"地面"对象，如图11-53所示。

（33）选择【弧】工具，在"顶"视口中绘制如图11-54所示的阳台弧线。

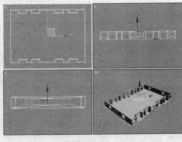

图11-53 绘制"地面"　　　　　　　　　　　图11-54 绘制阳台弧线

（34）从修改器列表中选择【挤出】选项，然后在"挤出"修改器的"参数"卷展栏中将挤出的"数量"设置为120，效果如图11-55所示。

（35）选择【长方体】工具，绘制一个用于挖洞的长方体，参数设置如图11-56所示。

 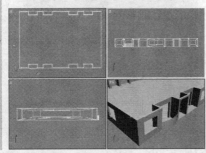

 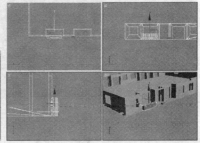

图11-55 挤出生成阳台 　　　　　　　　图11-56 绘制长方体

（36）选择【布尔】工具，在"阳台"上挖出一个孔，如图11-57所示。

（37）选择【矩形】工具，在"左"视口中绘制一个与窗口大小相同的长方形，如图11-58所示。

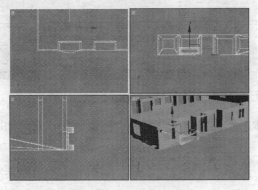 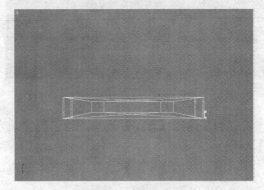

图11-57 布尔运算效果 　　　　　　　　图11-58 绘制长方形

（38）从修改器列表中选择【倒角】选项，然后在出现的"倒角"修改器的"倒角值"卷展栏中设置如图11-59所示的倒角参数。

（39）右击倒角后的对象，从出现的快捷菜单中选择【转换为】|【转换为可编辑网格】命令，将对象转换为可编辑网格。

（40）从修改器堆栈中选择【点】子层级，如图11-60所示。

图11-59 倒角参数设置 　　　　　　　　图11-60 选择子层级

（41）使用【移动】工具，在"前"视口中移动图形中最下面的点，如图11-61所示。

图11-61　编辑网格

（42）选择【长方体】工具，绘制如图11-62所示的长方体。

（43）再绘制一个长方体，参数设置和绘制效果如图11-63所示。

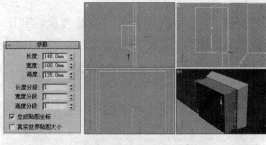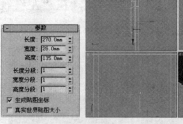

图11-62　绘制长方体　　　　　　　　　　图11-63　绘制第2个长方体

（44）选择【布尔】工具，挖去两个长方体，然后将对象命名为"挑窗框"，效果如图11-64所示。

（45）选择【平面】工具，在"左"视口中绘制一个平面作为窗户的玻璃，然后将其命名为"玻璃01"，如图11-65所示。

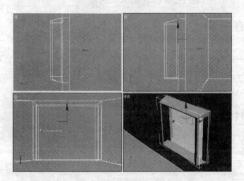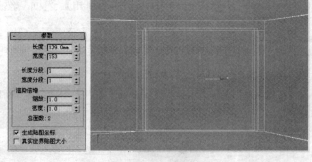

图11-64　"挑窗框"制作效果　　　　　　　图11-65　绘制玻璃

（46）在窗框的两侧再绘制两个平面，并将其分别命名为"玻璃02"和"玻璃03"，如图11-66所示。

（47）选中窗框和所有玻璃对象，然后选择【组】|【成组】命令，将其组合为名为"窗户01"的对象。

（48）将"窗户01"复制到建筑两侧的窗户上，效果如图11-67所示。

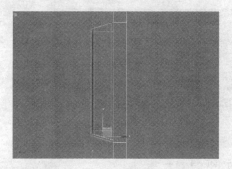

图11-66 绘制另两块玻璃

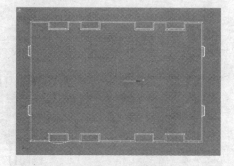

图11-67 复制窗户

（49）使用【长方体】工具，在建筑物正面的窗洞上绘制窗户，如图11-68所示。

（50）将绘制好的窗户复制到正面和后面的窗洞中，如图11-69所示。

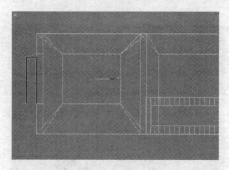

图11-68 绘制窗户

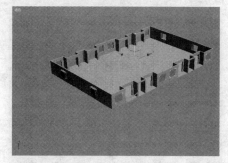

图11-69 复制窗户

（51）使用【圆柱体】工具，绘制出阳台的第1根栏杆，如图11-70所示。

（52）复制多根栏杆，效果如图11-71所示。

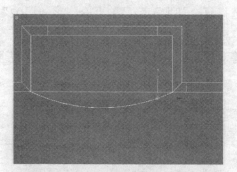

图11-70 绘制第1根栏杆

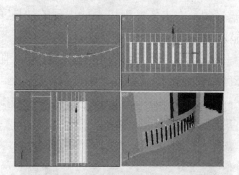

图11-71 复制栏杆

（53）将所有栏杆和阳台弧线组合起来，命名为"阳台01"。

（54）将组合后的"阳台01"对象复制到建筑物的每个阳台上，如图11-72所示。

（55）选择【长方体】工具，绘制住宅楼第1个楼梯间的梯步，如图11-73所示。

（56）将梯步复制到每个楼梯间，如图11-74所示。

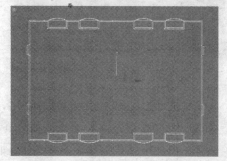

图11-72 复制"阳台01"对象

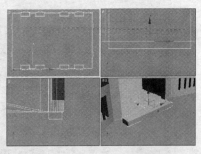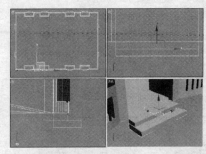

图11-73 绘制梯步

（57）选择全部梯步，将它们组合后命名为"首层梯"对象。

（58）选择【长方体】工具，在"前"视口中绘制一个长方体，并将其命名"阳台门"，如图11-75所示。

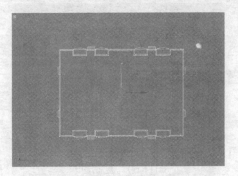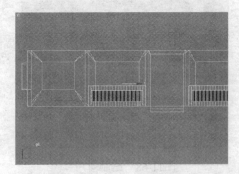

图11-74 复制梯步　　　　　　　　　　图11-75 绘制"阳台门"

（59）将"阳台门"复制到每个阳台上，效果如图11-76所示。

（60）右击任意视口，从出现的快捷菜单中选择【全部取消隐藏】命令，将"层02"对象显示出来。

（61）将把"首层"的窗户、阳台、阳台门等对象复制到"层02"对象相应的位置上，如图11-77所示。

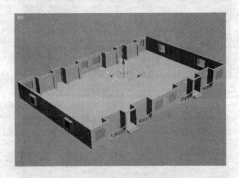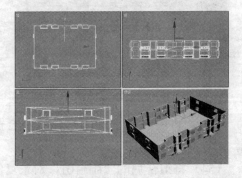

图11-76 复制"阳台门"　　　　　　图11-77 复制窗户、阳台、阳台门等对象

（62）把"层02"对象向上复制6层，效果如图11-78所示。

（63）使用【长方体】工具绘制一个楼顶，如图11-79所示。

（64）再使用【长方体】工具在楼顶上绘制4个长方体作为女儿墙，如图11-80所示。

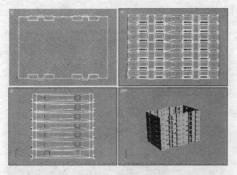

图11-78 复制对象

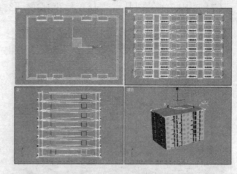

图11-79 绘制楼顶

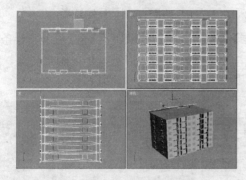

图11-80 绘制女儿墙

（65）使用【长方体】工具在楼顶上绘制楼梯间，如图11-81所示。

（66）再在上一个长方体上面绘制另一个长方体，如图11-82所示。

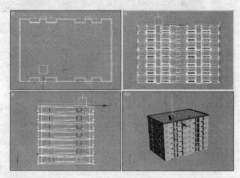

图11-81 绘制楼梯间

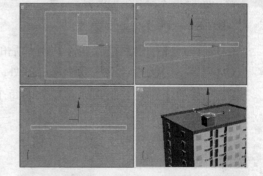

图11-82 绘制长方体

（67）在如图11-83所示的位置用【长方体】工具绘制出楼顶门。

（68）将楼梯间的所有对象组合并命名为"屋顶楼梯间"。

（69）将"屋顶楼梯间"对象复制到每个楼梯间的屋顶位置，如图11-84所示。

（70）在第2层楼梯间洞口位置用【矩形】工具绘制如图11-85所示的矩形。

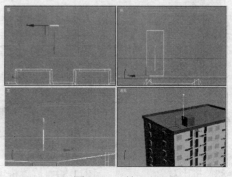

图11-83 楼顶门

（71）再在绘制几个同样大小的矩形，如图11-86所示。

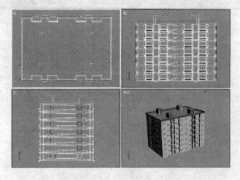

图11-84 复制"屋顶楼梯间"

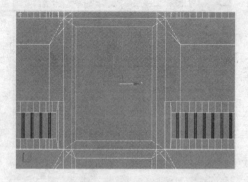

图11-85 绘制矩形

（72）选中较大的矩形，然后选择【修改器】|【面片/样条线编辑器】|【可编辑样条线】命令，添加"可编辑样条线"修改器，然后单击【附加】按钮，将所有矩形附加过来，如图11-87所示。

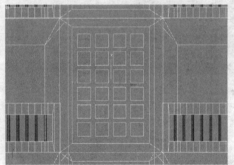

图11-86 绘制多个小矩形

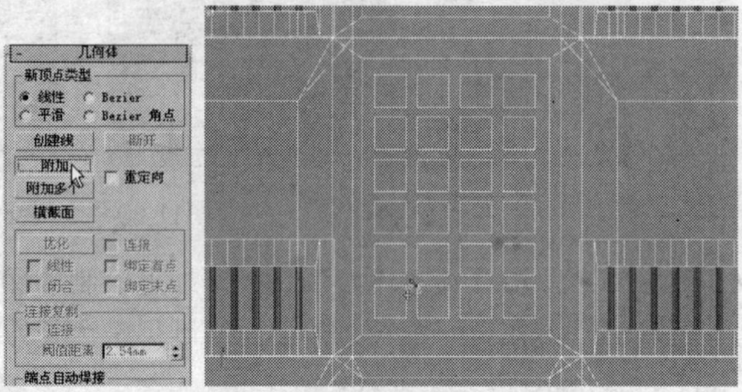

图11-87 附加矩形

（73）选择【挤出】修改器，将附加后的矩形挤出20mm，如图11-88所示。

（74）将挤出后的对象移动到楼梯间处，然后命名为"楼梯间"，如图11-89所示。

（75）将挤出对象复制到除首层外的每个楼梯间，如图11-90所示。

图11-88 挤出对象

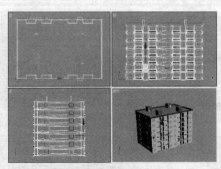

图11-89 放置挤出对象

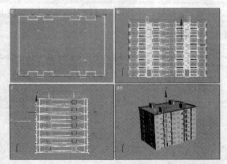

图11-90 复制挤出对象

（76）选择【平面】工具，绘制出建筑物的地面，如图11-91所示。

（77）单击主工具栏上的【材质编辑器】按钮，打开"材质编辑器"对话框，将第1个材质球命名为"地面"，如图11-92所示。

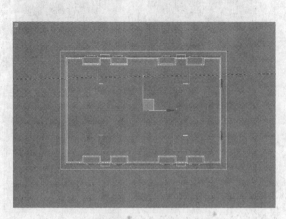

图11-91　绘制地面

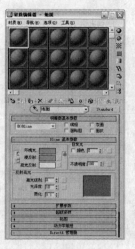

图11-92　命名第1个材质球

（78）单击材质球名称后面的 Standard 按钮，从出现的"材质/贴图浏览器"对话框中选择"建筑"材质，如图11-93所示。

（79）单击【确定】按钮返回"材质编辑器"对话框，从模板列表中选择"理想的漫反射"选项，如图11-94所示。

（80）单击【漫反射颜色】图标，在出现的"颜色选择器"对话框中按如图11-95所示的参数调节漫反射颜色，设置后单击【关闭】按钮关闭"颜色选择器"对话框。

图11-93　选择"建筑"材质

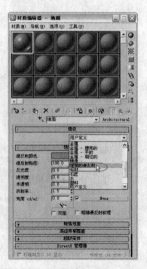

图11-94　选择"理想的漫
反射"选项

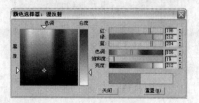

图11-95　"颜色选择器"对话框

（81）单击【漫反射贴图】按钮，在出现的"材质/贴图浏览器"对话框中选择"斑点"贴图，如图11-96所示。

（82）选择贴图后单击【确定】按钮返回"材质编辑器"对话框，再从"漫反射贴图"卜拉列表中选择"地面"选项返回"地面"参数设置选项，将漫反射贴图的参数设置为30，如图11-97所示。

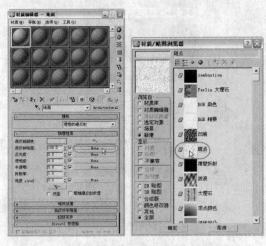
图11-96　选择贴图

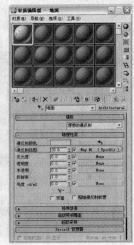
图11-97　设置漫反射贴图的参数

（83）将"地面"材质赋予场景中的"地面"对象，然后从修改器列表中选择"UVW贴图"选项，在出现的"UVW贴图"修改器中设置贴图坐标，具体参数设置如图11-98所示。

（84）将第2个材质球命名为"墙体"，然后单击【环境光】按钮设置材质的环境光为白色，如图11-99所示。

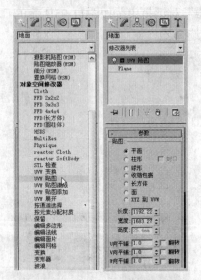
图11-98　设置贴图坐标

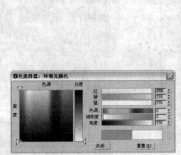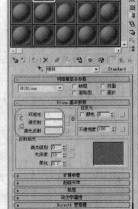
图11-99　设置"墙体"材质的环境光

（85）展开"贴图"卷展栏，在出现的"材质/贴图浏览器"对话框中双击"位图"选项，然后从事先准备好的素材库中选择名为"墙"的图像作为贴图，如图11-100所示。

（86）单击【打开】按钮，即可看到添加贴图后的效果，如图11-101所示。

（87）将"墙体"材质赋予每层楼的墙体（包括屋顶楼梯间），效果如图11-102所示。

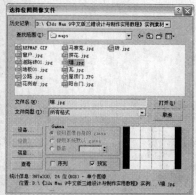

图11-100 设置贴图

（88）设置墙体的贴图坐标，具体参数如图11-103所示。

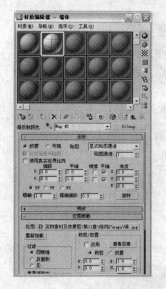
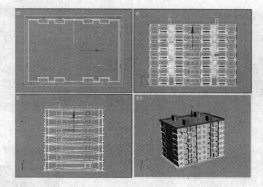

图11-101 添加贴图的效果 　　图11-102 墙体指定材质的效果 　　图11-103 设置墙体的
　　　　　　　　　　　　　　　　　　　　　　　　　　　　　　　　　　　　　贴图坐标

（89）将第3个材质球命名为"楼梯间墙"，然后将其环境光颜色设置为白色，如图11-104所示。

（90）将"楼梯间墙"材质指定给所有楼梯间墙体，然后按如图11-105所示的参数设置贴图坐标。

（91）将第4个材质球命名为"挑窗玻璃"，然后按如图11-106所示的参数设置其环境光颜色，并设置好不透明度和反射高光参数。

（92）将"挑窗玻璃"材质指定给全部挑窗玻璃对象。

（93）将第5个材质球命名为"窗户"，并为其指定贴图和反射高光参数，如图11-107所示。

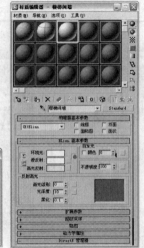

图11-104　设置"楼梯间墙"的颜色　　　　　　　　图11-105　　"楼梯间墙"的贴图坐标

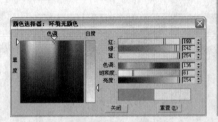

图11-106　　"挑窗玻璃"材质参数设置

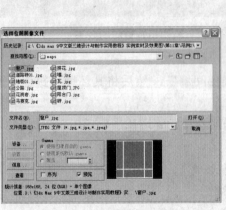

图11-107　　"窗户"材质参数设置

（94）将"窗户"材质指定给所有窗户对象。

（95）将第6个材质球命名为"梯步"，将环境光设置为白色，再设置好其反射高光参数，如图11-108所示。

（96）将"梯步"材质指定给建筑的首层梯步对象。

（97）将第7个材质球命名为"屋顶楼板"，然后设置其环境光、自发光和反射高光参数，如图11-109所示。

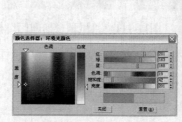

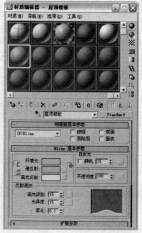

图11-108　设置"梯步"材质参数　　　　　图11-109　设置"屋顶楼板"材质参数

（98）将"屋顶楼板"材质指定给屋顶楼板对象。

（99）将第8个材质球命名为"阳台门"，然后为其指定贴图、自发光和反射高光参数，如图11-110所示。

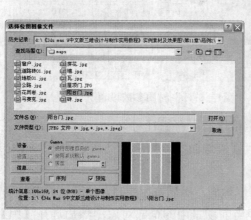

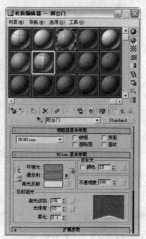

图11-110　设置"阳台门"材质参数

（100）将"阳台门"材质指定给所有的阳台门对象。

（101）将第9个材质球命名为"屋顶楼梯间门"，然后为其指定贴图、自发光和反射高光参数，如图11-111所示。

（102）将"屋顶楼梯间门"材质指定给4个屋顶楼梯间门对象。

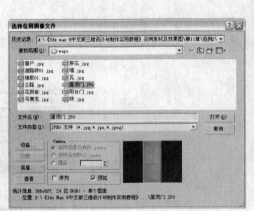
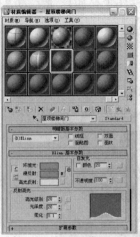

图11-111 "屋顶楼梯间门"材质参数设置

（103）将第10个材质球命名为"阳台栏杆"，其环境光颜色参数、自发光参数和反射高光参数设置如图11-112所示。

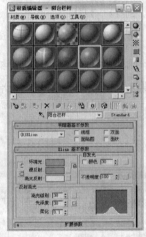
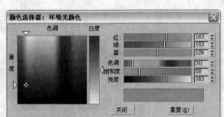

图11-112 "阳台栏杆"材质参数设置

（104）将"阳台栏杆"材质指定给所有阳台栏杆对象。

（105）将第11个材质球命名为"楼群地面"，然后为其指定贴图、自发光和反射高光参数，如图11-113所示。

（106）将"楼群地面"指定给楼群地面，然后按如图11-114所示的参数设置贴图坐标。

（107）按【Ctrl】+【A】键选中当前场景中的全部对象，然后选择【组】|【成组】命令将其组合为名为"一号楼"。

（108）用类似的方法创建一个"高层建筑"模型和一个围墙模型。

（109）复制"一号楼"和"高层建筑"模型，并将副本调整到如图11-115所示的位置。

（110）使用【摄影机】工具在场景中创建如图11-116所示的目标摄影机。

（111）在场景中根据需要放置主光源，如图11-117所示。

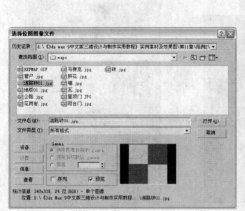

图11-113　"楼群地面"材质参数设置

图11-114　"楼群地面"贴
图坐标设置

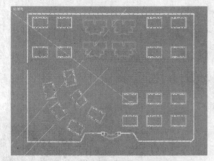
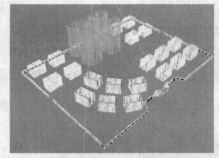

图11-115　复制并调整模型

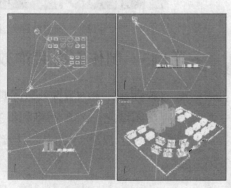
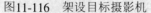

图11-116　架设目标摄影机

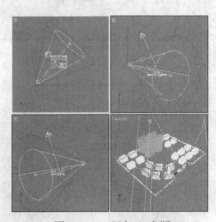

图11-117　添加主光源

（112）再放置一盏辅助光源，参数设置和效果如图11-118所示。

（113）选择【渲染】|【渲染】命令，打开"渲染场景"对话框，参数设置如图11-119所示。

（114）渲染参数设置完成后，单击【渲染】按钮，即可开始进行渲染，渲染结束后，生成如图11-120所示的效果图。

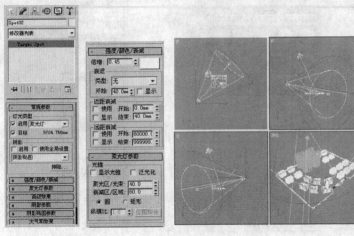
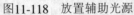
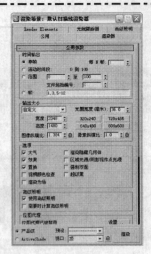

图11-118　放置辅助光源　　　　　图11-119　渲染参数设置

（115）单击"渲染"窗口中的【保存】按钮保存图像。

（116）关闭"渲染"窗口，然后保存场景文件。

（117）启动Photoshop，在其中打开在"渲染"窗口中保存的位图图像，然后利用Photoshop的图像编辑工具，在图像中添加公路、植物、入小区外部环境、人物、小车等对象，并根据需要对图像的色彩进行调整，最终效果如图11-121所示。

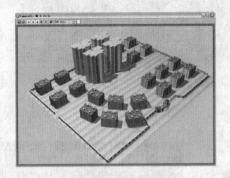

图11-120　渲染效果

图11-121　后期处理效果

图11-122　办公楼接待厅装饰效果图

范例3　制作室内装饰效果图

设计制作室内装饰效果图是3ds Max的重要应用领域之一。本例将利用3ds Max 2009制作如图11-122所示的办公楼接待厅装饰效果图。

范例分析

室内装饰效果图的制作和建筑效果图的制作有一定的区别。室内装饰设计的重点在于室内造型、色彩搭配、家具摆放色彩选择等方面，是对建筑物的内部空间进行的设计。制作室内装饰效果图时，首先应根据建筑物的实际设计结构（包括平面图、立面图和剖面图）构思出建筑的形象以及场景，然后选择一个合适的角度，根据画法几何的原理，拉成透视图，用电脑绘制出来。

使用3ds max制作室内效果图的一般过程如下：

（1）读懂设计图纸，搞清设计意图。既要搞清楚设计方案的空间结构，又要理解设计者的设计构思和理念，以此来把握好在效果图场景中需要表现的格调和气氛。

（2）根据设计图纸建立室内空间模型。应根据平面图的设计，在场景中建立地面、墙休、吊顶等大体框架，在搭好的框架中加入摄影机，进一步调整摄影机的参数至满意的角度后，便可在场景中创建其他三维造型和调入家具。

（3）将建造的模形按照图纸的要求，在3ds Max场景中进行移动、旋转、缩放等处理，将这些构件线架整合在一起。

（4）将各种建筑构件和造型摆放至合适的位置后，就可以给场景中各种物体赋予材质，同一种材质可赋予多个不同的物体。对各部分构件线架赋予材质时，要求整体材质应该有一个主基调色，尽量避免大面积对比色的情况出现。

3ds Max提供了多种标准材质和强大的材质编辑能力，为体现效果图的最终效果的真实性提供了保障。

（5）调整场景中的灯光环境，使整个场景物体能表现出比较好的整体感和层次感。灯光的多少及分布的差异会在场景中产生不同的室内光影效果，所烘托的气氛可能会有较大的差异，　这时就要特别注意使灯光布局所产生的光影效果和气氛与总体设计不产生矛盾。

（6）为场景添加上画饰、花卉等配景，使整个场景显得更为生动逼真。在效果图场景中添加人物，其目的是为效果图标定一个合理的空间尺度。

（7）渲染输出。输出图像的大小要根据图纸大小而定，一般制作效果图图像的分辨率最好不小于120dpi（120像素/英寸）。

（8）进行效果图的后期处理。一般需要在Photoshop等图像处理软件中进行。在Photoshop中进行后期处理，一般需要调整整个画面的基调色、亮度及反差，使画面表现出较好的色感和层次感；添加各种配景使画面显得更为生动；进行适当的光影效果处理，使整个画面呈现出较好的艺术效果。

（9）进行打印输出。有条件时，最好进行附膜、装裱等处理，使效果图更具艺术品味。

在本例中，应重点把握以下技巧：

（1）创建楼梯等复杂对象的技巧。

（2）在复杂场景中添加新对象的技巧。

（3）对象分段参数的设置技巧。

（4）对象的对齐和分布技巧。

（5）摄影机专用观察工具的应用技巧。

（6）材质参数设置和贴图坐标变换技巧。

（7）复杂光源的配置和管理技巧。

（8）环境和效果设置技巧。

制作过程

下面介绍装饰效果图的制作过程。

1. 制作墙体和地面模型

首先制作墙体和地面模型。

（1）启动3ds Max 2009中文版，选择【自定义】|【单位设置】命令设置绘图单位，将单位选择为"毫米"。

（2）从命令面板中选择【长方体】工具，绘制出"墙01"对象，参数设置和效果如图11-123所示。

（3）再用【长方体】工具，绘制出一个与"墙01"平行的"墙02"对象，两者的距离为700cm，参数设置和效果如图11-124所示。

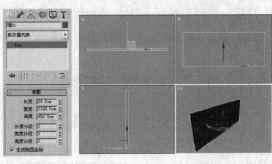
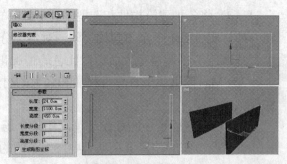

图11-123　"墙01"的参数设置和效果　　　　图11-124　"墙02"的参数设置和效果

（4）用同样的方法绘制出"墙03"对象，参数设置和效果如图11-125所示。

（5）从命令面板中选择【平面】工具，创建出"地面01"，参数设置和效果如图11-126所示。

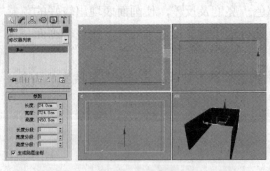
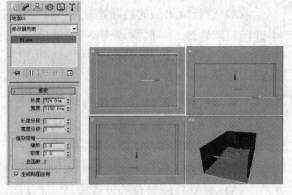

图11-125　"墙03"的参数设置和效果　　　　图11-126　地面的参数设置和效果

2. 制作楼梯和屋顶模型

接下来，在墙体范围内制作出楼梯和屋顶模型。

（1）从命令面板中选择【长方体】工具，在"顶"视图中绘制一个长方体作为第1个梯步，参数设置和效果如图11-127所示。

（2）复制10个长方体，然后使用【移动】工具移动到合适的位置，再选择【组】|【成组】命令，将11个长方体组合命名为"楼梯"，如图11-128所示。

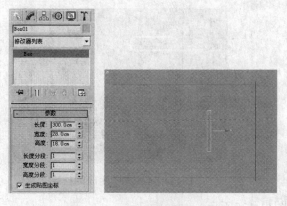

图11-127　梯步参数设置和效果

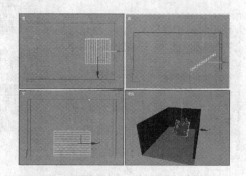

图11-128　复制并组合成"楼梯"

（3）选择【长方体】工具，绘制出屋顶，参数设置和效果如图11-129所示。

（4）再用【长方体】工具绘制出楼梯左右两侧的背面的部分，参数设置和效果如图11-130所示。

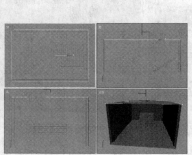

图11-129　屋顶参数设置和效果

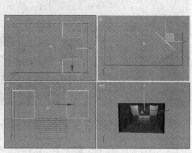

图11-130　绘制楼梯背部

（5）选择【线】工具，绘制出如图11-131所示的由线条组成的图形。

（6）选择【圆】工具，绘制一个圆形，参数设置和效果如图11-132所示。

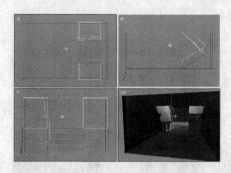

图11-131　绘制线条

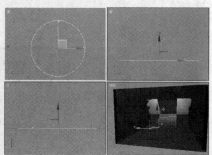

图11-132　绘制圆形

（7）选中第（5）步绘制的线条，再从"复合对象"中选择【放样】工具对线条进行放样，以便生成扶手，如图11-133所示。

（8）在视图中单击圆形对象，放样生成栏杆扶手，将其命名为"扶手"，如图11-134所示。

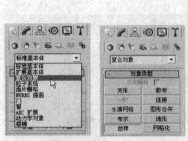  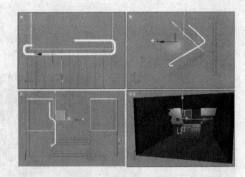

图11-133　选择【放样】工具　　　　　　　　　　图11-134　放样生成的扶手

（9）复制扶手到楼梯的另一侧，效果如图11-135所示。

（10）使用【圆柱体】工具绘制一个直径为6cm的栏杆，然后复制若干根后移动到楼梯两侧的扶手之下，如图11-136所示。

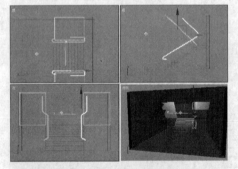 

图11-135　复制扶手到楼梯的另一侧　　　　　　　图11-136　绘制栏杆

（11）选择【线】工具，绘制出"栏杆玻璃板"的形状，如图11-137所示。

（12）在修改器中使用【挤出】工具将其拉伸1.5cm，并命名为"栏杆玻璃"，如图11-138所示。

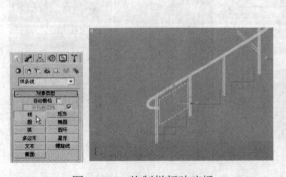 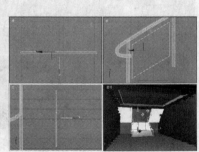

图11-137　绘制栏杆玻璃板　　　　　　　　　　图11-138　拉伸玻璃板

（13）将玻璃板复制到每个栏杆之间，如图11-139所示。

3. 制作形象墙模型

形象墙是企业视觉形象的重要组成部分，当客户进入公司后，对公司的认知就是从企业形象墙开始的，下面介绍形象墙模型的制作方法。

（1）选择【长方体】工具，创建出如图11-140所示的立柱。

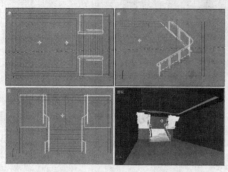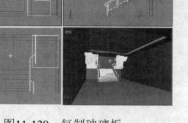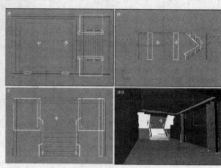

图11-139　复制玻璃板　　　　　　　　　　　图11-140　绘制立柱

（2）选择【矩形】工具，绘制如图11-141所示的长方形。

（3）再选择【圆】工具，绘制若干个圆形，如图11-142所示。

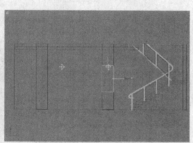

图11-141　绘制长方形　　　　　　　　　　　图11-142　绘制若干圆形

（4）先选中"长方形"，再进入"样条线"编辑器，选择"附加"功能，将所有的圆和长方形连接在一起，如图11-143所示。

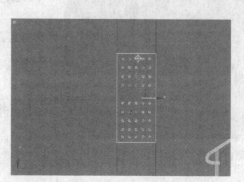

图11-143　将所有的圆和长方形连接在一起

（5）再从修改器中选择"挤出"功能，将图形拉伸1.5cm，拉伸后使用【移动】工具将其移动到紧靠立柱的位置作为立柱装饰物的一部分，如图11-144所示。

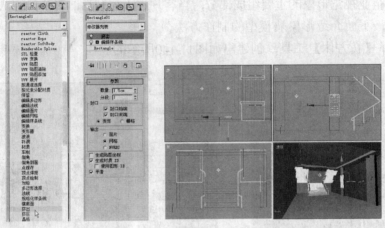

图11-144　拉伸并移动图形

（6）复制拉伸后的图形，然后将其旋转，如图11-145所示。

为便于观察和编辑对象，这里将"透视"视图设置为线框模型。

（7）使用【缩放】工具调节大小后放置到如图11-146所示的位置。

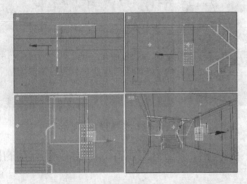

图11-145　复制并旋转对象

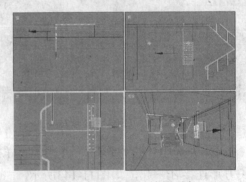

图11-146　缩小并放置对象

（8）复制调节大小后的立柱对象，将它移动到另一侧，如图11-147所示。

（9）将3个面的立柱装饰物组合命名为"立柱装饰"，然后复制到另一根立柱上，如图11-148所示。

（10）选择【长方体】工具，在如图11-149所示的位置沿形象墙绘制一个长方体。

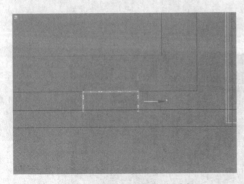

图11-147　复制并移动对象

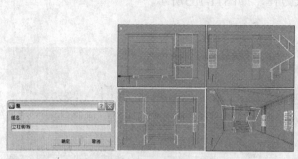

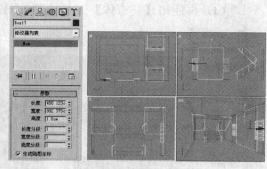

图11-148　组合并复制立柱装饰　　　　　图11-149　绘制长方体

（11）再绘制一个长方体，参数和位置如图11-150所示。

（12）再在形象墙上用【长方体】工具绘制出如图11-151所示的一系列长方体。

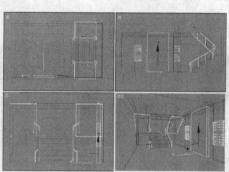

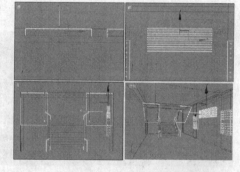

图11-150　绘制第2个长方体　　　　　　　图11-151　绘制多个长方体

4. 制作窗户和地面装饰线模型

接下来，在楼梯后面的墙上挖窗洞，并制作一个窗户。

（1）选择【长方体】工具，绘制如图11-152所示的3个长方体。

（2）选中楼梯后面的墙后，使用【布尔】工具分别单击相应的长方体即可挖出窗洞，如图11-153所示。

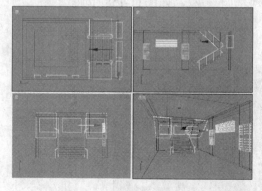

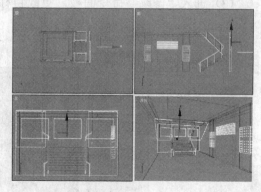

图11-152　绘制3个长方体　　　　　　　　图11-153　挖窗洞

（3）选择【长方体】工具，在"顶"视图绘制出地面分格线，绘制时注意其中的参数设置，如图11-154所示。

（4）再使用【长方体】工具绘制2个长方体，如图11-155所示。

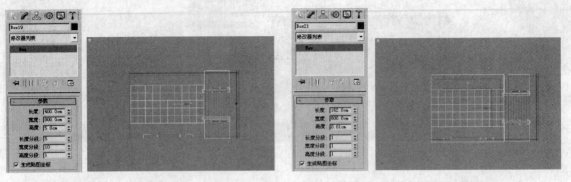

图11-154　绘制分格线　　　　　　　　　图11-155　绘制两侧的分格线

（5）选择【长方体】工具，绘制如图11-156所示的8个长方体。

（6）再绘制如图11-157所示的4个长方体。

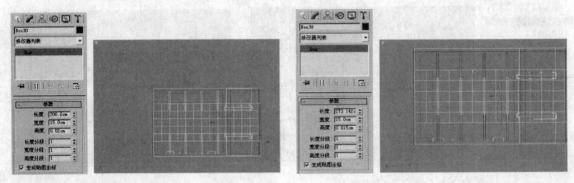

图11-156　绘制8个长方体　　　　　　　　图11-157　再绘制4个长方体

5. 架设摄影机

接下来，在场景中架设一台目标摄影机。

（1）在"创建"命令面板中单击【摄影机】图标，再单击【目标摄像机】选项。

（2）在"顶"视图中单击并拖动鼠标，创建出一台目标摄影机。

（3）进入"修改"命令面板，更改目标摄影机的参数，如图11-158所示。

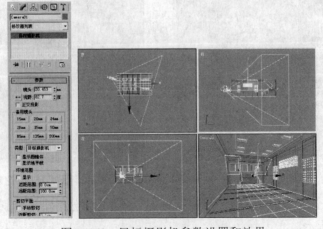

图11-158　目标摄影机参数设置和效果

（4）将窗口右下方的观察视图设置为摄影机视图后，整个窗口的视图工具栏上的按钮也会随之转换成摄影机所专用的观察工具，如图11-159所示。

（5）单击 工具，用前后移动摄像机的方式来调整拍摄范围，如图11-160所示。

（6）选择 工具，改变目标与镜头之间的距离，同时改变FOV的数值，但是它不会改变目标的位置，如图11-161所示。

图11-159　摄影机所专用　　　　图11-160　调整拍摄范围　　　　图11-161　改变目标与镜头之间的距离
　　　　　的观察工具

（7）选择 工具，沿着垂直于视平面的方向旋转摄影机的角度，如图11-162所示。

（8）选择 工具，改变摄影机视野范围，如图11-163所示。

（9）选择 工具，在保持目标物不变的情况下，转动摄影机来调整拍摄范围，如图11-164所示。配合【Shift】键可以锁定在单方向上的旋转。

图11-162　旋转摄影机的角度　　　图11-163　改变摄影机视野范围　　　图11-164　环游摄影机

6. 配置材质

接下来，为场景中的各个对象配置不同 的材质。

（1）单击主工具栏上的【材质浏览器】按钮进入"材质编辑器"，命名第1个材质球为"墙和顶"，然后单击 Standard 按钮，从出现的对话框中选择"建筑"材质，如图11-165所示。

（2）将"漫反射"的颜色设置为白色，如图11-166所示。设置好后将材质赋予所有的"墙"和"顶"。

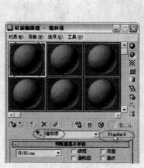

图11-165　选择"建筑"材质

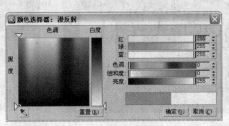

图11-166 将"漫反射"的颜色设置为白色

（3）将第2个材质球命名为"地面"，然后单击 Standard 按钮，从出现的"材质/贴图浏览器"对话框中选择"建筑"材质，如图11-167所示。

（4）单击【确定】按钮返回"材质编辑器"对话框，从"模板"下拉列表中选择"玻璃-半透明"模板，然后单击"物理性质"卷展栏中的"漫反射贴图"选项后面的【None】按钮，从出现的"材质/贴图浏览器"对话框中选择"位图"选项，如图11-168所示。

图11-167 选择材质类型

（5）单击【确定】按钮，在出现的"选择位图图像文件"对话框中选择"地砖01"图像作为贴图。再选中"地面01"对象，更改其贴图坐标（坐标值为80cm×80cm），然后将材质赋予"地面01"对象，如图11-169所示。

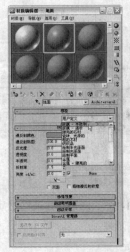
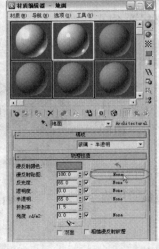

图11-168 设置材质参数

图11-169 "地面"材质参数

（6）将第3个材质球命名为"分格线"，设置好如图11-170所示的参数，然后将其赋予场景中的"分格线"对象。

（7）将第4个材质球命名为"白花岗石"，设置好如图11-171所示的参数，并将贴图坐标设置为80cm×80cm，赋予场景"地面"中的花岗石对象。

（8）将第5个材质球命名为"花岗石"，设置好如图11-172所示的参数后赋予场景"地面"中的花岗石对象。

图11-170 "分格线"材质设置　　图11-171 "白花岗石"材质设置　　图11-172 "花岗石"材质设置

（9）将第6个材质球命名为"立柱"，参数设置如图11-173所示，设置好后赋予"立柱"对象。

（10）将第7个材质球命名为"玻璃"，参数设置如图11-174所示，设置好后赋予"玻璃01"对象。

（11）将第8个材质球命名为"不锈钢"，参数设置如图11-175所示，设置好后赋予"栏杆"对象。

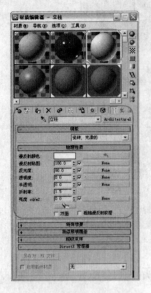 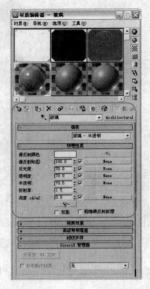 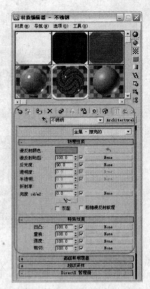

图11-173　"立柱"材质设置　　图11-174　"玻璃"材质设置　　图11-175　"不锈钢"材质设置

（12）将第9个材质球命名为"窗玻"，参数设置如图11-176所示，设置好后赋予"窗户上的玻璃"对象。

（13）将第10个材质球命名为"米黄漆"，参数设置如图11-177所示，设置好后赋予"形象墙"对象。

7. 添加已有模型

可以将已经制作好的.max格式的模型添加到场景中。具体方法是，选择【文件】|【合并】命令，加入沙发、茶几、接待台等模型，调整好大小位置后的效果如图11-178所示。

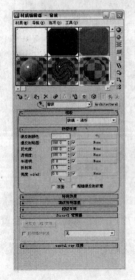  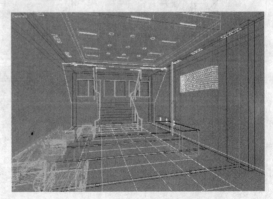

图11-176　"窗玻"材　　图11-177　"米黄漆"　　图11-178　合并模型的效果
质设置　　　　　　　材质设置

8. 配置灯光

接下来设置场景最终的灯光。由于场景中用了很多光影跟踪材质，所以不宜在室内放置很强的主光源。

（1）先在靠近墙的射灯下方放置8盏目标聚光灯，如图11-179所示。

（2）在视图的左面放置2盏泛光灯，如图11-180所示。

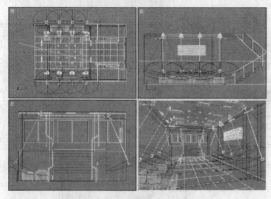
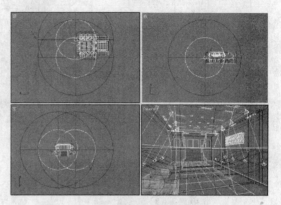

图11-179　放置8盏目标聚光灯　　　　　图11-180　在视图左面放置2盏泛光灯

（3）在视图的下方和上方各放置一盏目标聚光灯，如图11-181所示。

（4）最后，再放置一盏只照射"墙03"的聚光灯，如图11-182所示。

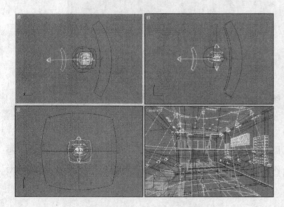
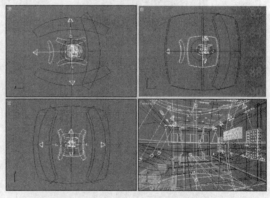

图11-181　在视图的下方和上方放置目标聚光灯　　　图11-182　放置只照射"墙03"的聚光灯

9. 渲染场景

最后，将摄影机视图渲染输出为图像文件。

（1）选择【渲染】|【环境】命令，打开"环境和效果"对话框，单击"背景颜色"框，出现"颜色选择器"对话框，在其中设置好颜色参数后单击【关闭】按钮返回，如图11-183所示。设置背景色后，在渲染时窗外将显示出当前指定的颜色。

（2）单击"大气"卷展栏中的【添加】按钮，出现"添加大气效果"对话框，在其中选择"体积光"选项，如图11-184所示。单击【确定】按钮返回，即可在渲染时产生一种特殊的体积光效果。

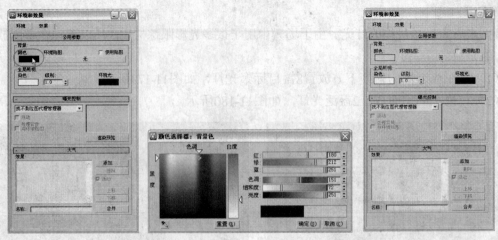

图11-183　设置背景色

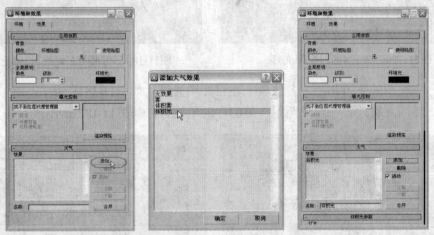

图11-184　添加"体积光"效果

（3）单击"效果"选项卡，再单击【添加】按钮，从出现的"添加效果"对话框中选择"景深"选项，单击【确定】按钮返回，如图11-185所示。即可在渲染时产生一种特殊的类似普通景深摄影的效果。

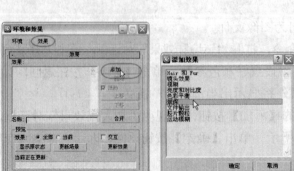

图11-185　添加"景深"效果

（4）关闭"环境和效果"对话框，选择【渲染】|【渲染】命令，出现"渲染设置"对话框。设置好"输出大小"等参数后单击【渲染】按钮，即可渲染输出效果图并自动在指定位置保存图像，如图11-186所示。

图11-186 其他参数设置及渲染效果

（5）选择【文件】|【保存】命令保存场景文件，完成效果图的制作。

渲染输出图像后，还应使用Photoshop等图像处理软件对效果图进行后期处理。

举一反三训练

训练1 制作室内装饰效果图

参考图11-187，使用3ds Max 2009为一家理发店设计制作一幅装饰效果图。

训练2 制作建筑效果图

参考图11-188，使用3ds Max 2009为一栋住宅楼设计制作一幅建筑效果图。

图11-187 室内装饰效果图　　　　　图11-188 建筑效果图

第12章 动画制作范例

动画是一种将静止的画面变为动态效果的艺术，它通过一系列连续播放的不同的画面，给人的视觉造成画面连续变化的效果。3ds Max 2009具有强大的三维动画制作功能，本章将通过以下动画制作范例介绍动画的创作技巧：

- 制作摄影机运动动画。
- 制作文字动画。
- 制作下雨效果动画。

范例1　摄影机运动动画

摄影机运动动画模拟实际使用摄像机拍摄自然景观或人物时产生的画面变换效果，是一种相当简单实用的三维动画制作方法。本例将使用3ds Max 2009制作一个从不同视点和视角观察音箱的动画。

范例分析

启用【设置关键点】或【自动关键点】功能后，在不同的关键帧中变换或更改已经创建好的摄影机的参数，3ds Max将在关键帧之间插补摄影机变换和参数值，从而生成动画效果。摄影机运动动画的制作方式主要有以下几种：

- 沿路径移动摄影机：使摄影机跟随路径运动，将路径约束直接指定给摄影机对象，可以通过添加平移或旋转变换调整摄影机的视点。比如，创建一个建筑的模型后，就可以通过沿路径移动摄影机的方法来制作动画。
- 跟随移动对象：使用注视约束的方式，可以使摄影机自动跟随移动对象。比如，场景中已经制作了一个动物行走的动画，可以使用注视约束来使摄影机始终根据动物的位置进行"拍摄"。
- 平移摄影机：选中场景中的摄影机对象并激活"摄影机"视口，然后启用【自动关键点】功能，将时间滑块移动到下一个关键帧上，再使用视口导航工具组中的【平移】工具平移摄影机，就可以制作出平移动画。
- 环游摄影机：选中场景中的摄影机对象并激活"摄影机"视口，然后启用【自动关键点】功能，将时间滑块移动到下一个关键帧上，再使用视口导航工具组中的【环游】工具环游摄影机，就可以制作出环游动画。
- 缩放摄影机：选中场景中的摄影机对象并激活"摄影机"视口，然后启用【自动关键点】按钮，将时间滑块移动到下一个关键帧上，通过更改镜头的焦距、景深等参数，就可以制作出缩放摄影机动画。
- 综合变换摄影机：选中场景中的摄影机对象并激活"摄影机"视口，然后启用【自动关键点】功能，将时间滑块移动到下一个关键帧上，通过【移动】、【旋转】、【平移】、

【环游】等工具及摄影机参数，也可以制作动画。

本例将使用综合变换摄影机的方法来制作动画。

制作过程

下面介绍摄影机运动动画的具体制作过程。

（1）启动3ds Max 2009，在场景中创建如图12-1所示的"音箱"模型。

（2）适当缩小"前"视口的显示比例，如图12-2所示。

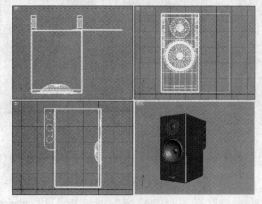

图12-1 创建"音箱"模型

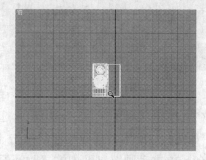

图12-2 缩小"前"视口的显示比例

（3）选择【目标】摄影机，在"前"视口中拖动鼠标，架设如图12-3所示的摄影机对象。

（4）利用【选择】工具选中"透视"视口，按下【C】键将其切换到"摄影机"视口，如图12-4所示。

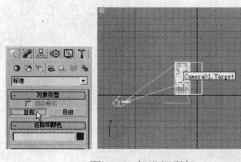

图12-3 架设摄影机

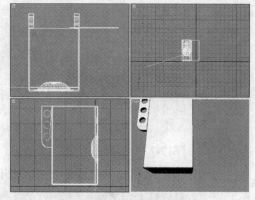

图12-4 将"透视"视口切换到"摄影机"视口

（5）利用【移动】工具适当调整摄影机的位置，并在"修改"命令面板中调整摄影机参数，使"摄影机"视口中能较好地观察"音箱"对象，如图12-5所示。

（6）选择【渲染】|【环境】命令，打开"环境和效果"对话框，单击"背景"组中的【贴图】按钮，打开"材质/贴图浏览器"对话框，选择其中的【位图】选项，如图12-6所示。

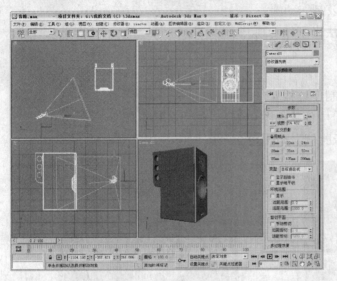

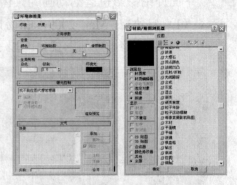

图12-5　调整摄影机　　　　　　　　　　　　图12-6　选择【位图】选项

（7）单击【确定】按钮，出现"选择位图图像文件"对话框，选择一幅图片作为渲染背景，如图12-7所示。选择图像后单击【打开】按钮，然后关闭"环境和效果"对话框。

（8）单击动画控制区中的【时间配置】按钮，打开"时间配置"对话框，将动画的"结束"时间设置为300，其余参数设置如图12-8所示，设置完成后单击【确定】按钮。

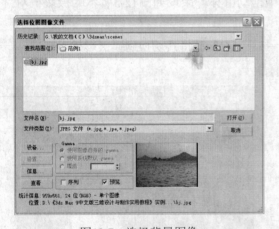

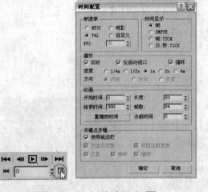

图12-7　选择背景图像　　　　　　　　　　　图12-8　动画时间配置

（9）单击【自动关键点】按钮，将时间滑块移动到100帧处，如图12-9所示。

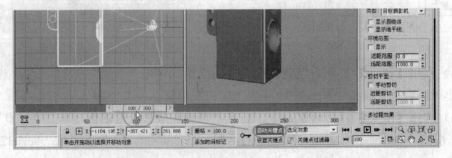

图12-9　定位关键点

（10）综合使用【移动】、【旋转】、【平移】、【环游】等工具变换摄影机，如图12-10所示。

（11）将时间滑块移动到200帧处，综合使用【移动】、【旋转】、【平移】、【环游】等工具变换摄影机，效果如图12-11所示。

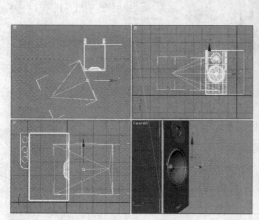

图12-10　变换100帧处摄影机的位置　　　　图12-11　变换200帧处摄影机的位置

（12）将时间滑块移动到300帧处，也综合使用【移动】、【旋转】、【平移】、【环游】等工具变换摄影机，效果如图12-12所示。

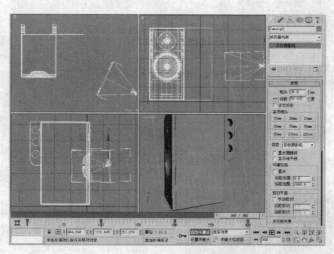

图12-12　变换300帧处摄影机的位置

（13）单击【播放】按钮▣预览动画效果，如图12-13所示。

（14）如果预览效果不满意，可以更改各个关键帧的摄影机参数，也可以通过"轨迹视图"来调整动画效果。

（15）预览效果满意后，选择【渲染】|【渲染】菜单命令，打开"渲染场景"对话框，在其中设置好如图12-14所示的参数。

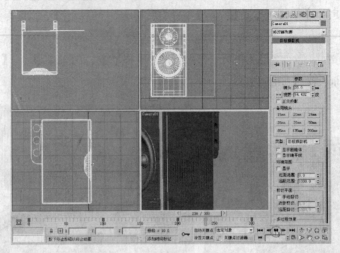

图12-13　预览动画效果

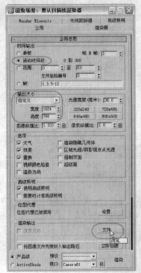

图12-14　渲染参数设置

图12-15　渲染过程

（16）设置好渲染参数后，单击【渲染】按钮，即可渲染输出AVI格式的动画文件，如图12-15所示为渲染过程中的一幅画面。

（17）渲染完成后，打开保存渲染输出文件的文件夹，双击其中的视频文件图标，即可启动操作系统关联的视频播放程序来播放动画，如图12-16所示。

图12-16 播放渲染输出的动画

范例2 文字动画

在各种影视作品和网站中，常常见到各种生动有趣的3D文字动画效果。本例将使用3ds Max 2009制作一个文字沿路径运动的动画。

范例分析

要让文字沿指定的路径运动和变形，可以使用路径约束的方法来实现。在制作此类动画时，主要应注意以下几点：

（1）文字对象是一个二维对象，创建文字后应通过"挤出"修改器将其转换为三维实体。设置挤出参数时，应注意立体文字的完整性和可视性。

（2）可以创建运动路径的图形工具很多，如【线】、【弧】、【螺旋线】等都非常常用。绘制路径和设置路径参数时，应注意路径的形状要便于观察对象。

（3）创建立体文字对象和运动路径后，应选中立体文字对象，然后为其添加"路径变形"修改器，然后在"参数"面板中将文字对象绑定在路径上。路径约束的参数较少，应熟悉各个选项的含义和用法。

（4）为文字创建路径约束后，可启用【自动关键点】功能，进入动画记录状态，然后设置好第0帧（第1个关键帧）处的路径约束的参数。

（5）拖动时间滑块到第2个关键帧处，更改路径约束的参数，表现文字对象过渡到该帧时的状态。

（6）如有必要，可设置多个关键帧，然后关闭【自动关键点】功能，完成动画的制作。

（7）渲染输出时，应注意设置环境参数和动画渲染参数。

制作过程

下面介绍文字路径动画的具体制作过程。

（1）新建一个场景，选择【文本】工具，并设置好文本参数，如图12-17所示。

（2）在"前"视口中单击鼠标，添加文字对象，如图12-18所示。

图12-17 文本参数设置

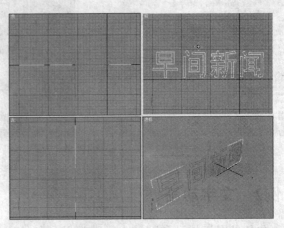

图12-18 添加文字对象

（3）选定文字对象，然后切换到"修改"命令面板，从修改器列表中选择【挤出】选项，然后在"参数"卷展栏中设置好文字的挤出参数，将文本对象转换为三维对象，如图12-19所示。

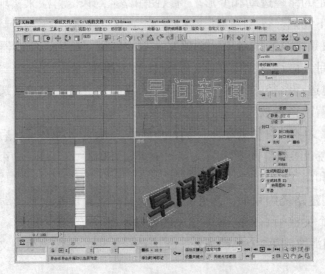

图12-19 挤出生成三维文字

（4）单击【螺旋线】按钮，在"透视"视口中创建一段螺旋线，该螺旋将作为文本对象运动并变形的路径，如图12-20所示。

（5）选定文字对象，然后单击"参数"卷展栏中的【拾取路径】按钮，再在任意视口中中选择螺旋线对象，如图12-21所示。

（6）单击"参数"卷展栏中的【转到路径】按钮，将三维文字对象绑定到路径上，如图12-22所示。

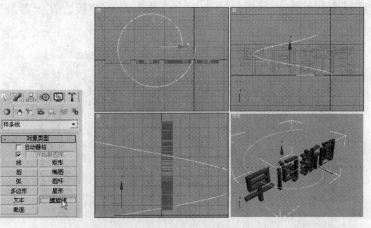

图12-20 绘制螺旋线

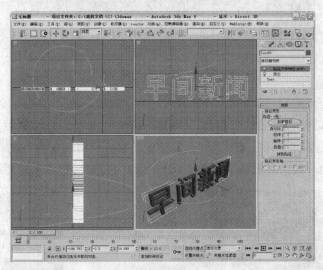

图12-21 拾取路径

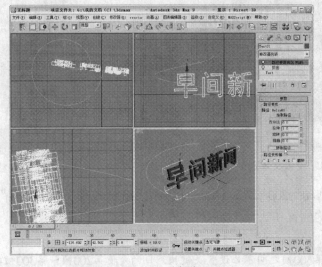

图12-22 将文字对象绑定到路径

（7）选定场景中的螺旋线对象，切换到"修改"命令面板，在"参数"卷展栏中调整螺旋线的参数，使之与文字对象相适应，如图12-23所示。

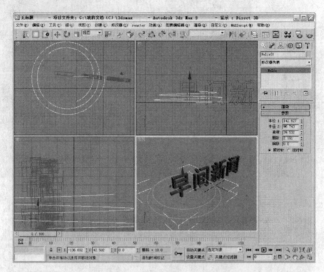

图12-23　调整螺旋线的参数

（8）单击【自动关键点】按钮，然后选定文字对象，在"修改"命令面板的"路径变形绑定"修改器中调整"百分比"参数，将文本调整到需要的起始位置，如图12-24所示。

（9）单击动画控制区中的【时间配置】按钮，打开"时间配置"对话框，将动画的"结束时间"设置为300，其余参数设置如图12-25所示，设置完成后单击【确定】按钮。

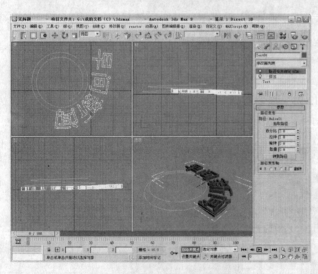

图12-24　设置文本起始位置

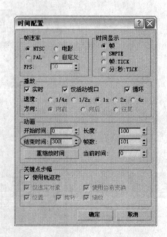

图12-25　延长结束时间

（10）将滑块拖动到200帧处，调整"百分比"、"拉伸"、"旋转"和"扭曲"参数，设置文本在终点处的位置和效果，如图12-26所示。

提示　第200帧和第300帧之间不必设置关键帧，目的是使第200帧～第300帧之间维持第200帧的状态。

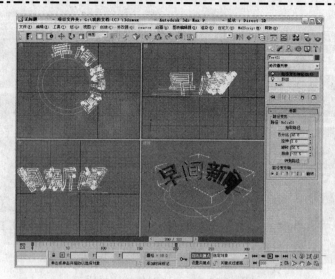

图12-26 设置文本在终点处的参数

（11）再次单击【自动关键点】按钮停止记录动画。

（12）选择【渲染】|【环境】命令，打开"环境和效果"对话框，单击"背景"组中的【环境贴图】按钮，打开"材质/贴图浏览器"对话框，选择其中的【位图】选项，再在出现的"选择位图"对话框中选择一幅背景图像，如图12-27所示。单击【打开】按钮将其设置为背景图像，然后关闭"环境和效果"对话框。

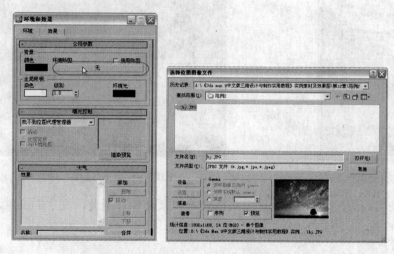

图12-27 选择背景图像

（13）如果要为文字对象设置材质，可以按下【M】键，打开"材质编辑器"对话框，然后单击"漫反射"选项右侧的小方块图标，在出现的"材质/贴图浏览器"对话框中选择一种贴图，单击【确定】按钮将其应用于选定材质，再设置好其他参数，然后单击【将材质指定给选定对象】按钮，为文本对象指定材质，效果如图12-28所示。

（14）单击主工具栏上的【渲染】工具，在"渲染场景"对话框中设置参数如图12-29所示。

（15）单击【渲染】按钮，对动画进行渲染，如图12-30所示为渲染过程的1帧画面。

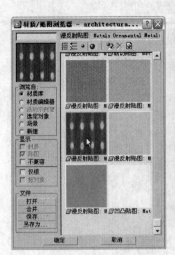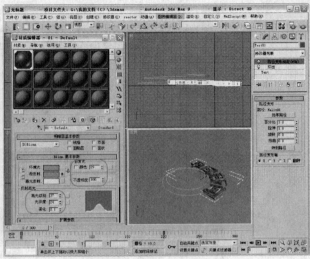

图12-28　为文本对象指定材质

图12-29　设置渲染参数

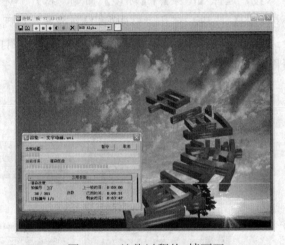

图12-30　渲染过程的1帧画面

（16）渲染完成后，即可生成一个.avi格式的视频文件。至此，文字的三维动画便制作完成了。

范例3　下雨效果动画

风霜雨雪等是最常见的自然现象，使用3ds Max 2009的粒子系统，能够很好地模拟雨、雪、流水、烟云、火花、爆炸、暴风雪和灰尘等场景。本例将使用粒子系统功能，制作一个栩栩如生的下雨动画效果。

范例分析

粒子系统是3ds Max的一种特殊对象，它所发射的粒子是其子对象。可以将粒子系统作为一个整体来设置动画，且可以很简便地调整粒子系统的属性来控制每一个粒子的行为。在3ds Max 2009的"创建"面板的"几何体"类别下拉列表中选择【粒子系统】选项，将出现如图12-31所示的粒子系统的对象类型列表。下面简要介绍基本的粒子系统的功能。

· PF Source（粒子流源）："粒子流源"是一种新型、多功能且强大的3ds Max粒子系统，它使用一种称为"粒子视图"的特殊对话框来使用事件驱动模型。在"粒子视图"中，可将一定时期内描述粒子的形状、速度、方向和旋转等属性的单独操作符合并到称为"事件"的组中。每个操作符都提供一组参数，其中多数参数可以设置动画，以更改事件期间的粒子行为。随着事件的发生，"粒子流源"会不断地计算列表中的每个操作符，并相应更新粒子系统。

· 喷射："喷射"粒子系统用于模拟雨、喷泉、公园水龙带的喷水等水滴效果。

· 雪："雪"粒子系统用于模拟雪效果，也可以模拟撒下纸屑的效果。"雪"粒子系统与"喷射"粒子系统相似，但"雪"粒子系统提供了生成翻滚的雪花的参数，其渲染选项也有所不同。

· 暴风雪："暴风雪"粒子系统是"雪"粒子系统的一种更强大、更高级的版本，它提供更加丰富的"雪"功能和其他特性选项。

· 粒子云："粒子云"粒子系统用于使用粒子"云"来填充特定的实体对象的体积。比如，使用"粒子云"，可以创建一群动物、星空等特殊场景，并可使用长方体、球体或圆柱体来限制粒子。

· 粒子阵列："粒子阵列"粒子系统提供两种类型的粒子效果，一是用于将所选几何体对象（称为"分布对象"）用做发射器模板（或图案）来发射粒子；二是用于创建复杂的对象爆炸效果。

· 超级喷射："超级喷射"粒子系统是"喷射"粒子系统的一种更强大、更高级的版本，它提供了"喷射"的所有功能和更丰富的特性。

本例将使用"喷射"粒子系统来制作下雨的动画效果并为其添加上下雨的声音。

制作过程

下面介绍下雨动画的具体制作过程。

（1）新建一个场景，进入"创建"命令面板，单击【几何体】按钮，从下拉列表中选择【粒子系统】选项，进入粒子系统创建面板，单击其中的【喷射】工具，如图12-32所示。

图12-31 粒子系统的对象类型

图12-32 选择【喷射】工具

（2）在"透视"视口中拖动鼠标，创建如图12-33所示的"喷射"对象，其默认名称为"Spry01"。

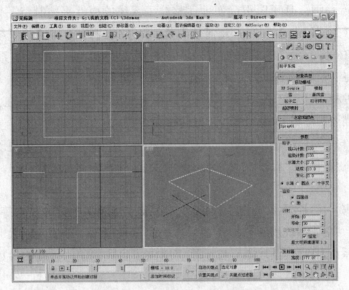

图12-33　创建"喷射"对象

（3）选中"Spry01"对象，进入其"修改"命令面板，在"参数"卷展栏中按如图 12-34所示设置参数。

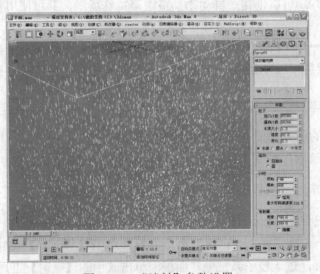

图12-34　"喷射"参数设置

（4）单击主工具栏上的【材质编辑器】按钮，打开"材质编辑器"对话框，选中第1个 样本球，然后单击【环境光】色块，按如图12-35所示设置环境光参数。

（5）更改材质的"不透明度"，如图12-36所示。

（6）单击【将材质指定给选定对象】按钮 ，为"Spry01"对象指定材质，使之与"雨 点"的色彩和透明度相似。

（7）选中"Spry01"对象，然后单击鼠标右键，从出现的快捷菜单中选择【对象属性】 命令，打开"对象属性"对话框，参数设置如图12-37所示。

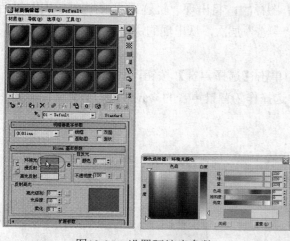

图12-35 设置环境光参数

图12-36 更改"不透明度"

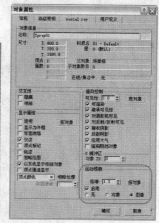

图12-37 设置对象属性参数

（8）选择【渲染】|【环境】命令，打开"环境和效果"对话框，单击"背景"组中的【环境贴图】按钮，打开"材质/贴图浏览器"对话框，选择其中的【位图】选项，再在出现的"选择位图"对话框中选择一幅背景图像，如图12-38所示。单击【打开】按钮将其设置为背景图像，然后关闭"环境和效果"对话框。

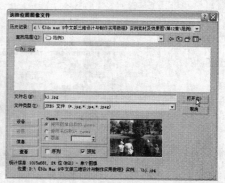

图12-38 设置背景图像

（9）单击主工具栏上的【曲线编辑器】图标，将出现"轨迹视图-曲线编辑器"对话框。然后右击"轨迹视图控制器"窗口中的"声音"层次，从出现的快捷菜单中选择【属性】选项，如图12-39所示。

（10）在出现的"声音选项"对话框中单击【选择声音】按钮，如图12-40所示。

（11）在出现的"打开声音"对话框中选择作为背景声音的.wav格式的音频文件，如图12-41所示。

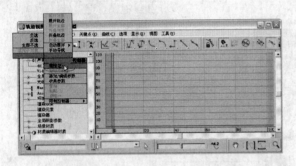

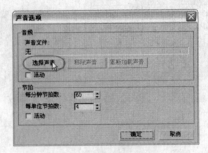

图12-39　选择【属性】选项　　　　　　　　　图12-40　单击【选择声音】按钮

（12）单击【打开】按钮，即可看到添加的声音文件的路径和文件名，如图12-42所示。

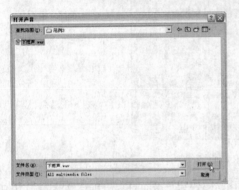

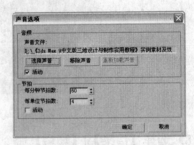

图12-41　选择声音文件　　　　　　　　　　图12-42　声音文件添加效果

（13）单击【确定】按钮，即可看到曲线编辑器中出现一个蓝色和一个红色的波形图，如图12-43所示。其中蓝色代表右声道，红色代表左声道。淡蓝色代表声音文件的实际长度，深蓝色代表声音重复的区域。

（14）单击主工具栏上的【渲染】工具，在"渲染场景"对话框中设置参数如图12-44所示。

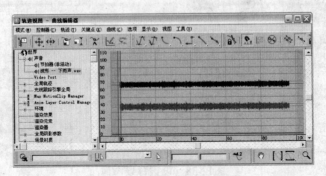

图12-43　曲线图中的波形图

（15）单击【渲染】按钮，对动画进行渲染，如图12-45所示为渲染过程的1帧画面。

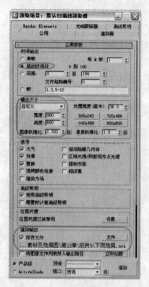

图12-44　渲染参数设置　　　　　　　　　　　　　　　图12-45　渲染过程

（16）渲染结束后，播放视频文件，可以看到在播放时既可以看到大雨的动画效果，也能听到哗哗的下雨声。

举一反三训练

训练1　制作建筑效果图动画

使用3ds Max 2009制作一个建筑效果图，然后制作一个动画来全面观察建筑物的外观和内部构造。

训练2　制作片头动画

使用3ds Max 2009，为一个名为"今日视点"的电视栏目制作一个片头动画。

训练3　制作下雪动画效果

使用3ds Max 2009制作一个下雪动画效果。

训练4　制作爆炸动画效果

使用3ds Max 2009制作一台电视机爆炸的动画效果。

第**3**篇 3ds Max 2009就业技能实训指导

　　3ds Max 2009是一个综合性极强的大型软件，其功能相当强大，工具、命令繁多，应用领域也极为广泛。要具备使用3ds Max 2009进行建模和动画制作的就业技能，既需要熟悉软件的操作环境和主要功能，又要掌握各种工具、命令和面板的用法，更需要能综合运用3ds Max 2009的各项功能，完成实用造型和动画的制作。要实现这些目标，必须通过一系列行之有效的实训，才能真正提高动手能力和创新能力。

　　本篇将配合第1篇所介绍的知识点，安排多个实训项目。通过上机实训操作来掌握3ds Max 2009的基本功能，加深对基本概念的理解，重点学会将软件知识点和实际造型与动画制作需求结合起来，创作出实用的三维作品。

　　本篇的每个实训项目都设置有"实训目标"、"实训过程"、"实训总结"和"思考与练习"等环节，建议读者在动手实训前，先弄清每个实训项目要实现的目标，了解实训的具体任务，明白该项实训的技术和艺术要领，然后再进行具体的实训操作。制作出作品后，请认真进行实训总结，将实际操作过程中的经验和教训记录下来，并与其他同学交流。同时，请认真解答"思考与练习"中提出的针对性极强的问题，以便举一反三。

　　本篇包括两章的内容，分别安排了以下两类实训项目：

✤ 3ds Max 2009基本操作实训项目。

✤ 3ds Max 2009综合应用实训项目。

第13章　3ds Max 2009 基本操作实例

3ds Max 2009的功能相当强大，只有通过大量的实践，才能熟悉其操作，掌握三维建模和动画制作的方法和技巧，学会使用3ds Max制作出实用的作品。结合3ds Max 2009的主要知识点，重点安排了以下强化实训项目：

- 3ds Max 2009中文版的安装训练。
- 3ds Max 2009的基本操作和基本设置训练。
- 三维建模训练。
- 摄影机应用训练。
- 材质和贴图配置训练。
- 灯光配置训练。
- 场景渲染训练。
- 动画制作训练。

实训1　安装3ds Max 2009中文版

使用3ds Max创作三维造型和动画作品的前提是要在系统中安装3ds Max软件。

实训目标

本次实训将练习在系统中安装3ds Max 2009中文版。具体实训目标是：

（1）熟悉3ds Max 2009中文版的安装过程。

（2）熟练掌握3ds Max 2009中文版的具体安装方法。

（3）了解3ds Max 2009的激活技术，熟悉具体的激活方法。

实训过程

具体实训操作时，可以参考下面的过程：

（1）启动电脑，将3ds Max 2009简体中文版安装光盘放入光驱中，出现Autodesk 3ds Max 2009安装向导，在"试用注册"框中输入注册密码，如图13-1所示。如果尚未注册，只需单击【尚未注册吗？请单击此处】按钮，然后通过Internet向Autodesk公司注册。

（2）输入正确的注册密码后按下【Enter】键，进入如图13-2所示的页面，选择其中的"安装产品"选项。

（3）单击"安装产品"链接后，出现如图13-3所示的"选择要安装的产品"页面，可以在其中选择要安装的3ds Max 2009的相关产品。

（4）单击【下一步】按钮，出现"接受许可协议"页面，在其中选中"我接受"选项，如图13-4所示。

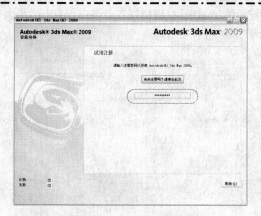

图13-1 试用注册页面

图13-2 安装初始页面

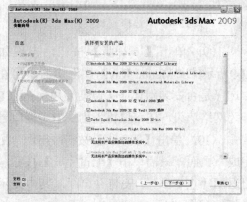

图13-3 选择要安装的产品

图13-4 "接受许可协议"页面

（5）单击【下一步】按钮，出现如图13-5所示的"产品和用户信息"页面，应在其中输入序列号和用户的个性化信息。

（6）单击【下一步】按钮，出现如图13-6所示的"查看-配置-安装"页面，可以从功能下拉列表中选择要安装的功能和系统组件，还可以单击【配置】按钮来选择安装路径。

图13-5 "产品和用户信息"页面

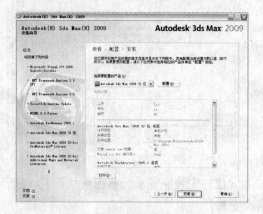

图13-6 "查看-配置-安装"页面

（7）单击【配置】按钮，出现如图13-7所示的"选择许可类型"页面，可以在其中选择购买产品时选择的许可类型。

（8）单击【下一步】按钮，出现如图13-8所示的"选择安装位置"页面，可以在其中选择3ds Max 2009的安装路径。

图13-7　"选择许可类型"页面

图13-8　"选择安装位置"页面

（9）单击【下一步】按钮，出现如图13-9所示的"Mental Ray附属"页面，可在其中选择是否安装附属服务以便使用Mental Ray作为网络渲染，还可以设置附属TCP端口号。

（10）单击【下一步】按钮，出现"配置完成"页面，只需单击【配置完成】按钮，即可返回"查看-配置-安装"页面，其中显示了最新的配置信息，如图13-10所示。

（11）单击【下一步】按钮，即可开始正式安装，并出现如图13-11所示的安装进度。

图13-9　"Mental Ray附属"页面

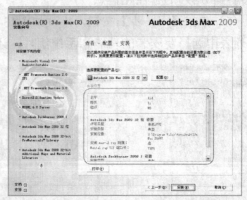

图13-10　配置完成后的信息

（12）安装完成后，将出现如图13-12所示的"安装完成"页面，单击【完成】按钮即可完成安装。

（13）如果在"安装完成"页面中选中了"查看Autodesk 3ds Max 2009自述文件"选项，单击【完成】按钮后，将启动"写字板"程序并显示如图13-13所示的自述文件。

图13-11　安装进度

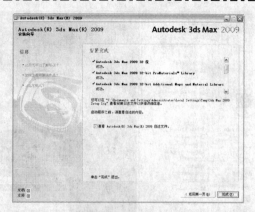

图13-12　"安装完成"页面

（14）安装完成后单击桌面上的【Autodesk 3ds Max 2009 32位】图标（如图13-14所示），或者单击【开始】按钮，然后依次选择【所有程序】|【Autodesk】|【Autodesk 3ds Max 2009 32-bit】|【Autodesk 3ds Max 2009 32位】命令（如图13-15所示），都可以启动3ds Max 2009。

图13-13　查看Autodesk 3ds Max 2009自述文件

图13-14　3ds Max 2009桌面图标

（15）首次启动3ds Max 2009时，将出现如图13-16所示的"Autodesk 3ds Max 2009产品激活"对话框，提示必须在30天内注册并激活软件。

（16）选择"激活产品"选项，然后单击【下一步】按钮，出现如图13-17所示的"现在注册"向导。如果用户还没有激活码，应选择"获取激活码"选项，然后根据提示通过电话或网络获取产品的激活码。

（17）如果已经获取了激活码，可以在"现在注册"向导中选择"输入激活码"选项，然后单击【下一步】按钮，再按提示输入激活码。如果输入了正确的激活码，将出现如图13-18所示的"注册-激活确认"页面，表明产品已经正确激活，可以无限制地使用3ds Max 2009了。

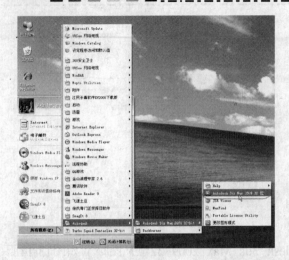

图13-15 【开始】菜单中的3ds Max 2009启动选项

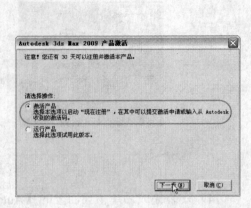

图13-16 "Autodesk 3ds Max 2009产品激活"对话框

图13-17 "现在注册"向导

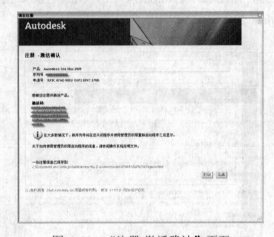

图13-18 "注册-激活确认"页面

（18）激活完成后，单击【完成】按钮，即可开始启动3ds Max 2009，如图13-19所示为启动过程中出现的Logo画面和启动后出现的"学习影片"屏幕。

图13-19 Logo画面和"学习影片"屏幕

实训总结

通过实训，可以熟悉3ds Max 2009的安装和激活方法。完成实训后，请以书面形式认真总结实际操作过程中的经验和教训，并与其他同学交流。

思考与练习

以下问题请在实际动手上机操作的基础上回答。

（1）如果在光驱中插入3ds Max 2009安装光盘后没有弹出安装页面，该如何操作？

（2）安装3ds Max 2009时，如何选择在Windwos的"快速启动"栏中创建3ds Max 2009的快速启动图标？

（3）什么是软件激活技术？如何激活3ds Max 2009？

实训2 3ds Max 2009的基本操作和基本设置

3ds Max 2009的一切工作都是在3ds Max 2009的主界面中进行的。要使用3ds Max 2009制作三维实体或三维动画，首先要熟悉3ds Max 2009的界面元素，掌握3ds Max 2009的基本操作方法，还需要了解3ds Max 2009的基本设置方法。

实训目标

本次上机实训的主要目标是：

（1）熟悉3ds Max 2009的界面元素。

（2）熟练掌握视口的切换方法和视口的配置方法。

（3）初步了解菜单栏的主要命令和基本操作方法。

（4）了解主工具栏中所提供的工具及其基本使用方法。

（5）初步了解面板的功能和用法。

（6）了解用户界面的自定义方法。

（7）熟悉"单位设置"的基本方法。

（8）掌握【新建】、【打开】、【重置】、【保存】等命令的用法。

实训过程

具体实训操作时，可以参考下面的过程。

（1）双击桌面上的3ds Max 2009图标 ，启动3ds Max 2009，进入3ds Max 2009用户界面。

（2）在3ds Max 2009的"欢迎屏幕"中提供了一个3ds Max 2009的初级视频教程。请分别单击各个链接播放相应的视频教程，进一步学习3ds Max 2009的基础知识。

（3）关闭"欢迎屏幕"，然后熟悉3ds Max 2009的用户界面。分别指出视口、菜单栏、主工具栏、捕捉工具、命令面板、视口导航控制工具、动画播放控制工具、动画关键点控制工具、绝对/相对坐标切换与坐标显示区域、提示行与状态栏、MAXScript迷你侦听器、轨迹栏和时间滑块等部分的默认位置及主要功能。

（4）默认的活动视口为"透视"视口，尝试将当前视口切换到其他视口，如"前"视口、"左"视口等。

（5）选择【自定义】|【视口配置】命令，在出现的"视口配置"对话框中选择"布局"选项卡，更改3ds Max 2009的视口布局方案，然后再将其还原为默认布局。

（6）分别选择3ds Max 2009的各个菜单项，了解各个菜单中提供了哪些主要命令。重点了解【文件】、【编辑】、【工具】、【组】、【视口】、【创建】、【修改器】、【渲染】、【自定义】菜单中提供的控制命令。

（7）分别将鼠标指针悬停在主工具栏的各个工具图标上，了解各个工具的名称和基本用途。也可以根据需要尝试这些工具图标的用法。

（8）在命令面板中分别选择"创建"子面板、"修改"子面板、"层次"子面板、"运动"子面板、"显示"子面板和"工具"子面板，初步了解这些面板提供了哪些功能控件。

（9）了解窗口右下角的视口导航控制工具区中提供的各种导航控制工具的名称和功能。

（10）从"创建"面板中选择某种工具，在视口中随意绘制一些对象，然后观察在操作过程中提示行和状态栏的提示信息。

（11）选择一种标准基本体创建工具（如【长方体】工具），观察其下方提供了哪些卷展栏，然后分别展开或折叠这些卷展栏，了解卷展栏的基本操作方法。

（12）选择【视口】|【专家模式】命令隐藏除菜单栏和工作视口外的区域，再单击窗口右下角的【取消专家模式】按钮返回正常界面。

（13）选择【自定义】|【自定义用户界面】命令，打开"自定义用户界面"对话框，利用其中的"颜色"选项卡，更改视口背景色。

（14）选择【文件】|【新建】命令，打开如图13-20所示的"新建场景"对话框，选择"新建全部"选项，然后单击【确定】按钮，即可创建一个新的空白的场景。如果出现一个提示是否要保存更改的对话框，只需单击【否】按钮即可。

（15）选择【自定义】|【单位设置】命令，打开"单位设置"对话框，在其中设置好如图13-21所示的参数。

图13-20　"新建场景"对话框

图13-21　单位设置

（16）在"单位设置"对话框中单击【系统单位设置】按钮，出现"系统单位设置"对话框，可在其中设置单位比例、具体单位、原点、结果精度等参数，具体设置如图13-22所示。设置完成后单击【确定】按钮返回"单位设置"对话框，再单击【确定】按钮完成单位设置。

（17）选择【文件】|【保存】命令，出现"另存为"对话框，将当前设置了单位的空白场景以"办公大楼.max"为名，保存在硬盘上，如图13-23所示。

图13-22 设置系统单位

图13-23 源文件保存参数设置

实训总结

通过实训，可以熟悉3ds Max 2009的用户环境和基本操作方法。完成实训后，请以书面形式认真总结实际操作过程中的经验和教训，并与其他同学交流。

思考与练习

以下问题请在实际动手上机操作的基础上回答。

（1）哪些情况下需要更改视口布局方案？

（2）显示单位和系统单位有何区别？哪些情况下需要设置单位？

（3）如何自定义用户界面？

（4）如何指定外部文件（如贴图等）的路径？

实训3 三维建模

三维建模是3ds Max 2009的主要功能。建模的方法很多，涉及的知识点也很多，只有通过严格的实训，才能熟练掌握常见实物对象的建模方法和技巧。

实训目标

本次上机实训将创建一栋商业大厦的模型，具体实训目标是：

（1）了解3ds Max 2009的建模过程。

（2）熟悉3ds Max 2009的主要建模工具。

（3）熟悉3ds Max 2009的主要建模方法。

（4）初步掌握主要编辑工具和修改器的功能和用法。

实训过程

具体实训操作时，可以参考下面的过程。

（1）启动3ds Max 2009中文版，选择【文件】|【打开】命令，打开"实训1"保存的名为"办公大楼.max"的场景文件。

（2）在命令面板中选择"创建"类别，从子类别中选择"图形" 选项，再从对象类型列表中选择【圆】工具，用于绘制大楼轮廓。

（3）在"顶"视口中拖动鼠标绘制一个圆形，然后在命令面板的"参数"卷展栏中将其半径设置为35000mm，然后单击 按钮将各个视口最大化显示，效果如图13-24所示。

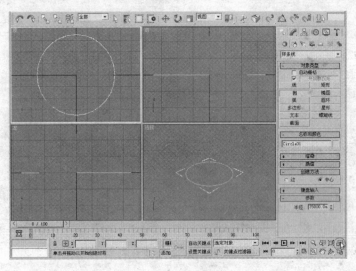

图13-24　绘制圆形

（4）从菜单栏中选择【修改器】|【面片/样条线编辑】|【编辑样条线】命令，出现"编辑样条线"修改器，单击"选择"卷展栏中的【样条线】按钮 ，进入样条线编辑状态，如图13-25所示。

（5）在"几何体"卷展栏中找到"轮廓"选项，将圆形的轮廓设置为10mm，如图13-26所示。

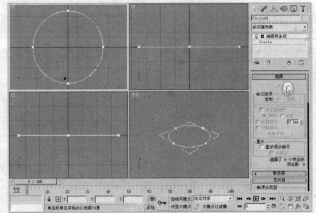

图13-25　进入样条线编辑状态

（6）从菜单栏中选择【修改器】|【网格编辑】|【挤出】命令，出现"挤出"修改器面板，将"挤出"量设置为80000mm，如图13-27所示。

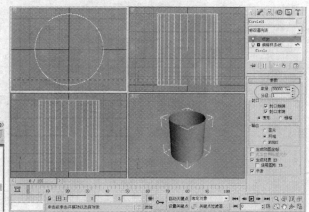

图13-26　设置轮廓

图13-27　将圆形挤出80000mm

（7）将挤出后圆形对象重新命名为"主体01"，如图13-28所示。

（8）选中"主体01"对象，选择【编辑】|【克隆】命令，在出现的"克隆选项"对话框中将克隆方式设置为"复制"，副本数为1，副本名称为"主体02"，如图13-29所示。

（9）单击【确定】按钮，完成对挤出后的圆形对象的复制。然后将"主体02"的挤出量更改为40000mm，如图13-30所示。

图13-28　重命名对象

图13-29　设置克隆选项

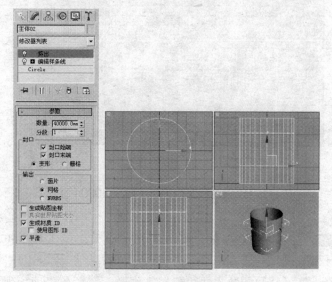

图13-30　修改对象副本的挤出量

（10）将"主体02"对象的颜色设置为深蓝色，以区别"主体01"对象，如图13-31所示。

（11）选择【移动】工具，将"主体02"对象移动"主体01"的上方，如图13-32所示。

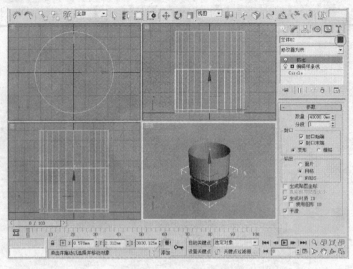

图13-31　更改对象颜色

　　（12）选中"主体02"对象，在修改器堆栈中选择"编辑样条线"选项，然后在"选择"卷展栏中单击【顶点】按钮，进入"顶点"层级。

　　（13）使用【移动】工具，在"顶"视口中选中左侧的顶点，如图13-33所示。

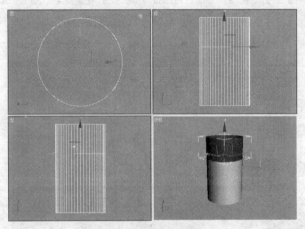

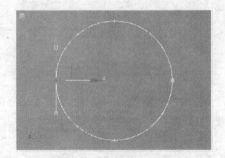

图13-32　移动对象　　　　　　　　　　图13-33　选择要编辑的顶点

　　（14）将选中的顶点向右移动35000mm到圆心处，效果如图13-34所示。

　　（15）将"主体02"对象复制一个副本，并命名为"楼高顶"。

　　（16）将"楼高顶"的挤出"数量"减小到600mm。

　　（17）在编辑修改器中选择"楼高顶"对象的"样条线编辑"层级。

　　（18）选择"样条线"子层级，然后在"顶"视口中选中内部的样条线，如图13-35所示。最后按【Delete】键将其删除。

　　（19）将删除后的"楼高顶"对象向上移动到屋顶位置，如图13-36所示。

　　（20）选中"主体01"对象，然后选择【编辑】|【克隆】命令复制该对象，并将副本命名为"矮顶"，再在修改器面板中将"挤出"数量修改为600mm。

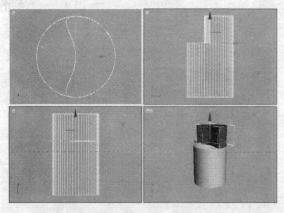

图13-34 变形效果

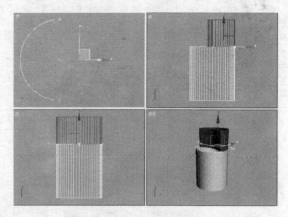

图13-35 选择要删除的线条

（21）在修改器堆栈中选中"编辑样条线"层级，再在"选择"卷展栏中单击【线段】按钮～，选中图形中内部的"边"，按下【Delete】键将其删除，如图13-37所示。

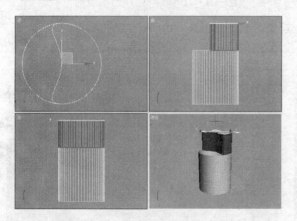

图13-36 移动"楼高顶"对象

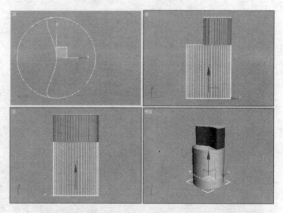

图13-37 制作"矮顶"对象

（22）使用【移动】工具，将"矮顶"对象向上移动到"主体01"的上方，如图13-38所示。

（23）选中"主体01"对象，将其克隆一个副本并改名为"楼层线"。

（24）将"楼层线"的挤出数量修改为800，效果如图13-39所示。

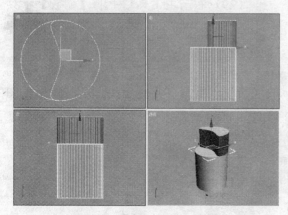

图13-38 移动"矮顶"对象

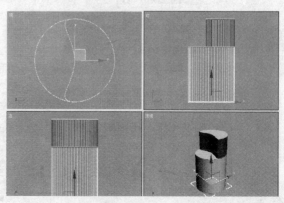

图13-39 制作"楼层线"

（25）右击主工具栏上的【缩放】工具 ■，将"楼层线"对象放大，参数设置如图13-40所示。

（26）将放大后的"楼层线"对象移动到5000mm高的位置，如图13-41所示。

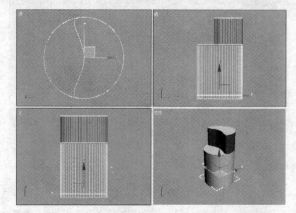

图13-40　缩放参数设置　　　　　　图13-41　移动"楼层线"对象

（27）每隔4000mm复制1根"楼层线"对象，效果如图13-42所示。

（28）复制"主体02"对象，将其命名为"楼层线2"，将其挤出数量设置为800mm，用于制作上方的楼层线，如图13-43所示。

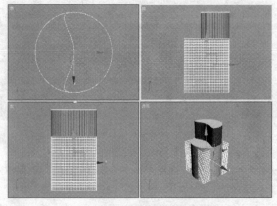

图13-42　复制1根对象

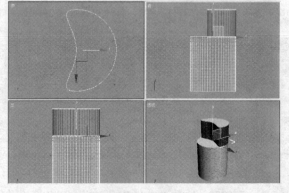

图13-43　制作"楼层线2"对象

图13-44　放大"楼层线2"对象

（29）右击主工具栏上的【缩放】工具 ■，将"楼层线2"对象放大，参数设置如图13-44所示。

（30）将"楼层线2"对象每隔4000mm向上复制一个副本（共复制10个），效果如图13-45所示。

（31）将所有"楼层线2"对象组合并命名为"上楼层线"。

（32）再将所有"楼层线"对象组合并命名为"下楼层线"。

（33）在"顶"视口中使用【弧】工具绘制如图13-46所示的弧线。

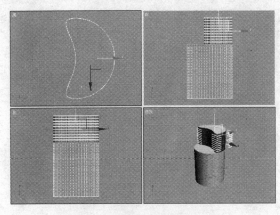

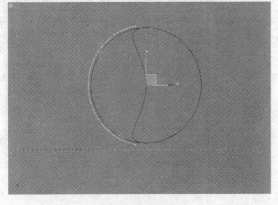

图13-45　复制"楼层线2"对象　　　　　　图13-46　绘制弧线

（34）选择【修改器】|【面片/样条线编辑】|【编辑样条线】命令，添加"编辑样条线"修改器。

（35）选择【样条线】子层级 ，使用【轮廓】工具将弧线向内扩边3000mm，如图13-47所示。

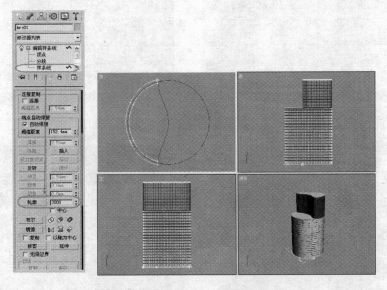

图13-47　扩边弧线

（36）选择【线】工具，绘制如图13-48所示的图形。

（37）选中"弧线"对象，然后用【附加】工具将"弧线"和所有二维图形附加在一起，如图13-49所示。

（38）选择【挤出】修改器，将附加后的对象挤出400mm后命名为"装饰01"，然后将其垂直向上移动，高于矮楼顶2400mm，效果如图13-50所示。

（39）选择【线】工具，在"左"视口绘制如图13-51所示的梯形。

（40）选择【挤出】修改器，将梯形挤出400mm。

（41）在"顶"视口中移动挤出后的梯形对象，再用【选择并旋转】工具适当旋转，如图13-52所示。

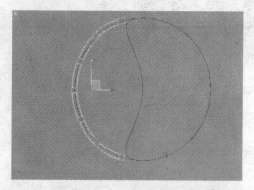

图13-48　绘制图形

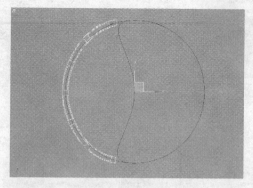

图13-49　附加对象

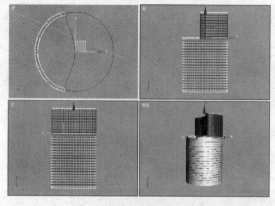

图13-50　制作"装饰01"对象

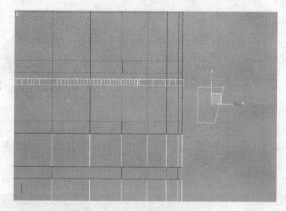

图13-51　绘制梯形

（42）将挤后的梯形对象沿着圆形边线复制多个副本，如图13-53所示。

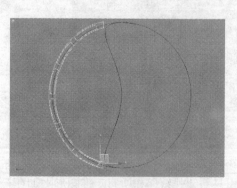

图13-52　旋转挤出后的梯形对象

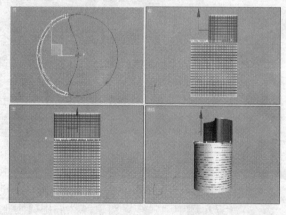

图13-53　复制对象

（43）组合所有的圆弧造型和挤出后的梯形对象，并将其命名为"装饰01"。

（44）将"装饰01"对象复制并移动到如图13-54所示的高屋顶。

（45）复制"主体01"对象，并将其命名为"楼板01"。

（46）在修改器面板中选中"样条线"子层级并选择对象的外边，如图13-55所示。

（47）按下【Delete】键删除选中的外边，效果如图13-56所示。

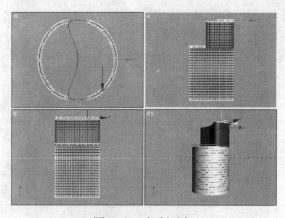

图13-54　复制对象

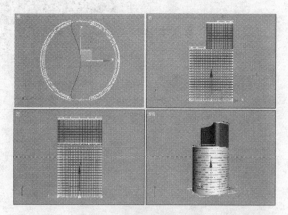

图13-55　编辑样条线

（48）选中"挤出"修改器，将挤出参数设置为100mm，然后在每个分层线中间复制一个"楼板01"对象，效果如图13-57所示。

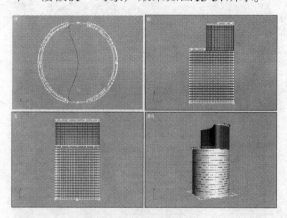

图13-56　外边删除效果

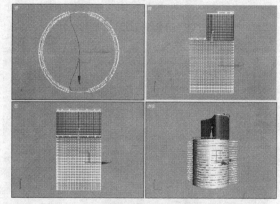

图13-57　复制"楼板01"对象

（49）复制"高主体02"，将其命名为"上层楼板"。

（50）选择"样条线修改器"，然后选择"样条线"子层级，再选择外边线后将其删除，效果如图13-58所示。

（51）选择"挤出"修改器，将挤出数量修改为100mm，效果如图13-59所示。

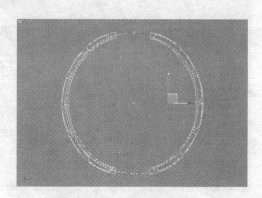

图13-58　删除外边线效果

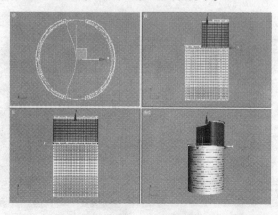

图13-59　制作"上层楼板"对象

（52）将"上层楼板"对象复制到高层的分隔线处，效果如图13-60所示。

（53）在大楼的大门处绘制一个用于挖门洞的长方体，如图13-61所示。

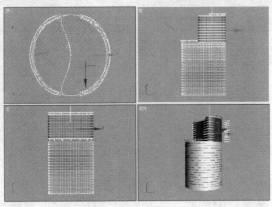
图13-60　复制"上层楼板"

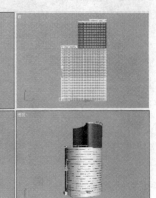
图13-61　绘制长方体

（54）选中"主体01"对象，使用【布尔】工具挖出门洞，效果如图13-62所示。

（55）选择【线】工具，在"左"视口中绘制如图13-63所示的图形。

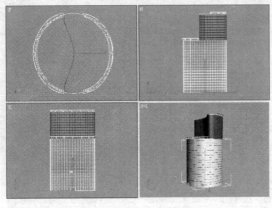
图13-62　挖出门洞

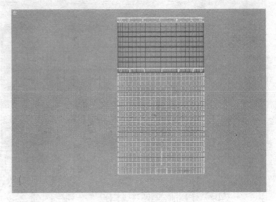
图13-63　绘制图形

（56）添加【挤出】修改器，然后将其挤出50mm，如图13-64所示。

（57）再使用【线】工具在"前"视口中绘制门檐图形，如图13-65所示。

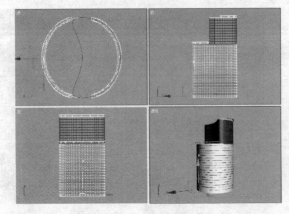
图13-64　挤出图形

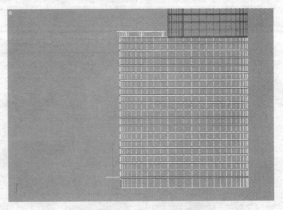
图13-65　绘制门檐图形

（58）选择【挤出】修改器，将门檐图形挤出10000mm，效果如图13-66所示。

（59）将"门檐"移动到大门的正上方，效果如图13-67所示。

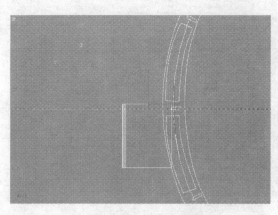

图13-66　挤出门檐

图13-67　放置门檐

（60）在"顶"视口用【矩形】工具绘制一个用于制作不锈钢拉杆的圆柱，如图13-68所示。

（61）使用【选择并旋转】工具旋转拉杆，如图13-69所示。

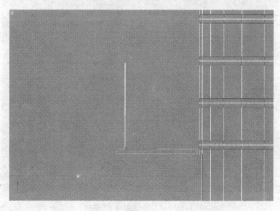

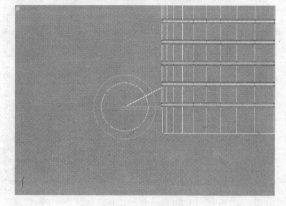

图13-68　绘制圆柱

图13-69　旋转拉杆

（62）复制几根拉杆，并放置到如图13-70所示的位置。

（63）选择【线】工具，绘制"主体01"对象上的装饰线，如图13-71所示。

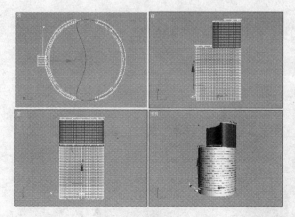

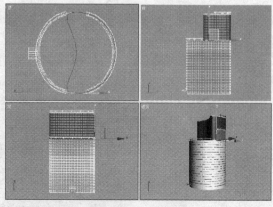

图13-70　复制拉杆

图13-71　绘制装饰线

（64）为线段添加"样条线修改器"，然后选择"样条线"子层级，将样条线的"轮廓"设置为10mm，如图13-72所示。

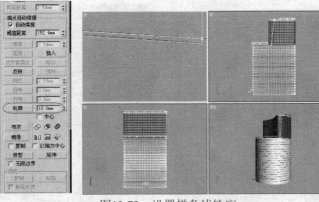

图13-72　设置样条线轮廓

（65）为样条线添加"挤出"修改器，将对象挤出75000mm，效果如图13-73所示。

（66）将挤后的对象复制多个副本，然后移动到如图13-74所示的位置。

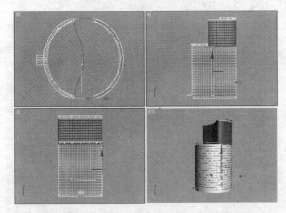　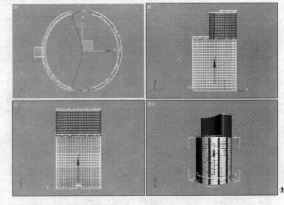

图13-73　挤出对象　　　　　　　　　　图13-74　复制并移动对象

（67）将复制后的对象组合命名为"大理石墙"。

（68）使用【平面】工具在大楼下方绘制地面，如图13-75所示。

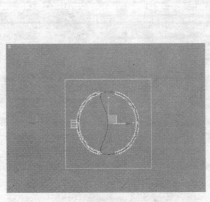

图13-75　绘制地面

（69）制作完成后保存场景。

实训总结

通过实训，可以熟悉3ds Max 2009建模的一般方法和对象编辑修改技巧。完成实训后，请以书面形式认真总结实际操作过程中的经验和教训，并与其他同学交流。

思考与练习

以下问题请在实际动手上机操作的基础上回答。

（1）使用二维图形创建三维模型有何好处？

（2）"编辑样条线"修改器的主要功能有哪些？

（3）复制对象时应把握哪些技巧？

（4）如何决定修改器堆栈中需要编辑的子层级？

（5）对象命名应注意哪些问题？

（6）什么情况下需要组合对象？

实训4　架设摄影机

在3ds Max 2009中，摄影机能够从不同观察点和视角观看场景效果，还可以使用摄影机的移动来制作动画。摄影机的架设位置和参数，在很大程度上影响到最终效果图的质量。

实训目标

本次上机实训将在"实训3"创建的场景中架设并设置一台摄影机，具体实训目标是：

（1）了解3ds Max摄影机的功能和架设方法。

（2）熟悉3ds Max摄影机的种类及其特点。

（3）掌握3ds Max摄影机的视角和景深等参数的设置方法。

实训过程

具体实训操作时，可以参考下面的过程。

（1）打开"实训3"保存的场景文件。

（2）选择【目标】摄影机工具，在场景中添加一个摄影机对象，然后激活"透视"视口，按【C】键将其切换到"摄影机"视口，效果如图13-76所示。

（3）从主工具栏中选择✛工具，分别移动调整摄影机的位置和目标的位置（目标显示为一个小方形），注意在Camera视口中观察所做的调整。

（4）用同样的方法可以尝试变更不同的观察点。

（5）确认选中摄影机对象，切换到修改器面板，使用"镜头"微调器来调整焦距值，观察调整效果。

（6）将"视野方向"设置为"水平"，然后调整视野参数，观察调整效果。

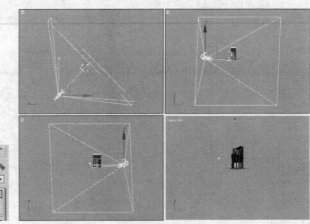

图13-76　添加摄影机

（7）将"视野方向"设置为"垂直"，然后调整视野参数，观察调整效果。

（8）选中"参数"卷展栏中的"正交投影"选项，观察设置效果。

（9）在"环境范围"组中选中"显示"复选项，可以显示出在摄影机锥形光线内的矩形，出现矩形后可以显示出"近"距范围和"远"距范围的设置，注意观察选中"显示"选项并更改"近距范围"和"远距范围"数值的效果。

（10）选中"手动剪切"复选项，定义一个剪切平面。

（11）尝试使用"多过程效果"组中的控件来指定摄影机的景深或运动模糊效果。

（12）设置完成后保存场景。

实训总结

本次实训进行了3ds Max 2009摄影机的架设和设置训练。完成实训后，请以书面形式认真总结实际操作过程中的经验和教训，并与其他同学交流。

思考与练习

以下问题请在实际动手上机操作的基础上回答。

（1）如何选择添加目标摄影机的初始视口？

（2）【移动】工具在调整摄影机的摄影点过程中有哪些用途？

（3）如何确定摄影机的参数设置是否恰当？

实训5　配置和指定材质

材质是模型表现质感的关键，也是提升模型视觉效果必不可少的环节。本次实训将进行材质和贴图的设置训练。

实训目标

本次上机实训将在"实训4"的基础上，为商业大厦的不同部分设置和指定材质，具体实训目标是：

（1）熟悉材质和贴图的基本概念及特点。

（2）熟悉"材质编辑器"的组成。

（3）掌握材质编辑的基本方法。

（4）初步掌握贴图坐标的基本概念及应用方法。

（5）掌握常用贴图类型的贴图方法。

实训过程

具体实训操作时，可以参考下面的过程。

（1）打开"实训4"保存的场景文件。

（2）单击主工具栏上的【材质编辑器】按钮，打开"材质编辑器"对话框。

（3）选定第1个样本球，将其命名为"玻璃幕墙"，如图13-77所示。

（4）单击【环境光】色块，在出现的"颜色选择器"中设置环境光颜色，参数设置如图13-78所示。

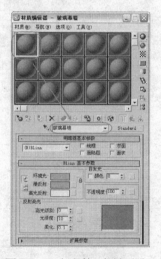

图13-77 命名第1个材质球

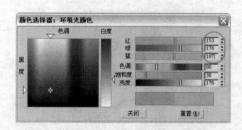

图13-78 设置环境光颜色

（5）单击"不透明度"选项右侧的小方块，在出现的"材质/贴图浏览器"中双击【位图】选项，如图13-79所示。

（6）在出现的"选择位图图像文件"对话框中选择当前材质的贴图图像，如图13-80所示。

（7）单击【打开】按钮确认贴图，效果如图13-81所示。

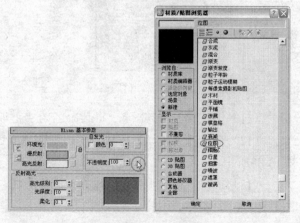

图13-79 选择位图作为贴图

图13-80　选择贴图

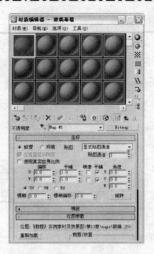

图13-81　指定贴图效果

（8）单击【转到父对象】按钮 返回"玻璃幕墙"材质编辑界面，在其中设置如图13-82所示的参数。

（9）在场景中选中"主体01"对象，单击【将材质指定给选定对象】按钮 ，为"主体01"指定材质。

（10）从修改器下拉列表中选择【UVW贴图】选项，为"主体01"对象设置贴图坐标，如图13-83所示。

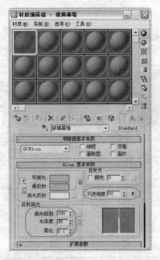

图13-82　"玻璃幕墙"材质参数设置

图13-83　"主体01"对象的贴图坐标

（11）选定第2个样本球，将其命名为"上玻璃"，如图13-84所示。

（12）单击【环境光】色块，在出现的"颜色选择器"中设置环境光颜色，参数设置如图13-85所示。

（13）单击"不透明度"选项右侧的小方块，在出现的"材质/贴图浏览器"中双击【位图】选项，如图13-86所示。

图13-84　命名第2个材质球

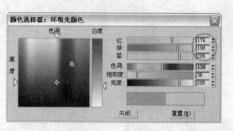

图13-85　设置颜色

（14）在出现的"选择位图图像文件"对话框中选择当前材质的贴图图像，如图13-87所示，单击【打开】按钮确认贴图。

图13-86　选择位图作为贴图

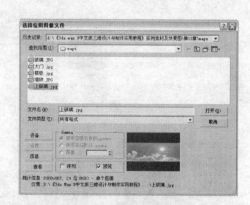

图13-87　选择贴图

（15）单击【转到父对象】按钮返回"上玻璃"材质编辑界面，在其中设置如图13-88所示的参数。

（16）在场景中选中"主体02"对象，单击【将材质指定给选定对象】按钮，为"主体02"指定材质。

（17）从修改器下拉列表中选择【UVW贴图】选项，为"主体01"对象设置贴图坐标，如图13-89所示。

（18）选定第3个样本球，将其命名为"大理石墙"，如图13-90所示。

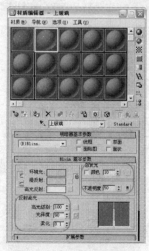

图13-88　设置材质参数

图13-89 "主体02"对象的贴图坐标

图13-90 命名第3个材质球

（19）单击"漫反射"选项后面的小方块，在出现的"材质/贴图浏览器"中双击【位图】选项，如图13-91所示。

（20）在出现的"选择位图图像文件"对话框中选择当前材质的贴图图像，如图13-92所示，单击【打开】按钮确认漫反射贴图。

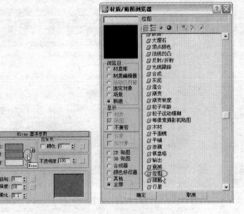

图13-91 选择位图作为贴图

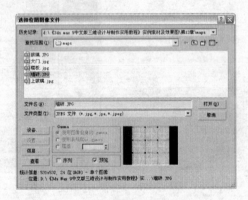

图13-92 选择漫反射贴图

图13-93 "大理石墙"材质参数设置

（21）单击【转到父对象】按钮 返回"大理石墙"材质编辑界面，在其中设置如图13-93所示的参数。

（22）在场景中选中"大理石墙"对象，单击【将材质指定给选定对象】按钮 ，为"大理石墙"指定材质。

（23）从修改器下拉列表中选择【UVW贴图】选项，为"主体01"对象设置贴图坐标，如图13-94所示。

（24）选定第4个样本球，将其命名为"楼板"，如图13-95所示。

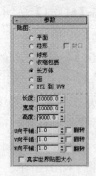

图13-94　"大理石墙"对象的贴图坐标　　　　　图13-95　命名第4个材质球

（25）单击材质名称框右侧的 Standard 按钮，在出现的"材质/贴图浏览器"中双击【混合】选项，如图13-96所示。

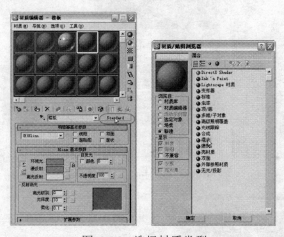

图13-96　选择材质类型

（26）在"混合基本参数"卷展栏中单击【遮罩】按钮，在出现的"材质/贴图浏览器"中双击【位图】选项，如图13-97所示。

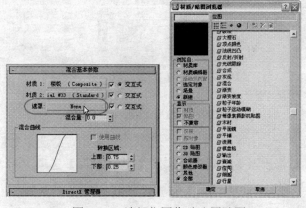

图13-97　选择位图作为遮罩贴图

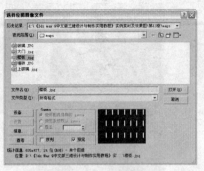

图13-98　选择遮罩贴图

（27）在出现的"选择位图图像文件"对话框中选择当前材质的贴图图像，如图13-98所示，单击【打开】按钮确认遮罩贴图。

（28）单击【材质1】按钮，为"材质1"设置颜色，如图13-99所示。

（29）单击【转到下一个同级项】按钮，为"材质2"设置颜色，如图13-100所示。

（30）在场景中选中"矮楼板"对象，单击【将材质指定给选定对象】按钮，为"矮楼板"指定材质，然后从修改器下拉列表中选择【UVW贴图】选项，为"矮楼板"对象设置贴图坐标，如图13-101所示。

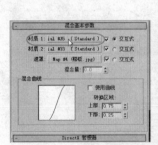

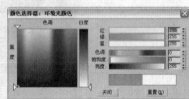

图13-99　"材质1"的颜色设置

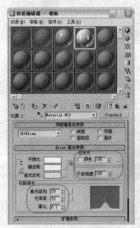

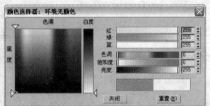

图13-100　"材质2"的颜色设置

（31）在场景中选中"高楼板"对象，单击【将材质指定给选定对象】按钮，为"高楼板"指定材质，然后从修改器下拉列表中选择【UVW贴图】选项，为"高楼板"对象设置贴图坐标，如图13-102所示。

（32）选定第5个样本球，将其命名为"地面"，如图13-103所示。

图13-101　"矮楼板"
贴图坐标

图13-102　"高楼板"
贴图坐标

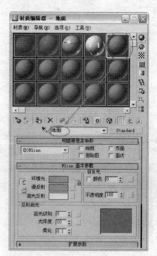

图13-103　命名第5个材质球

（33）单击【环境光】颜色框，设置环境光的颜色，如图13-104所示。

（34）在场景中选中"地面"对象，单击【将材质指定给选定对象】按钮，为"地面"指定材质。

（35）选定第6个样本球，将其命名为"屋顶装饰"，如图13-105所示。

图13-105　命名第6个材质球

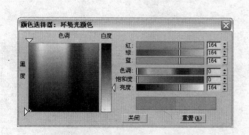

图13-104　设置环境光的颜色

（36）单击【环境光】颜色框，设置环境光的颜色，如图13-106所示。

（37）选定第7个样本球，将其命名为"分层线"，如图13-107所示。

（38）单击【环境光】颜色框，设置环境光的颜色，如图13-108所示。

（39）修改反射高光参数，如图13-109所示。

（40）在场景中选中"分层线"对象，单击【将材质指定给选定对象】按钮，为"分层线"指定材质。

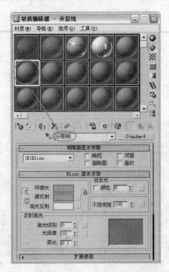

图13-107　命名第7个样本球

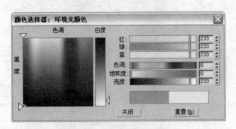

图13-106　环境光颜色设置

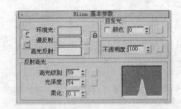

图13-109　修改反射高光参数

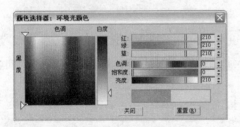

图13-108　设置环境光的颜色

（41）选定第8个样本球，将其命名为"大门"，如图13-110所示。

（42）单击"漫反射"选项右侧的小方块，在出现的"材质/贴图浏览器"中双击【位图】选项，如图13-111所示。

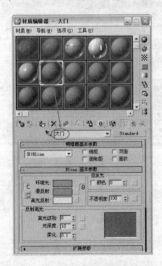

图13-110　命名第8个样本球

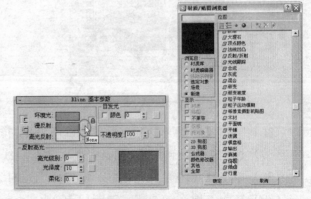

图13-111　选择位图作为贴图

（43）在出现的"选择位图图像文件"对话框中选择当前材质的贴图图像，如图13-112所示，单击【打开】按钮确认漫反射贴图。

（44）单击【转到父对象】按钮 返回"大门"材质编辑界面，在其中设置如图13-113所示的参数。

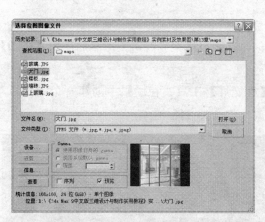

图13-112 选择漫反射贴图

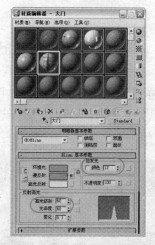

图13-113 "大门"材质参数设置

（45）在场景中选中"大门"对象，单击【将材质指定给选定对象】按钮 ，为"大门"指定材质。

（46）保存场景，完成材质的配置和指定。

实训总结

本次实训进行了材质的配置和指定的操作训练。完成实训后，请以书面形式认真总结实际操作过程中的经验和教训，并与其他同学交流。

思考与练习

以下问题请在实际动手上机操作的基础上回答。

（1）材质和贴图有何区别？有何联系？

（2）漫反射贴图、不透明度贴图有何区别？

（3）为什么有的3ds Max场景文件打开后会提示找不到贴图？如何解决？

（4）设置贴图坐标有何技巧？

实训6 配置灯光环境

3ds Max场景中的灯光既可以将物体照亮，也可以通过灯光效果来传达更丰富的信息，从而拱托场景气氛。因此，灯光的添加和配置也是三维设计不可缺少的重要环节。

实训目标

本次上机实训将在"实训5"的基础上在场景中添加上灯光效果，具体实训目标是：

（1）了解灯光的基本概念及其主要类型。

（2）熟悉系统默认灯光、目标聚光灯和泛光灯的创建和参数设置方法。

（3）初步掌握灯光配置技巧。

实训过程

具体实训操作时，可以参考下面的过程。

（1）打开"实训5"保存的场景。

（2）选择【目标聚光灯】工具，在场景中创建一个目标聚光灯对象，然后使用【移动】工具调整好目标聚光灯的位置，如图13-114所示。

（3）接下来再设置一个辅助光源。选择【泛光灯】工具，在场景中创建一个泛光灯对象，然后使用【移动】工具调整好泛光灯的位置，如图13-115所示。

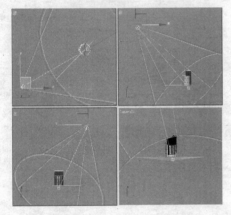 

图13-114　添加目标聚光灯对象　　　　　图13-115　添加辅助光源

（4）选中场景中的目标聚光灯对象，展开"常规参数"卷展栏，然后比较选中"启用"选项前后的差异。

（5）选中"启用"选项，为当前灯光设置阴影效果，再从"阴影方法"下拉列表中选择渲染器是否使用阴影贴图、光线跟踪阴影、高级光线跟踪阴影或区域阴影生成该灯光的阴影。

（6）单击【排除】按钮，打开"排除/包含"对话框，将场景中的部分选项排除于灯光效果之外。

（7）展开"阴影参数"卷展栏，设置阴影颜色和其他常规阴影属性。

（8）展开"聚光灯参数"卷展栏，控制聚光灯的聚光区/衰减区。

（9）展开"高级效果"卷展栏，利用其中的选项设置灯光影响曲面方式和投影参数。

（10）展开"强度/颜色/衰减参数"卷展栏，设置灯光的颜色和强度，以及灯光的衰减。

（11）设置参数后按下【F9】键快速渲染"摄影机"视口。

（12）如果灯光效果不满意，应重新在视口中调整灯光位置，在"修改"面板中修改灯光参数。

（13）设置满意后保存场景。

实训总结

本次实训进行了灯光架设和参数设置的操作训练。完成实训后，请以书面形式认真总结实际操作过程中的经验和教训，并与其他同学交流。

思考与练习

以下问题请在实际动手上机操作的基础上回答。

（1）如果不添加灯光，场景是否为全黑，为什么？

（2）主光源和辅助光源的区别是什么？

（3）目标聚光灯和泛光灯的主要参数有哪些？它们对灯光效果有何影响？

（4）如果场景中添加了多个灯光，如何快速而准确地选取需要编辑的灯光对象？

实训7 场景的渲染输出

渲染输出是三维场景和动画制作的最后一个环节，只有通过渲染，才能将场景输出为图像文件、视频信号、电影胶片，并将事先设置的颜色、阴影、照明效果等加入到几何体中。

实训目标

本次上机实训将"实训6"制作完成的商业大厦模型渲染输出为一幅图像，并对其进行必要的后期处理。具体实训目标是：

（1）了解渲染的目的和一般方法。

（2）熟悉渲染输出的设置方法。

（3）初步掌握在Photoshop中对效果图进行后期处理的方法。

实训过程

具体实训操作时，可以参考下面的过程。

（1）打开"实训6"制作完成的场景。

（2）调整好摄影机的位置和其他参数。

（3）激活"摄影机"视口。

（4）选择【渲染】|【渲染】命令，打开"渲染场景"对话框。在"公用参数"卷展栏的"时间输出"组中选中"单帧"选项。在"输出大小"组中将图像的大小设置为1224×2048像素，如图13-116所示。

（5）单击【渲染】按钮，即可在渲染帧窗口中出现渲染输出的图像，如图13-117所示。

（6）单击渲染帧窗口工具栏中的【保存】按钮，在打开"浏览图像供输出"对话框中设置好保存位置、文件名和图像文件格式，然后单击【保存】按钮保存渲染输出的图像。

（7）更改渲染器的公用参数，然后渲染输出一幅图像。

（8）调整摄影机参数，再渲染输出一幅图像。

（9）保存场景文件，退出3ds Max 2009。

（10）启动Photoshop，打开渲染输出的图像，然后利用Photoshop的图像编辑处理功能对效果图进行后期处理，效果如图13-118所示。

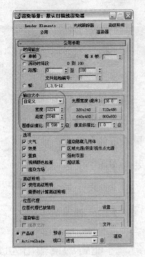

图13-116　设置渲染参数　　　　图13-117　渲染效果　　　　图13-118　后期处理效果

（11）保存后期处理的图像。

实训总结

本次实训进行了场景渲染输出的操作训练。完成实训后，请以书面形式认真总结实际操作过程中的经验和教训，并与其他同学交流。

思考与练习

以下问题请在实际动手上机操作的基础上回答。

（1）渲染输出的图像和"摄像机"视口中看到的图像有何不同？

（2）什么情况下需要更改默认的输出图像大小？

（3）如何在渲染时添加背景效果？

实训8　制作三维动画

三维动画制作是3ds Max的重要功能和应用之一，三维动画制作涉及的知识点很多，必须通过反复的实践训练才能逐步熟悉各种动画制作的方法和技巧。

实训目标

本次实训将制作一个文字的动画效果，如图13-119所示为该动画的3帧画面。

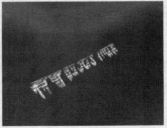

图13-119　文字动画的3帧画面

具体实训目标如下:

(1) 了解3ds Max动画的基本概念。

(2) 熟练掌握自动关键点动画的制作方法。

(3) 初步掌握空间扭曲功能的用法。

(4) 熟悉动画渲染输出的基本方法。

实训过程

本次实训的具体操作过程如下:

(1) 新建一个场景,选择【文本】工具,在"参数"卷展栏中设置好如图13-120所示的文本参数。

(2) 在"前"视口中单击鼠标,添加如图13-121所示的文本对象。

图13-120 设置文本参数

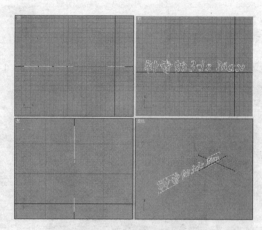

图13-121 添加文本对象

(3) 保持文本对象的选择,单击【修改】按钮，进入"修改"命令面板,在"修改器列表"中选择【倒角】命令,参数设置和效果如图13-122所示,

(4) 进入"空间扭曲"面板,在下方的下拉列表中选择"几何/可变形"选项,在"对象类型"卷展栏中单击【波浪】按钮,如图13-123所示。

(5) 在"前"视口的文字中央处拖动鼠标,绘制出波浪形的空间扭曲对象,如图13-124所示。

(6) 选择【缩放】工具，对扭曲对象进行缩放,效果如图13-125所示。

(7) 在"参数"卷展栏中修改扭曲对象的参数,如图13-126所示。

(8) 选中波浪空间扭曲对象,在屏幕下方单击 自动关键点 按钮,拖动 0 / 100 滑块至第100帧处,如图13-127所示。

(9) 保持对关键帧的选择,在"参数"卷展栏中将"相位"更改为5,如图13-128所示。

(10) 退出"自动关键点"模式,系统将自动添加两个关键点(时间轴上绿色的小方块),如图13-129所示。

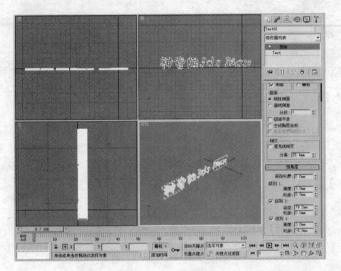

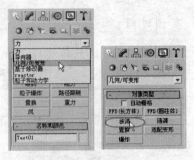

图13-122 "倒角"参数设置和效果　　　　　　　　图13-123 选择【波浪】工具

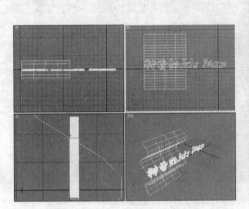

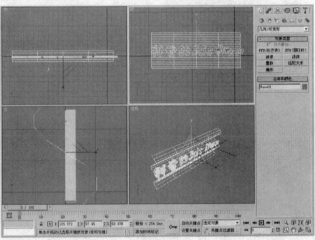

图13-124 创建空间扭曲对象　　　　　　　　图13-125 缩放扭曲对象

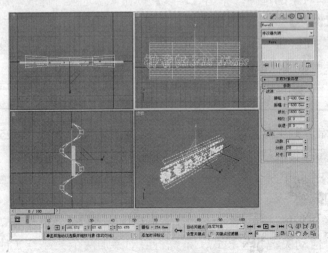

图13-126 修改扭曲对象的参数

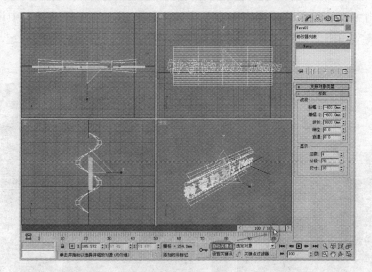

图13-127　添加关键点

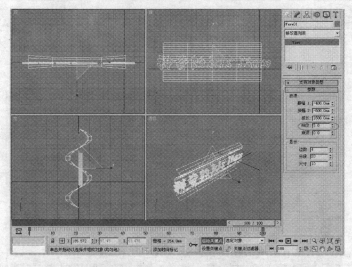

图13-128　设置关键点处对象的参数

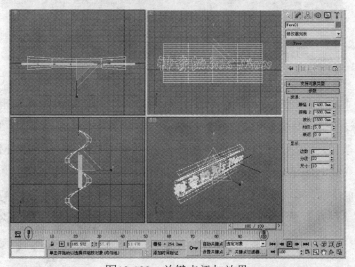

图13-129　关键点添加效果

（11）单击主工具栏中的【绑定到空间扭曲上】按钮，在任意视口中选取文本，然后将其拖动到波浪空间扭曲对象上，完成文本对象与波浪空间扭曲对象的绑定，如图13-130所示。

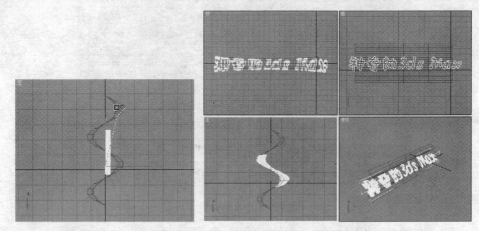

图13-130　绑定文本对象与波浪空间扭曲对象

（12）激活"透视"视口，然后单击【播放】按钮，即可预览动画效果，如图13-131所示。

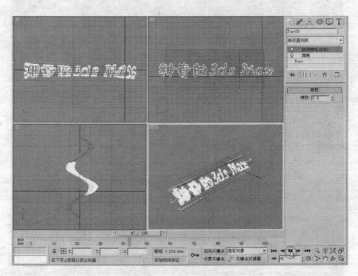

图13-131　预览动画效果

（13）单击主工具栏上的【材质编辑器】按钮，在出现的"材质编辑器"对话框中，单击第1个样本球，然后单击【获取材质】按钮。在"浏览自"组中选中"材质库"选项，再单击【打开】按钮，在出现的"打开材质库"对话框中找到并打开3ds Max安装目标盘下的\Program Files\Autodesk\3ds Max 2009\materiallibraries文件夹，选择其中的architectural. materials.furnishings材质库，如图13-132所示。

（14）单击【打开】按钮，打开指定材质库，然后双击如图13-133所示的材质，将其指定给当前样本球。

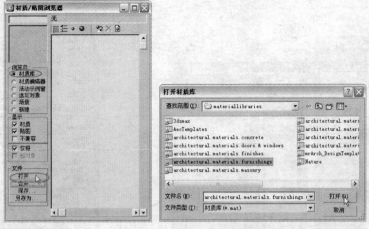

图13-132　选择要打开的材质库

（15）选中文本，在"材质编辑器"对话框中单击【将材质指定给选定对象】按钮，为文本指定材质，效果如图13-134所示。

图13-133　选择材质

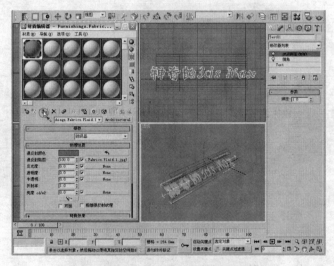

图13-134　为文本指定材质

（16）在菜单栏中选择【渲染】|【环境】命令，出现"环境和效果"对话框，单击"环境贴图"下方的【无】按钮，在出现的"材质/贴图浏览器"中双击"行星"贴图，如图13-135所示。

（17）单击【渲染】按钮，在"渲染场景"对话框中设置参数如图13-136所示。

（18）单击【文件】按钮，在出现的"渲染输出文件"对话框中，设置输出文件的文件类型、保存路径及文件名，如图13-137所示。

（19）单击【保存】按钮，出现"AVI文件压缩设置"对话框，单击【确定】按钮即可，如图13-138所示。

（20）在"渲染场景"对话框中单击【渲染】按钮，即开始渲染操作，如图13-139所示。

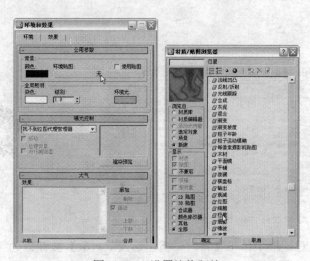

图13-135　设置渲染环境

图13-136　设置渲染参数

图13-137　"渲染输出文件"对话框

图13-138　压缩设置

图13-139　渲染过程

（21）渲染结束后，保存场景文件。再打开保存AVI视频的文件夹窗口，双击其中的视频文件，即可使用视频播放器播放该视频，如图13-140所示。

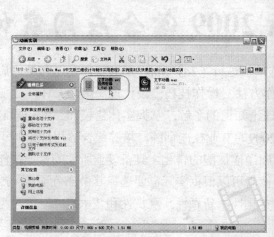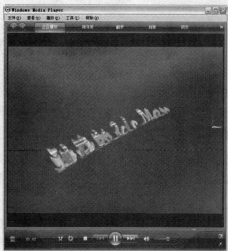

图13-140　播放视频

实训总结

本次实训进行了文字动画效果的制作训练。完成实训后，请以书面形式认真总结实际操作过程中的经验和教训，并与其他同学交流。

思考与练习

以下问题请在实际动手上机操作的基础上回答。

（1）什么是"空间扭曲"？"空间扭曲"面板提供了哪些功能？

（2）设置关键点有何技巧？

（3）可以以哪些文件格式输出动画？各种格式有何区别？

第14章　3ds Max 2009 综合应用实例

在第13章中，已经通过一系列基础训练项目进行了3ds Max 2009软件功能和具体应用的实训。要将3ds Max 2009建模和动画制作方法、操作技巧、设计理念融为一体，进一步加深对3ds Max 2009三维造型和动画制作理论知识的了解，掌握实体建模和三维动画制作的构思与设计的技巧，必须强化3ds Max 2009的专业技能训练，培养综合运用理论知识分析和解决实际问题的能力，实现由理论知识向操作技能的转化，具备就业所需的专业技能和素质。为此，本章提供一些实训参考选题，读者可以根据实际需要选择其中部分项目，严格按要求进行实际操作实训，尝试制作出具有文化性、新颖性、观赏性和艺术性的三维模型和动画作品。

实训目的

通过本次实训，可以加强理论知识与实践的结合，提高3ds Max 2009的综合应用技能，具体目的如下：

（1）熟练掌握3ds Max 2009的界面操作、对象的选择方法、坐标系统、变换操作、复制工具、常用工具、捕捉方法、场景管理等基础知识。

（2）熟练掌握标准几何体和扩展几何体的创建方法及参数设置。

（3）熟练掌握常用复合物体模型的创建方法。

（4）熟练掌握"修改"面板的堆栈操作方法。

（5）熟练掌握的常用编辑修改器的功能和使用方法。

（6）初步掌握网格建模、面片建模、多边形建模和NURBS建模的方法。

（7）熟练掌握材质编辑器的使用方法。

（8）熟练掌握光源的配置和设置方法。

（9）熟练掌握目标摄影机和自由摄像机的架设与调整方法。

（10）掌握场景的气氛营造方法。

（11）学会场景的渲染输出方法。

实训参考选题

综合实训可以根据需要从以下选题中选择3～5个项目，严格按照商业化设计的要求进行制作，重点培养独立分析问题和解决问题的能力。

1. 实体模型制作

实体建模是三维造型和动画设计的基础，可从下面的参考选题中选择1～2个项目进行设计，也可以根据单位或自己的爱好自拟其他选题：

（1）日用品模型的制作。

（2）玩具模型的制作。

（3）交通工具模型的制作。

（4）家具模型的制作。

（5）家用电器模型的制作。

（6）工艺品模型的制作。

（7）工业设备模型的制作。

（8）教学模型的制作。

2. 室内装饰效果图的制作

室内装饰效果图制作是3ds Max 2009的重要应用领域之一。进行室内装饰效果图制作综合实训时，可从下面的参考选题中选择1～2个项目进行设计，也可以根据单位或自己的爱好自拟其他选题：

（1）住宅客厅装饰效果图。

（2）住宅主卧室装饰效果图。

（3）住宅儿童房装饰效果图。

（4）住宅客房装饰效果图。

（5）住宅餐厅装饰效果图。

（6）住宅浴室装饰效果图。

（7）住宅厨房装饰效果图。

（8）住宅书房装饰效果图。

（9）公司会议室装饰效果图。

（10）公司接待室装饰效果图。

（11）办公室装饰效果图。

（12）公司门厅装饰效果图。

（13）电梯间装饰效果图。

（14）餐厅包间装饰效果图。

（15）酒楼大厅装饰效果图。

（16）KTV包房装饰效果图。

（17）宾馆客房装饰效果图。

3. 建筑效果图制作

进行建筑效果图制作综合实训时，可从下面的参考选题中选择1～2个项目进行设计，也可以根据单位或自己的爱好自拟其他选题：

（1）别墅效果图。

（2）普通住宅效果图。

（3）高层建筑效果图。

（4）建筑外观效果图。

（5）商业建筑效果图。

（6）规划鸟瞰效果图。

4. 三维动画制作

进行三维动画制作综合实训时，可从下面的参考选题中选择1～2个项目进行设计，也可以根据单位或自己的爱好自拟其他选题：

（1）游戏场景的制作。

（2）电视栏目片头的制作。

（3）星空的制作。

（4）文字动画的制作。

（5）广告片的制作。

实训要求

综合实训的要求如下：

（1）实际动手制作作品前，必须对要制作的作品进行认真分析，拟定创意设计方案，并收集整理好所需的模型素材、文字资料、图像资料和其他素材。

（2）作品应做到客观物象组合正确、符合逻辑、构图完整、层次丰富。

（3）作品要具一定艺术性和观赏性，能给观众较大的视觉冲击。

（4）设计理念应新颖独特，布局精巧，出人意料，呈现效果令人赞叹。

（5）要充分发挥主观能动性、独立思考、努力钻研、勤于实践、勇于创新。

（6）实训练过程中要注重自我总结与评价。

实训报告要求

作品制作完成后，应认真完成综合实训报告，全面总结实训工作，全面反映在综合实训过程中所做的主要工作及取得的主要成果，以及设计体会。综合实训报告主要内容包括：

（1）作品的主题说明。

（2）作品的创意思路。

（3）作品的设计风格。

（4）作品的主要制作过程和样图。

（5）设计制作的心得及体会。

部分习题参考答案

第1章　走近3ds Max 2009

选择题

（1）A

（2）D

（3）B

（4）A

（5）C

填空题

（1）水平，纵深

（2）线框，表面，实体

（3）视口，主工具栏，视口导航控制工具，提示行与状态栏

（4）顶，前，左，透视

（5）层次

（6）【缩放区域】

（7）命令面板和对话框

（8）显示，系统

（9）观察点

（10）捕捉

（11）chr，drf

第2章　简单模型的创建和编辑

选择题

（1）D

（2）A

（3）C

（4）C

（5）D

（6）B

（7）C

填空题

（1）创建

（2）几何球体，管状体，茶壶

（3）中心位置，中心

（4）小三角面

（5）网格

（6）倒角圆柱体，C形延伸物

（7）运动

（8）【Ctrl】

（9）对象或子对象，"交叉"

（10）旋转，缩放

（11）阵列

（12）【打开】

第3章　创建复合模型和建筑专用模型

选择题

（1）D

（2）A

（3）D

（4）B

（5）C

填空题

（1）单个对象

（2）每帧

（3）布尔

（4）高度、密度、修剪、种子、树冠显示和细节级别

（5）栏杆，立柱，实体填充材质

（6）直线，L型

（7）折叠，推拉

第4章　使用三维修改器

选择题

（1）C

（2）D

（3）B

（4）A

（5）A

填空题

（1）对象塑形，对象编辑

（2）"修改器列表"，【修改器】

（3）堆栈

（4）对不同类型的子对象

（5）面片和样条曲线的编辑处理

（6）缓存工具

（7）面和顶点

（8）外形，晶格框

（9）一个独立的轴

（10）缩放，剩余的两个副轴

第5章　由二维图形生成三维模型

选择题

（1）C

（2）D

（3）A

（4）C

（5）D

（6）A

填空题

（1）曲线或直线，样条线，NURBS曲线

（2）直线、曲线、折线

（3）渲染，插值，创建方法

（4）网格

（5）分离

（6）顶点、线段

（7）放样路径，物体的截面

（8）变比，倾斜，拟合

（9）"挤出"

（10）基部，轮廓量

第6章　曲面建模初步

选择题

（1）B

（2）C

（3）D

（4）C

填空题

（1）小平面"拼接"

（2）面片曲面

（3）子对象层级

（4）网格几何体，当前处于活动状态的层级

（5）36个可见的矩形面，72个三角形面

（6）任意数目

（7）曲线度

（8）控制顶点

第7章　配置材质和贴图

选择题

（1）C

（2）B

（3）A

（4）D

填空题

（1）表面，贴图，贴图材质

（2）示例窗，材质/贴图类型

（3）已经在场景中应用过，小三角形

（4）颜色、反光度、透明度

（5）复合

（6）ID值

（7）旋转、重复

（8）表面，背景

第8章　配置灯光和摄影机

选择题

（1）C

（2）A

（3）A

（4）D

（5）B

（6）C

填空题

（1）照明，观察点和视角

（2）标准

（3）分布、强度、色温

（4）上前方，下后方

（5）阴影

（6）局部区域

（7）"天光"和"IES 天光"

（8）静态图像（帧）

（9）目标，基于路径

（10）焦距

第9章　三维动画制作初步

选择题

（1）A

（2）B

（3）C

（4）A

填空题

（1）关键帧，关键点

（2）分层

（3）时间和参数值的变化情况，激活的时间段

（4）时间线，属性

（5）调整对象运动

第10章　场景渲染与输出

选择题

（1）D

（2）C

（3）A

（4）B

填空题

（1）颜色、阴影、照明效果

（2）指定渲染前或渲染后要运行的脚本文件

（3）渲染器

（4）光线跟踪器

（5）大气

（6）"效果"

反侵权盗版声明

电子工业出版社依法对本作品享有专有出版权。任何未经权利人书面许可，复制、销售或通过信息网络传播本作品的行为；歪曲、篡改、剽窃本作品的行为，均违反《中华人民共和国著作权法》，其行为人应承担相应的民事责任和行政责任，构成犯罪的，将被依法追究刑事责任。

为了维护市场秩序，保护权利人的合法权益，我社将依法查处和打击侵权盗版的单位和个人。欢迎社会各界人士积极举报侵权盗版行为，本社将奖励举报有功人员，并保证举报人的信息不被泄露。

举报电话：（010）88254396；（010）88258888

传　　真：（010）88254397

E-mail：　dbqq@phei.com.cn

通信地址：北京市万寿路173信箱

　　　　　电子工业出版社总编办公室

邮　　编：100036

欢迎与我们联系

为了方便与我们联系，我们已开通了网站（www.medias.com.cn）。您可以在本网站上了解我们的新书介绍，并可通过读者留言簿直接与我们沟通，欢迎您向我们提出您的想法和建议。也可以通过电话与我们联系：

电话号码：（010）68252397。

邮件地址：webmaster@medias.com.cn